智能家居安装与调试

ZHINENG JIAJU ANZHUANG YU TIAOSHI

主　编　刘新艳　成　波　严伦达

重慶大學出版社

内容提要

本书依据最新颁布的《物联网智能家居 数据和设备编码》(GB/T 35143—2017),《物联网智能家居 图形符号》(GB/T 34043—2017)和《物联网智能家居 设备描述方法》(GB/T 35134—2017)等技术规范,依托海尔智能家居产品,结合智能家居工程项目实际编写。本书的主要内容包括:智能家居工程项目认知,智能家居安防控制系统的装调,智能门锁系统的装调,智能照明系统的组建与配置,智能家居窗帘、门窗系统的装调,智能影音系统的组建与配置,智能家电、能源控制系统的组建与配置。本书内容力求少而精,结合智能家居工程实际,注重实践技能的培养和训练。为方便教学,本书配套有教学视频和模块技术参数等教学资源。

本书适合职业教育建筑智能化和物联网等专业学生作教材使用,也适合智能家居相关企业作为员工培训手册使用。

图书在版编目(CIP)数据

智能家居安装与调试/刘新艳,成波,严伦达主编
. --重庆:重庆大学出版社,2022.8
新编高等职业教育电子信息类专业系列教材
ISBN 978-7-5689-3395-7

Ⅰ.①智… Ⅱ.①刘… ②成… ③严… Ⅲ.①住宅—智能化建筑—建筑安装—高等职业教育—教材 Ⅳ.①TU241

中国版本图书馆 CIP 数据核字(2022)第 139776 号

智能家居安装与调试

主 编 刘新艳 成 波 严伦达
策划编辑:荀荟羽 杨粮菊
责任编辑:文 鹏 版式设计:荀荟羽
责任校对:刘志刚 责任印制:张 策
*
重庆大学出版社出版发行
出版人:饶帮华
社址:重庆市沙坪坝区大学城西路 21 号
邮编:401331
电话:(023)88617190 88617185(中小学)
传真:(023)88617186 88617166
网址:http://www.cqup.com.cn
邮箱:fxk@cqup.com.cn(营销中心)
全国新华书店经销
重庆市国丰印务有限责任公司印刷
*
开本:787mm×1092mm 1/16 印张:12 字数:294 千
2022 年 8 月第 1 版 2022 年 8 月第 1 次印刷
印数:1—2 000
ISBN 978-7-5689-3395-7 定价:49.00 元

前言

随着人们对生活品质的追求日益提高,智能家居行业发展非常迅猛,智能家居产品种类日渐丰富,技术日趋成熟。

“智能家居安装与调试”是高职建筑智能化工程技术专业的一门重要的专业方向课程,它为学生后续的毕业设计和就业奠定了一定的基础。它所涉及的内容同时也是从事智能家居相关工作的工程技术人员必备的专业知识和技能。本书以典型的智能家居工程为载体,依据最新颁布的技术规范,依托海尔智能家居产品而编写。内容组织结合智能家居系统集成工程师(三级)基础知识要求,按照系统规模从小到大、从简单到复杂的原则安排,知识学习紧扣项目要求,同时结合技能训练让学生在做中学,学中做。

本书共分7个项目,项目一为智能家居工程项目认知,项目二为智能家居安防系统的设计装调,项目三为智能门锁系统的装调,项目四为智能照明系统的组建与配置,项目五为智能家居窗帘、门窗系统的装调,项目六为智能影音系统的组建与配置,项目七为智能家电、能源控制系统的组建与配置等。

本书在编写的过程中参考了最新的技术规范和海尔公司产品技术参数、视频,感谢海尔公司对本书出版的大力支持。

由于学识和经验有限,教材中难免有不足之处,恳请读者给予批评指正。

编　者

2022年3月

目录

项目一 智能家居工程项目认知

项目概述

小顾同学是某职业学校物联网应用技术专业即将毕业的学生，近期通过校企双选招聘，进入了某智能科技企业顶岗实习，主要从事智慧社区、智能家居、智慧酒店、智慧校园等建筑智能化系统集成相关工程的设计、安装与调试工作。总经理安排他跟着公司的项目经理曹工跟岗实习2个月，希望他能够在两个月内辅助曹工完成相应工作任务，快速入门。

曹工带领小顾参观智能家居展示体验厅，体验了室内室外的智能视频监控系统、智能安防报警系统、可视对讲系统、智能门锁联动系统、智能家庭影院系统、智能背景音乐系统、智能灯光窗帘控制系统、全套智能家电与管控系统、智能厨房安防系统等智能家居系统，同时还体验了中央空调系统、新风系统、地暖系统、全屋净水系统、空气净化器、扫地机器人、人工智能音箱与智能机器人等智能化产品带来的智慧生活。当小顾还沉浸于家庭影院的视听体验时，曹工就给他布置了个任务，要求小顾根据参观体验结合宣传视频与手册资料，整理归纳人们生活中对于智能家居的需求，熟悉智能家居的系统架构，根据工程案例与解决方案，制订一份跟岗实习或学习规划。

项目目标

✧了解智能家居的发展、现状与主要需求

✧熟悉典型的智能家居系统拓扑

✧熟悉智能家居的模块子系统组成与功能

✧熟悉智能家居系统的网络与通信技术

✧熟悉智能家居解决方案

任务一　智能家居体验与供需分析

任务目标

✧熟悉智能家居的概念

✧了解智能家居的现状与发展

✧学会分析智能家居需求

【任务描述】

曹工对小顾说，不管是售前还是售后工程师，都必须了解智能家居的概念、现状与发展，把握客户的真正需求，解决生活中的痛点，才能为客户提供更加精准的服务。本任务要求通过参观智能家居体验厅、观看视频、VR，采用资料搜集、调研、咨询等方式，分析汇总人们生活中的烦心事。

知识链接

1. 智能家居的定义

物联网智能家居以住宅为平台，融合建筑、网络通信、智能家居设备、服务平台，集系统、服务、管理为一体，实现高效舒适、安全、便利、环保的居住环境。

——《物联网智能家居 数据和设备编码》(GB/T 35143—2017)

——《物联网智能家居 图形符号》(GB/T 34043—2017)

——《物联网智能家居 设备描述方法》(GB/T 35134—2017)

2. 智能家居的发展

1)智能家居在智能程度上划分的四个阶段

①第一代智能家居是手机操控，典型特征是通过手机控制智能单品实现，为用户提供一个全新的体验。

②第二代智能家居是“场景模式 + 联动”，典型特征是不同设备不相干动作，通过一个模式联动起来，自动完成用户需要的操作。

③第三代智能家居是语音交互，典型特征是利用语音交互技术使人机交流更加和谐自然。

④第四代智能家居是人工智能，典型特征是彻底解放人们的大脑和双手，设备智能地为人类工作和服务。

2)智能家居在中国的发展阶段

①萌芽期(1994—1999 年)：概念熟悉、产品认知的阶段。

②开创期(2000—2005 年)：智能家居的市场营销、技术培训体系逐渐完善。此阶段，国外智能家居产品基本没有进入国内市场。

③徘徊期(2006—2010 年)：智能家居企业的野蛮成长和恶性竞争，夸大宣传、满意率低、服务支撑跟不上……给智能家居行业带来了极大的负面影响，此时国内品牌进入优胜劣汰的痛苦发展转型期，同时国外智能家居品牌借机暗中涌入中国。

④融合演变期(2011—2020 年)：智能家居的放量增长说明智能家居行业到达了一个新的

拐点，由徘徊期进入了新一轮的融合演变期。融合演变期见表1-1。

表1-1　融合演变期国内环境

序号	环境	特点	主要内容	注释
1	政策环境	战略新兴产业重点应用，政府工作报告、部委行动计划政策利好	《2016年国务院政府工作报告》	智能家居被首次写入政府工作报告
			2017年1月《信息通信行业发展规划物联网分册》	智能家居作为物联网6大重点领域应用示范工程之一，规划提出打造生态系统、推广集成应用解决方案，重点支持其物联网操作系统研发
			2017年8月《关于进一步扩大和升级信息消费持续释放内需潜力的指导意见》，2017年12月工信部发布《促进新一代人工智能产业发展三年行动计划》	支持物联网、机器学习等技术在智能家居产品中的应用，建设一批智能家居测试评价、示范应用项目并推广
2	经济环境	居民消费能力不断提高，消费升级助推家居智能化	我国由超高速步入中高速增长通道，经济结构与增长方式发生了较大变化，居民人均可支配收入和消费支出的不断增长，显示出人民生活水平的持续提高	个性化、多样化消费渐成主流
			与2014年相比，性价比已经不再是智能产品需求的唯一决定性因素，消费者对产品品质和新科技功能的追求背后是消费升级理念的兴起	消费者对智能产品的需求在从“价格导向”向“价值导向”转变
3	社会环境	移动互联为远程操控创造条件	2017年我国手机网民数量已经超过7.5亿人，在全体网民中的占比高达97.5%	移动互联网和智能手机的普及，为智能家居产品提供了远程操控的基础
		大量住房库存为智能家居市场创造需求	我国住宅施工面积和竣工面积两大指标始终维持在高位	十年地产黄金期以及智慧城市、智慧社区的推进使智能家居市场逐渐成为刚需
4	技术环境	关键技术与智能家居产业化应用相互促进	作为物联网、人工智能和云计算落地的载体，智能家居既能够从技术进步中直接受益，又可以通过产业化的应用实现技术变现，反过来推动技术发展，从而形成智能家居应用与关键技术之间的正向反馈	物联网、云计算和人工智能是智能家居领域的三大关键技术。通过AI语音交互、云计算、大数据学习分析，智能家居更显个性与智能

3. 智能家居产业规模发展现状与预测

智能家居产业规模发展现状与预测如图 1-1 所示。

全球智能家居市场规模将在2022年达到1 220亿美元，2016—2022年年均增长率预测为14%。智能家居产品分类涵盖照明、安防、供暖、空调、娱乐、医疗看护、厨房用品等。

MarketsAndMarkets

Mordor Intelligence

2017年全球智能家居市场规模为357亿美元，2018—2023年间的复合年均增长率CAGR为26.9%，预计到2023年将达到1 506亿美元。其中，美国、欧洲、中国将成为智能家居三大市场，市场增幅速度远超国际平均标准。

2018年随着主要智能家居系统平台及大数据服务平台搭建完毕，下游设备厂商完善，智能家居产品被消费级市场接受，市场规模将达到1 800亿元人民币。

易观智库

艾瑞咨询

2017年中国智能家居市场规模为3 254.7亿元。2020年市场规模达到5 819.3亿元。

世界各大知名调研公司的评估不尽相同。

值得关注的是，中国智能家居市场逐渐成为全球智能家居市场增长重心

图 1-1　能家居产业规模发展现状与预测

任务实施

同学们请帮助小顾同学统计完成以下表格。

要求:3 ~5 人为一组,通过搜集、整理资料、调研、讨论等方式分析生活中的各种烦心事,完成表 1-2。

表 1-2　生活中的烦心事

序号	生活中的烦心事	解决思路	方案功能描述	主要的设备
举例	出差在外,担心小偷	安防报警	门磁报警、窗磁报警、红外报警、视频监控、玻璃破碎报警……	海尔安全家套装 RWISDOMHAIER 网络摄像机 HR-32CWB……
1				
2				
3				
4				
5				
6				
7				
8				
9				
10				

知识拓展

1. 海尔 Uhome

海尔 Uhome 是海尔集团在信息化时代推出的美好住居生活解决方案。它通过互联网、广电网、电力网等多网融合的网络平台,采用有线与无线网络相结合的方式,把所有设备通过信息传感设备与网络相联,从而实现了用户、服务资源以及企业间的互动,依托海尔集团整合全球服务资源的优势,为用户提供持续不断增值服务。

2. 海尔"5 +7 + *N*"全场景定制化智慧成套方案

海尔"5 +7 + *N*"智慧家庭方案成为业内首个以用户为中心、用户可定制的智慧成套方案。这也意味着,海尔智慧家庭将以全套定制的方式走进千家万户,消费者不用再东奔西跑购买各种零散的单品以拼凑一个智慧家装,而是在 APP 以及线下智慧家庭体验店均可下单购买,根据自己的需求实现 *N* 种智慧生活全场景的定制。

※ 何为"5 +7 + *N*"全场景定制化智慧成套方案?

具体来说,"5"是指海尔持续迭代升级的五大物理空间,包含智慧客厅、智慧厨房、智慧卧室、智慧浴室、智慧阳台,"7"代表的是全屋空气、全屋用水、全屋洗护、全屋安防、全屋语音、全屋健康、全屋信息七大全屋解决方案,而 *N* 是个变量,代表的是用户可以根据自己的生活习惯自由定制智慧生活场景,实现无限变化的可能。

任务二　分析智能家居系统框架

任务目标

✧了解智能家居系统拓扑

✧熟悉智能家居主要通信技术与协议模块

【任务描述】

小顾通过参观体验,系统地了解了智能家居系统的概念、现状与发展,全面梳理了生活中人们的痛点与需求。为了使小顾尽快了解智能家居系统的架构,掌握智能家居子系统模块间的联系,曹工安排小顾绘制智能家居系统拓扑图。

知识链接

1. 智能家居系统控制方式

1)手动控制

智能家居系统中,智能开关、窗帘控制器等仍然保留了手动触屏与按键控制,习惯了传统手动操控的客户不会感到不适。

2)遥控控制

智能家电的遥控控制主要为红外遥控与射频遥控。红外遥控,即使用红外光线发送信号,具有指向性强、不可穿透障碍物、抗干扰能力强、兼容性强等特点;射频遥控使用无线电波传导信号，可全方位、立体式覆盖，在控制范围内，无需对准被控设备即可进行遥控操作，可穿透墙体等障碍物，兼容性差，功能扩展性强。这两种控制方式都是遥控器对设备的单向控制，遥控器无法获得当前设备的状态。

3）手机控制

通过智能手机，使用一个 APP 软件便可实现多个智能家居子系统设备的全面控制与管理，免除了多个遥控器之间换来换去的麻烦，既能局域网控制，又能远程管理。目前还有微信小程序、蓝牙等其他手机控制方式。

4）语音控制

AI 智能音箱可用语音控制家里的智能家电，真正解放双手，解决家里老人和小孩使用过程中的不便。

5）自动控制

这包括回家、离家等的场景控制模式，如早晨的定时控制，晚间起夜的感应控制，燃气、烟雾等的联动控制，按照设定的轨迹，实现全屋智能家居的自动控制与管理。

2. 智能家居的主要通信技术

智能家居常用总线通信技术及参数见表 1-3，智能家居常用无线通信技术参数见表 1-4。

表 1-3　智能家居常用总线通信技术及参数

技术	参数						
	总线形式	传输距离/m	网络结构	速率/($bit \cdot s^{-1}$)	网络容量	协议规范	常见应用
RS-485	二芯双绞线	1 500	总线式/环型	300～9.6 k	3 网段可扩充至 255	RS485	消防类设备通信
IEEE802.3(Ethernet)	8 芯双绞线	100	星型对等	10 M～1 000 M	可无限扩充	TCP/IP	互联网
EIB/KNX	四芯专用双绞线	1 000	总线式/星型/环型	3.8 k	4 或 12 网段可扩充	—	智能建筑
LonWorks	双绞线/同轴/电力线不等	2 500	自由拓扑	300～1.25 M	64 网段可扩充	LonTalk	工业控制
X10/PLC-BUS	普通电力线	1 500	总线式/星型	100～200 M	64 000	行业级	智能家居
CANBUS/CBUS/ModBUS 等	二芯专用线	—	总线式	9.6 k	64 M 地址码	私有	建筑灯光控制
A-Link 私有 Link	专用线	—	总线式	9.6 k	—	私有	智能控制

表 1-4　智能家居常用无线通信技术参数

技术	参数							
	工作频率/Hz	典型传输距离/m	网络结构	通信速率/(bit · s^{-1})	网络容量	协议规范	安全与加密	常见运用
RFID 射频	315M/ 433M 等	50 ~ 100	点到点	1.2 k ~ 19.2 k	可无限扩充	自定义	自定义	汽车遥控、物联网
BlueTooth 蓝牙	2.4 G	10	微微网/分布式	1 M	8	蓝牙技术联盟	密钥(四反馈移位寄存器)	电脑无线键鼠、耳机等
IEEE802. lla/b/g/r WiFi	2.4 G	50 ~ 300	蜂窝	1 M ~ 600 M	50	国际 IEEE 802.11	WEP/WPA 等	无线局域网
EEE802. 15. 4 ZigBee	2.4 G	5 ~ 100	动态路由自组	250 k	255 可有限扩充	国际 IEEE 802. 15. 4	冗干循环 AES128 算法	物联网
Z-Vave	2.4 G	5 ~ 100	动态路由自组	9.5 k	232	Z-Wave 联盟	—	智能家居、消费电子

ZigBee 网络中存在三种逻辑设备类型:协调器(Coordinator)、路由器(Router)、终端设备(EndDevice),如图 1-2 所示。

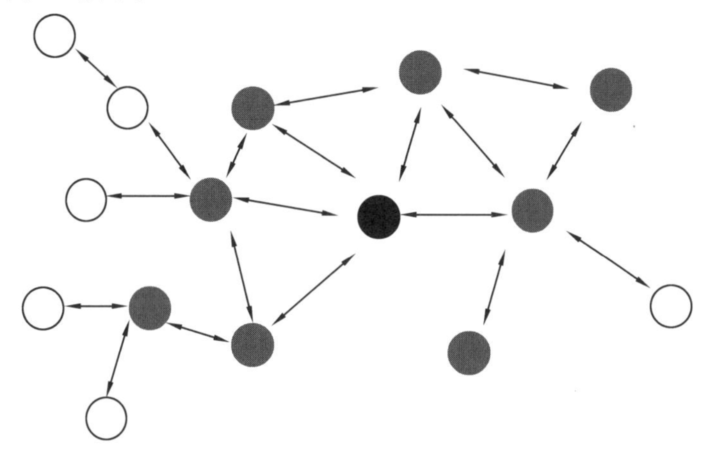

图 1-2　ZigBee 系统拓扑图

黑色节点为协调器,灰色节点为路由器,白色节点为终端设备

3. 智能家居网关产品介绍

智能家居网关产品数见表 1-5。

表 1-5　智能家居网关产品数

产品外型		产品外型	
产品名称	家庭控制中心	产品名称	家庭智能中继
产品型号	HW-WG2J、HW-WG2JA	产品型号	HW-WZ6JA、HW-WZ6JA

续表

产品尺寸	252 mm×175 mm×77 mm	产品尺寸	直径 140 mm,厚度 30 mm
产品颜色	白色	产品颜色	白色
安装方式	桌面放置	安装方式	壁挂安装、吸顶安装、桌面安装
输入电压	DC12 V±1 V	输入电压	DC12 V±1 V
输入电流	500 mA	输入电流	500 mA
指示灯	电源指示灯、网络指示灯、服务器指示灯	指示灯	电源指示灯及联网指示灯(可通过软件关闭)
按键	入网配置按键、复位按键	按键	入网配置按键、复位按键
通信	网线、ZigBee(双 ZigBee 模块,支持私有协议和 ZHA 协议)	通信	网线、ZigBee(双 ZigBee 模块,支持私有协议和 ZHA 协议)
可接设备数	大于 100 个	可接设备数	大于 100 个
配件	电源适配器	配件	电源适配器、挂架

任务实施

1. 分组交流

讨论智能家居系统架构图,归纳其中所用的通信方式和基本技术原理,填入表格 1-6 和表 1-7。

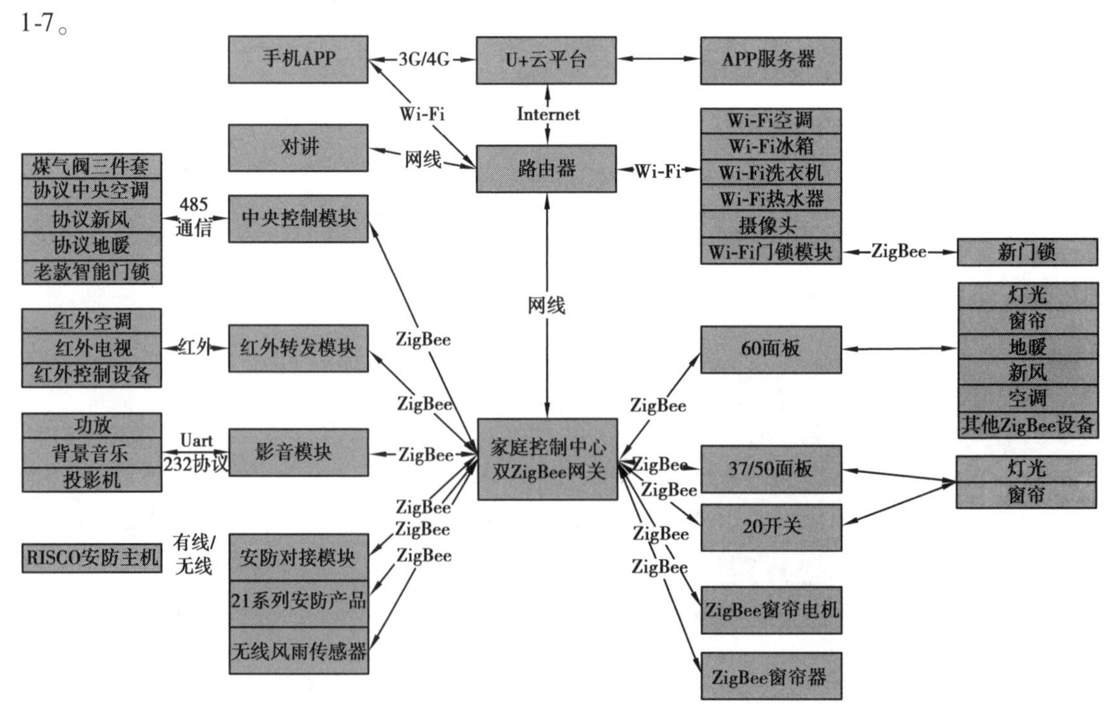

图 1-3　智能家居系统架构

(1)根据图 1-3 填入相关有线通信技术的特点和应用对象。

表 1-6　智能家居系统有线技术应用

序号	有线通信技术	技术特点	应用对象
1	RS-485		燃气阀三件套
			背景音乐
			中央空调
2	RS-232		
3	RJ45 网线		
4	HDMI		

(2)根据图 1-3 填入相关无线通信技术的特点和应用对象。

表 1-7　智能家居系统无线技术应用

序号	无线通信技术	技术特点	应用对象
1	ZigBee(标准 ZHA TI 方案)		
2	ZigBee(顺舟 Freescale 方案)		
3	Wi-Fi		
4	IrDA 红外		
5	RF-433		

2. 家庭网络的组建练习

普通平层户型一般配置 1 台家庭网络中心即可,普通平常用户网络如图 1-4 所示;跃层户型或别墅户型一般每层至少配置一台家庭网络中心(网关),别墅用户网络图如图 1-5 所示。要考虑房型的复杂程度及装修材料对无线信号的负面影响,必要时适当增加家庭网络中心的数量,家庭网络组建 CAD 图如图 1-6 所示。

1)普通平层用户网络

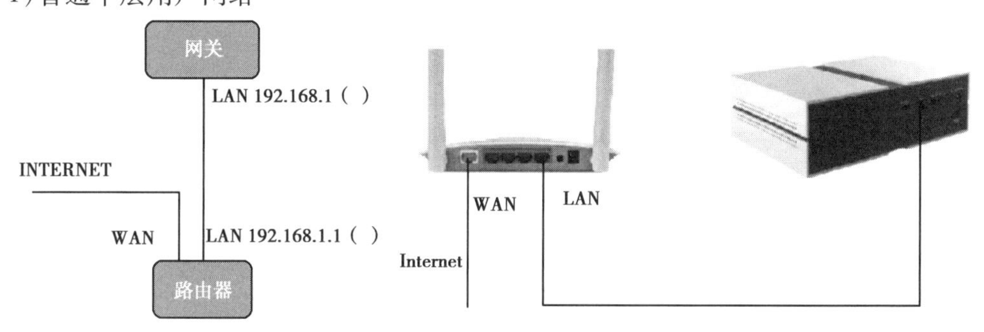

图 1-4　普通平层用户网络图

2)别墅用户网络

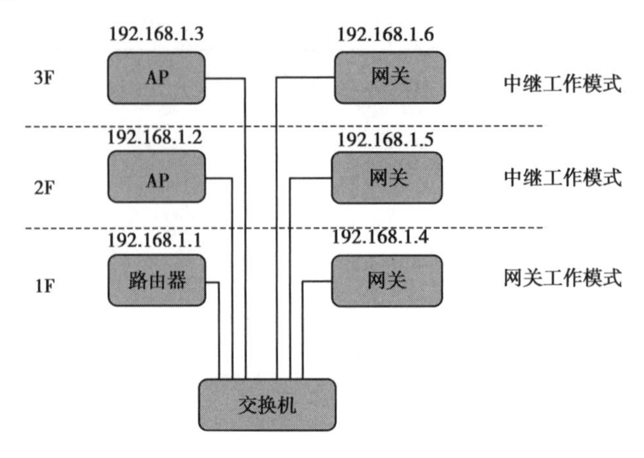

图 1-5　别墅用户网络图

3)家庭网络组建 CAD 设计

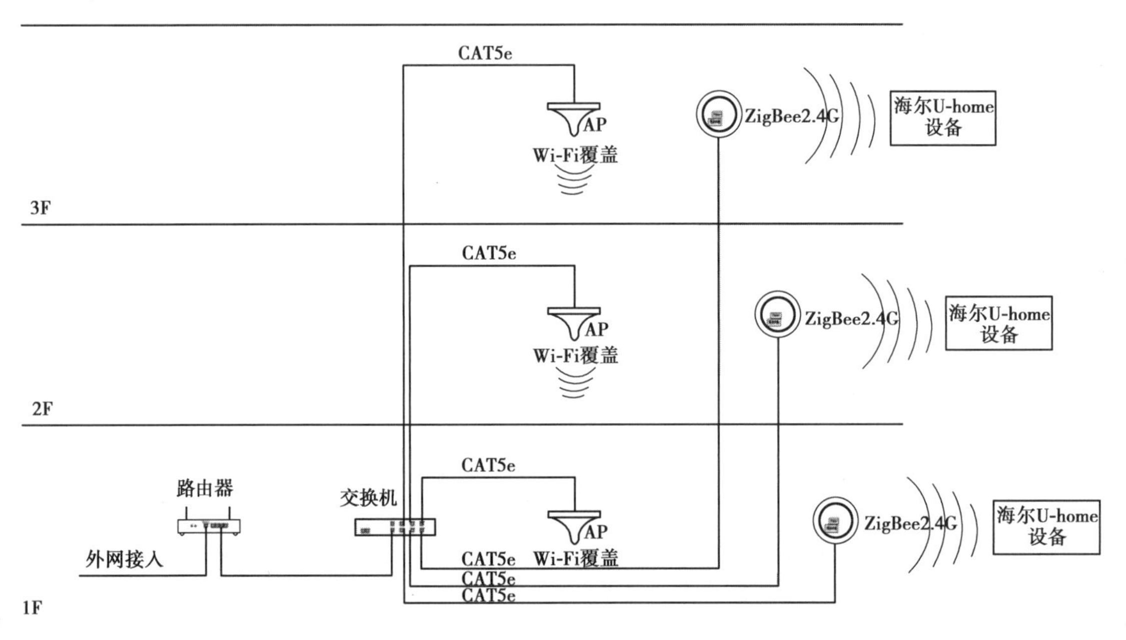

图 1-6　家庭网络组建 CAD 图

3. 全屋无线解决方案

1)中户型家庭 mesh 组网

如图 1-7 所示,该方案采用华三 mesh 组网的方式,由一台主路由 + 三台子路由进行组网。

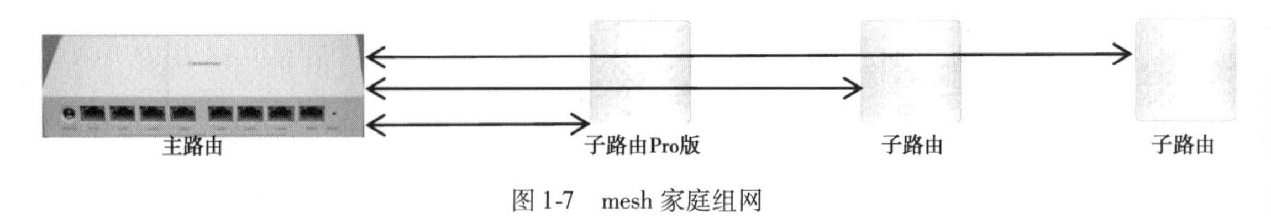

图 1-7　mesh 家庭组网

2）全屋无线 AP 方案实施

全屋无线 AP 方案有 PoE 供电无线 AP 解决方案和 DC12 V 供电无线 AP 解决方案两种，如图 1-8 所示。

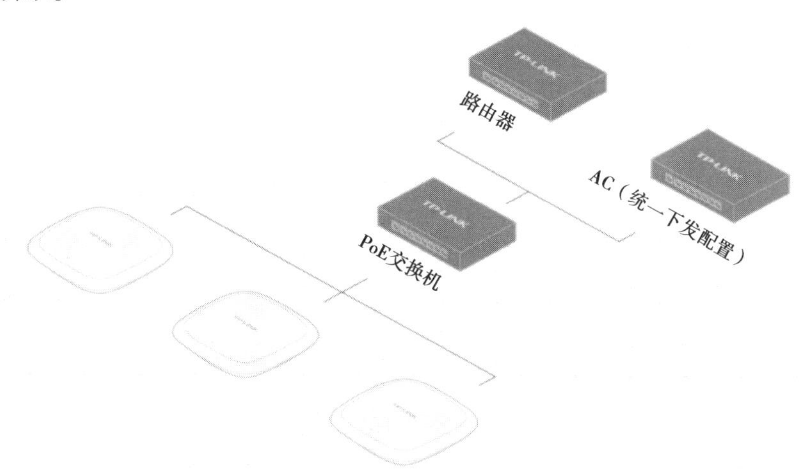

（a）PoE供电无线AP解决方案

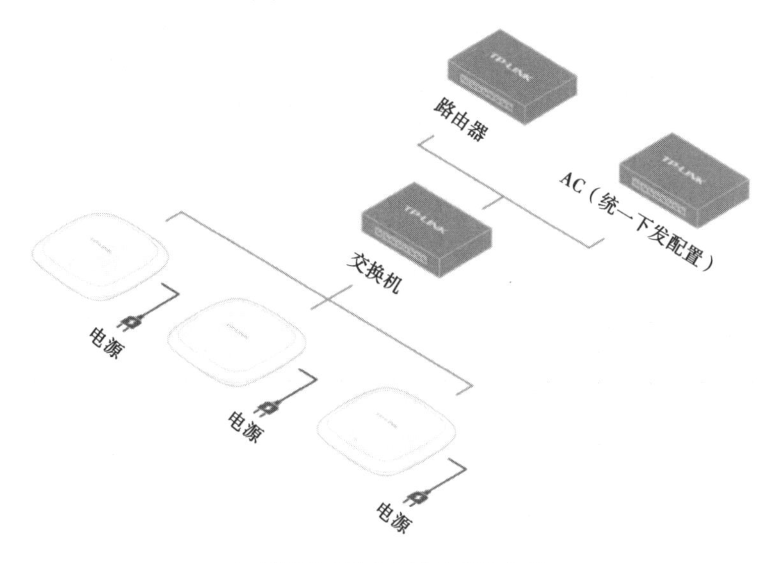

（b）DC12 V供电无线AP解决方案

图 1-8　全屋无线 AP 方案

上网搜集"AC2600 双频无线吸顶式 APTL-AP2608GC-PoE/DC"资料，根据关键术语，填表 1-8，并讨论技术参数、原理与特点。

表 1-8　AC2600 双频无线吸顶式 APTL-AP2608GC-PoE/DC

序号	关键术语	原理/特点	备注
1	双频并发		
2	信道调优		
3	功率调优		

续表

序号	关键术语	原理/特点	备注
4	射频调优		
5	智能漫游技术		
6	POE 供电		

请在图 1-9 中的括号内填入相应内容。

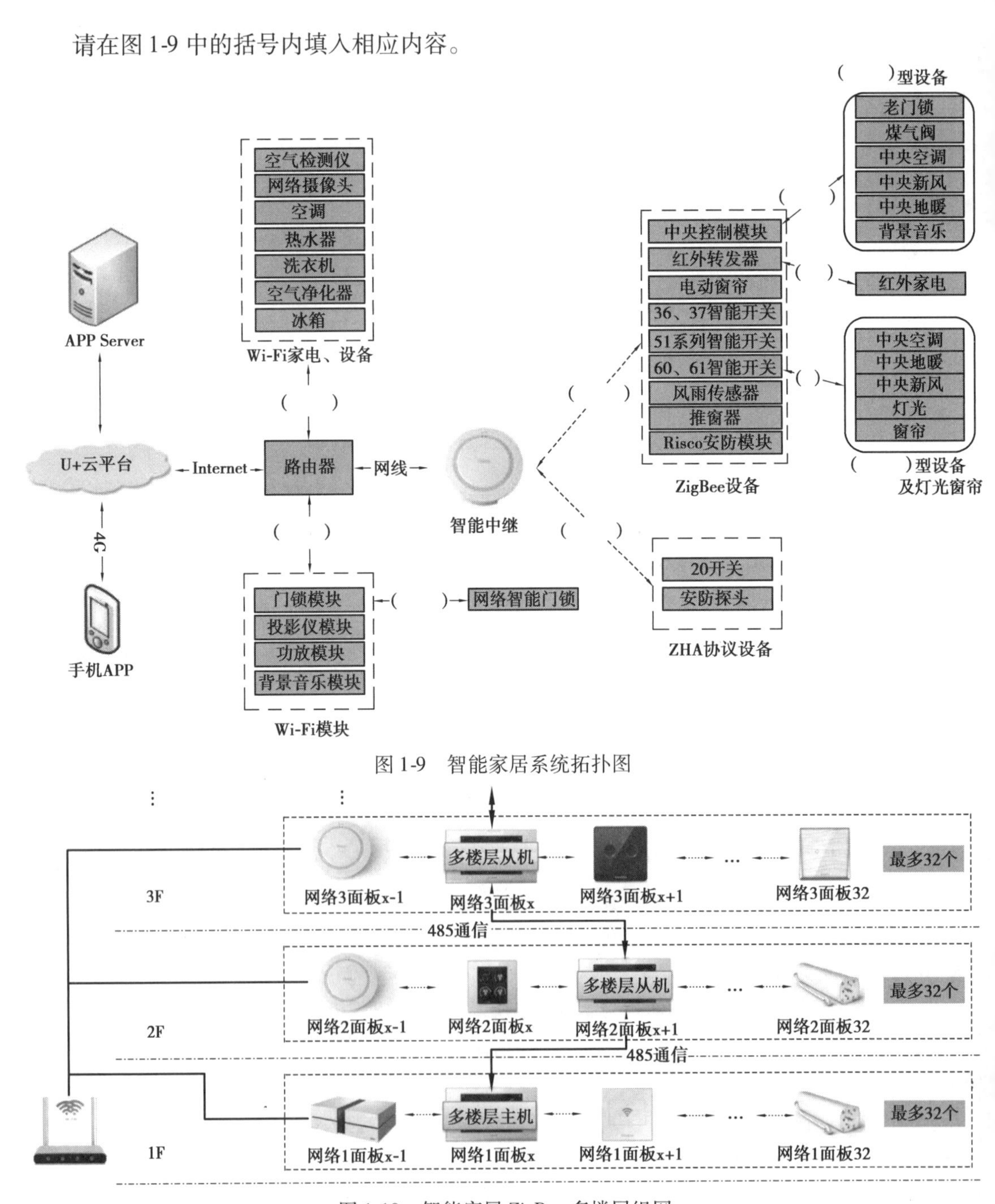

图 1-9　智能家居系统拓扑图

图 1-10　智能家居 ZigBee 多楼层组网

图 1-10 中有________个 ZigBee 网络,单层网络中 ZigBee 组网最多支持________个面板,楼层间不同 ZigBee 网络是通过________和________之间使用________通信方式来实现多层组网控制的。

知识拓展

双 ZigBee 智能家居系统实物架构图如图 1-11 所示,双 ZigBee 产品架构图如图 1-12 所示。

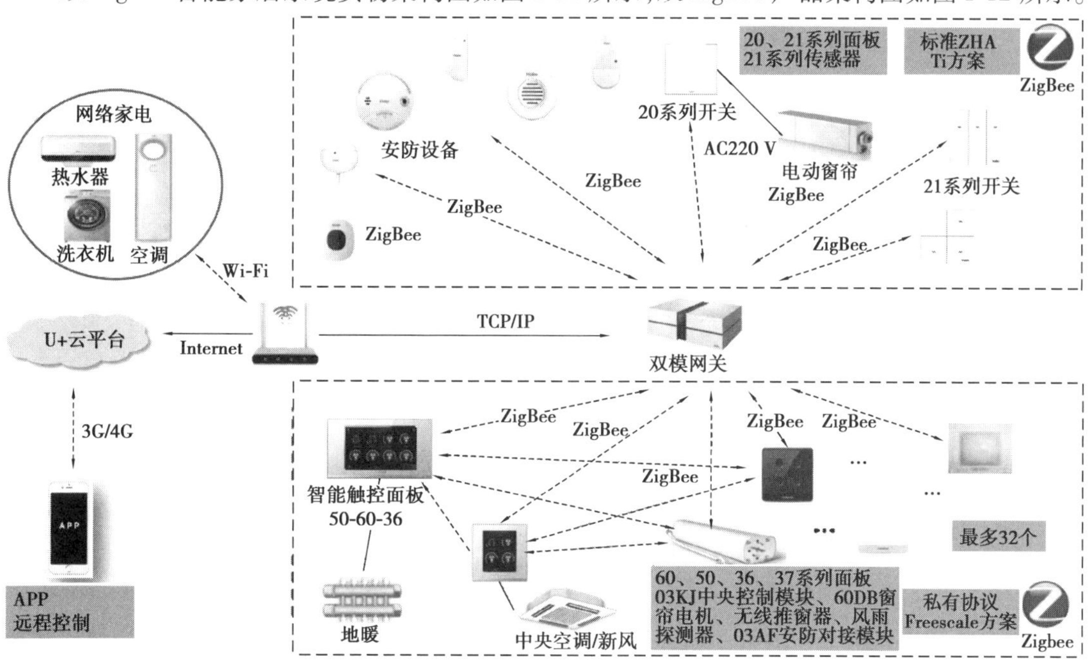

图 1-11　双 ZigBee 智能家居系统网络架构

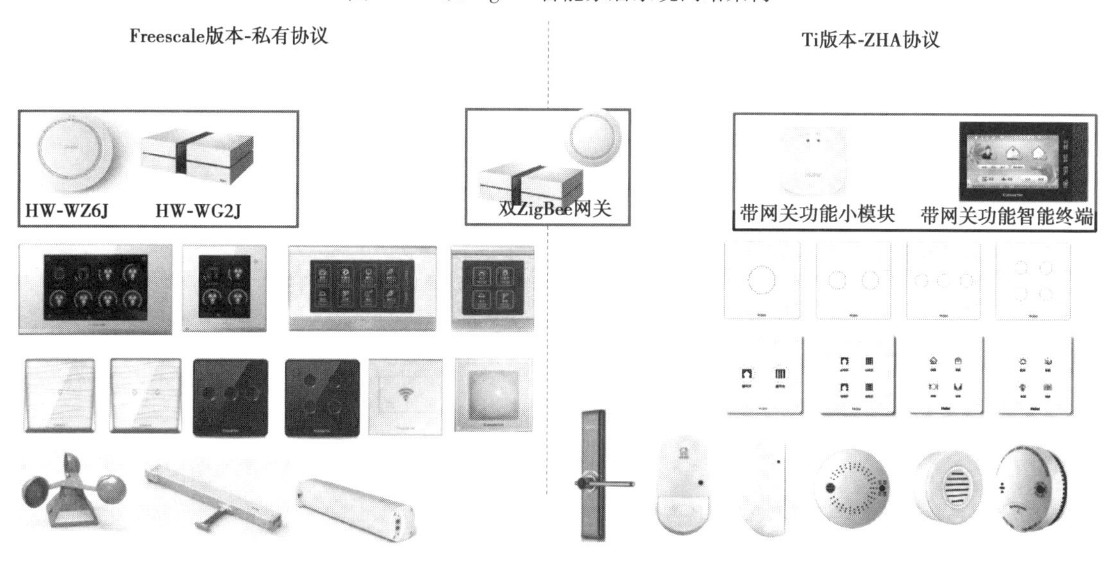

图 1-12　双 ZigBee 产品架构

两种协议比较如图 1-13 所示。

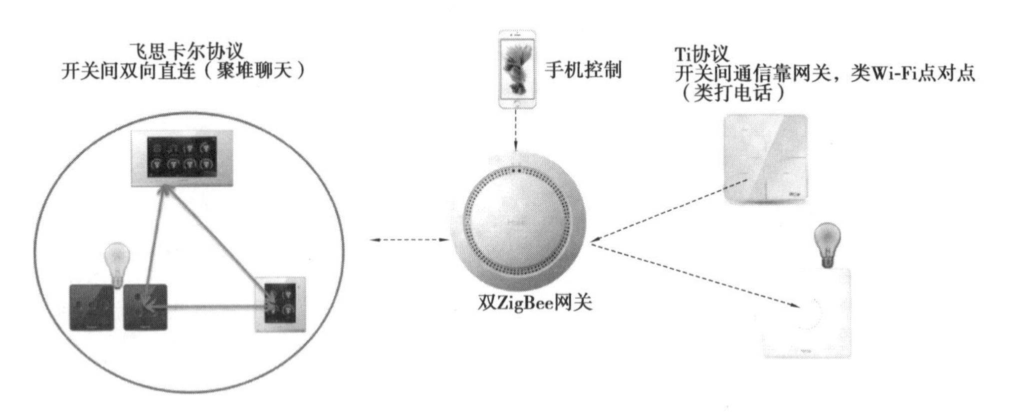

图 1-13　不同系列开关协议比较

任务三　智能家居系统解决方案制作

任务目标

✧了解智能家居系统的解决方案组成

✧熟悉智能家居系统工程方案的基本要求

✧熟悉智能家居项目经理能力需求

【任务描述】

通过对智能家居系统的全面认知，曹工安排小顾根据智能家居系统的组成，拟一份实习工作计划。

知识链接

1. 智能家居系统解决方案

1）方案封面

纸质或 PPT 封面设计如图 1-14 所示。

图 1-14　智能家居系统解决方案封面示例图

2)整体解决方案、理念与产品布局

整体解决方案、理念与产品布局如图 1-15 所示。

家庭智能化解决方案融合了安防报警、视频监控、可视对讲、灯光窗帘、家电管理、环境监测、背景音乐、家庭影院等功能模块，将家中所有设备通过一个智能化平台管理起来，通过“集中管理”“场景管理”和“远程管理”，实现了“行在外，家就在身边；居于家，世界就在眼前”的美好生活。

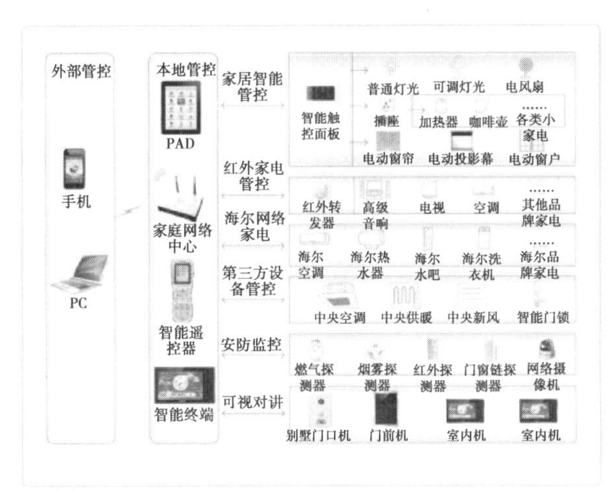

(a)总体结构

海尔U-home为用户提供“安全、便利、舒适、愉悦”的高品质生活。

居于家，世界就在眼前；身在外，家就在身边

海尔U-home将带给您全新的智慧生活方式，设想一下……清晨起床时间一到，优美的背景音乐缓缓响起，将我们从睡梦中唤醒，音乐响起三分钟，卧室灯光渐渐明亮，让我们慢慢适应起居环境，穿衣后，窗帘自动打开，灯光关闭，让早上的阳光照射到我们。嗯，今天的天气不错，温度适宜，电动窗户自动打开，让清新的空气进入房间；浴室里的电灯也会随着您进入梳洗时自动亮起……

出门上班，您只需在门口智能终端上轻点一下【外出】，所有灯光自动关闭，窗帘自动打开，让阳光进入房间；中央空调、背景音乐自动关闭，家中安防系统自动进入布防状态……

再想象一下……

一家人吃完晚饭后，坐在沙发上，随手拿起手机，关闭电视，点击【影院】场景，灯光、窗帘自动关闭，大屏投影自动拉下，高清投影机、功放自动开启，让我们无需烦琐的操作，轻松享受最新大片带给我们的震撼，一切开始变得简单。

在炎热的夏天，您可以在下班前在办公室通过电脑打开空调，回到家里便能享受清凉；在寒冷的冬季，则可以享受到融融的温暖。如果不方便使用电脑，使用手机同样可以对家中的一切实现掌控。当您在家中，用海尔智能遥控器可以对家中的电器进行集中控制……这一切，只是海尔智能家居系统功能中的一小部分，整套系统紧紧围绕用户的实际需求和解决用户的实际困难而量身定制，真正实现了以科技服务生活的智慧家庭。

(b)系统理念

(c)产品布局图

娱乐室
灯光控制、家庭影院
KTV系统、场景控制

客厅
灯光控制、电动窗帘
场景控制、背景音乐
安防报警、家电控制

厨房
燃气报警、水浸报警
灯光控制、视频监控

大门及玄关
智能门锁、可视对讲
灯光感应、安防报警
视频监控、场景控制

主卧
可视对讲、安防报警
灯光控制、电动窗帘
背景音乐、起夜模式

卫生间
灯光感应、紧急按钮
场景控制、智能浴缸

车库
自动车库门控制
感应灯光、安防监控

庭院
庭院门禁、安防监控
报警联动、灯光控制
背景音乐、园林浇灌

(d)整体解决方案

图 1-15　整体解决方案、理念与产品布局图

3)项目简介与业主需求分析

项目需求分析示例见表 1-9;用户智能家居系统需求如图 1-16 所示。

表 1-9　需求分析示例简表

项目名称			项目面积		
业主姓名			业主电话		
项目经理			联系方式		
户型:	平层□	复式□	两层别墅□	三层别墅□	四层别墅□

平层

别墅

业主功能需求: ☑

一、智能视频监控系统 □
二、智能安防预警系统 □
三、智能可视对讲系统 □
四、智能门锁联动系统 □
五、智能家庭影院系统 □
六、智能背景音乐系统 □
七、智能灯光窗帘控制 □
八、智能家电管控系统 □
九、智能厨房安防系统 □

其他智能产品

一、海尔三菱中央空调 □
大金中央空调 □
二、海尔全屋净水 □
三、海尔电动窗帘 □
四、海尔空气净化器 □
五、海尔扫地机器人 □
六、个性化智能门锁 □
七、海尔空气质量检测仪 □

图 1-16　智能家居系统需求示例图

4)功能子系统分析

功能子系统应体现实景安装位置以及对应的特点说明,如图 1-17 所示。设备配置要提供多种系列和类别供客户选择;功能说明应针对生活痛点,提供完美的解决方案,注重实际。

图 1-17　智能家居子系统设计示例图

2. 设备选型与初步预算、耗材选型

该阶段是针对客户需求,针对设备系列的选择,给客户提供的基本预算。该预算要求与最终报价不能有太大的出入。别墅智能化系统设备清单,见表 1-10。

表 1-10　别墅智能化系统设备清单

别墅智能化系统设备位置清单

序号	系统名	名称	型号	品牌	单位	数量	单价	合计
院门（门禁系统 高清监控）								
1	可视对讲	别墅门口机	HR-60DV02	海尔	台	1		
2		别墅门口机预埋盒	S-YM	海尔	台	1		
3	门禁系统	电磁锁	/	/	套	1		
4	高清监控	网路高清红外枪机	/	TIANDY	台	1		
5	灯光控制	智能触控面板	HK-50P4CW	海尔	台	1		
6		红外探测器	/	/	台	1		

3. CAD **工程设计**

CAD 设计内容包含:工程图纸封面设计,设计说明,工程图例说明,图块的设计与积累,系统架构图,网络架构图,子系统示意图,子系统布线图,平面布置图,立面安装示意图等。智能家居子系统 CAD 设计示例图如图 1-18 所示。

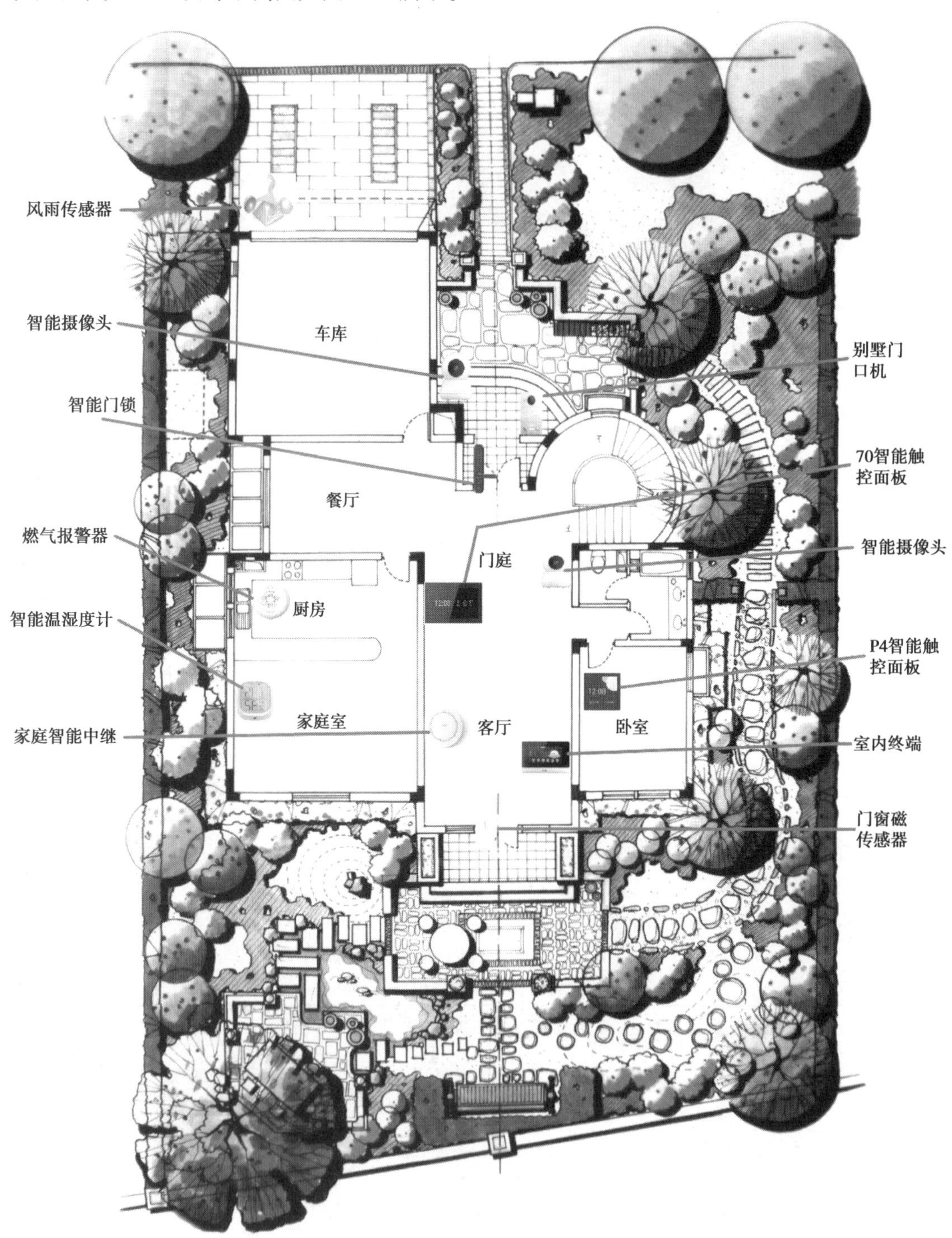

图 1-18　智能家居子系统 CAD 设计示例图

4. 智能家居工程项目合同

智能家居工程项目合同是根据《中华人民共和国合同法》《建设工程施工合同管理办法》等要求，为保障双方合法权益，明确双方权利义务，经甲乙双方平等协商，以智能家居系统工程达成一致意见，自愿订立的合同。合同要明确：项目内容，建设工期，项目质量，设备清单，项目造价，拨款和项目结算，项目竣工验收，质量保修范围和质量保证期，技术资料交付，双方相互协作等条款。

5. 项目清单与最终报价

设备清单一定要做细，要讲得清清楚楚，不要企图多报配置或者蒙混过关，诚信是赢得客户信赖的基础。项目报价应将设备价格、施工费用、耗材、税收等其他费用一并考虑在内，并进行合理预算，使客户对今后的实施经费做到心中有数，尽量避免或者减少后期设备与材料增项。家庭智能化方案报价表见表1-11。

表1-11　家庭智能化方案报价表

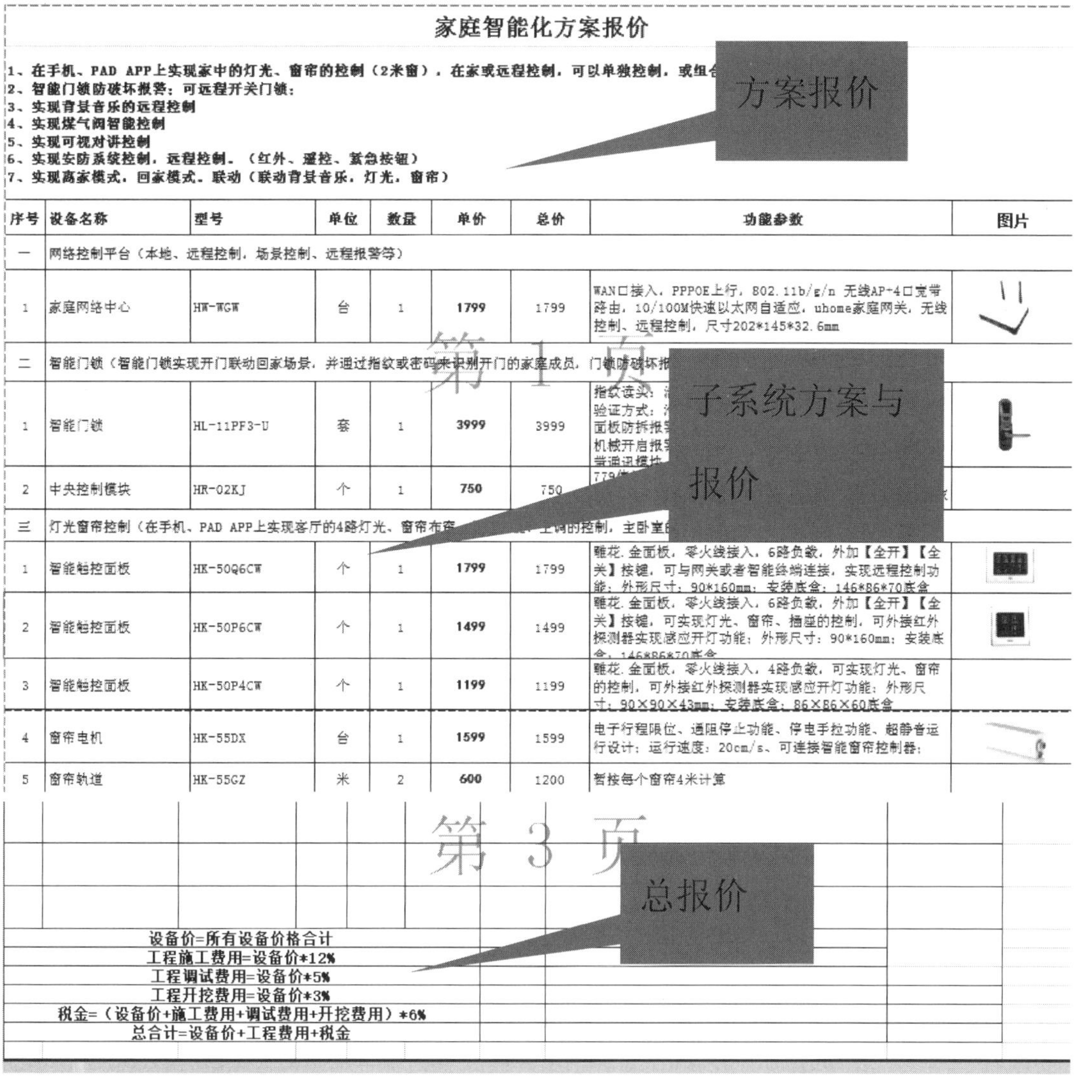

家庭智能化方案报价

1、在手机、PAD APP上实现家中的灯光、窗帘的控制（2米窗），在家或远程控制，可以单独控制，或组合
2、智能门锁防破坏报警；可远程开关门锁；
3、实现背景音乐的远程控制
4、实现煤气阀智能控制
5、实现可视对讲控制
6、实现安防系统控制，远程控制。（红外、遥控、紧急按钮）
7、实现离家模式，回家模式，联动（联动背景音乐，灯光，窗帘）

方案报价

序号	设备名称	型号	单位	数量	单价	总价	功能参数	图片
一	网络控制平台（本地、远程控制，场景控制、远程报警等）							
1	家庭网络中心	HW-WGW	台	1	**1799**	1799	WAN口接入，PPPOE上行，802.11b/g/n 无线AP+4口宽带路由，10/100M快速以太网自适应，uhome家庭网关，无线控制、远程控制，尺寸202*145*32.6mm	
二	智能门锁（智能门锁实现开门联动回家场景，并通过指纹或密码来识别开门的家庭成员，门锁防破坏报							
1	智能门锁	HL-11PF3-U	套	1	**3999**	3999	指纹读头： 验证方式： 面板防拆报 机械开启报 常通讯模块	
2	中央控制模块	HR-02KJ	个	1	**750**	750	779	
三	灯光窗帘控制（在手机、PAD APP上实现客厅的4路灯光、窗帘布帘 空调的控制，主卧室							
1	智能触控面板	HK-50Q6CW	个	1	**1799**	1799	雕花.金面板，零火线接入，6路负载，外加【全开】【全关】按键，可与网关或者智能终端连接，实现远程控制功能；外形尺寸：90*160mm；安装底盒：146*86*70底盒	
2	智能触控面板	HK-50P6CW	个	1	**1499**	1499	雕花.金面板，零火线接入，6路负载，外加【全开】【全关】按键，可实现灯光、窗帘、插座的控制，可外接红外探测器实现感应开灯功能；外形尺寸：90*160mm；安装底盒：146*86*70底盒	
3	智能触控面板	HK-50P4CW	个	1	**1199**	1199	雕花.金面板，零火线接入，4路负载，可实现灯光、窗帘的控制，可外接红外探测器实现感应开灯功能；外形尺寸：90×90×43mm；安装底盒：86×86×60底盒	
4	窗帘电机	HK-55DX	台	1	**1599**	1599	电子行程限位、遇阻停止功能、停电手拉功能、超静音运行设计；运行速度：20cm/s、可连接智能窗帘控制器；	
5	窗帘轨道	HK-55GZ	米	2	**600**	1200	暂按每个窗帘4米计算	

第1页

子系统方案与报价

第3页

总报价

设备价=所有设备价格合计
工程施工费用=设备价*12%
工程调试费用=设备价*5%
工程开挖费用=设备价*3%
税金=（设备价+施工费用+调试费用+开挖费用）*6%
总合计=设备价+工程费用+税金

1)报价方式 A

设备价 = 所有设备价格合计

工程施工费用(调试费用) = 设备价 ×12%

工程调试费用 = 设备价 ×5%(根据实际情况)

工程开挖费用 = 设备价 ×3%(根据实际情况)

税金 =(设备价 + 施工费用 + 调试费用 + 开挖费用) ×9%

总合计 = 设备价 + 工程费用 + 税金

2)报价方式 B

设备价 = 所有设备价格合计

工程施工费用(调试费用) = 设备价 ×15%

税金 =(设备价 + 施工费用) ×9%

总合计 = 设备价 + 工程费用 + 税金

6. 综合布线、安装调试

智能家居网络综合布线与安装调试应结合国际与国内标准,规范设计。项目经理需熟悉常用器材,熟练使用工具,有全面配线端接技术,有一定的工程预算和管理能力。

7. 编制培训指导与使用说明手册

培训指导与使用说明手册主要是针对客户使用,提供专业的技术指导,要求内容通俗易懂,方便使用。手册编制要根据客户的设备内容进行定制编撰。

8. 竣工验收与售后服务

竣工验收,是全面考核、检查项目是否符合设计要求和工程质量的重要环节。竣工验收报告需提供设备最终清单,验收条款参照工程合同,最终双方签字确认。售后服务需写明质保时间、售后服务流程、售后服务电话等信息。

任务实施

1. 制作一份智能家居客户需求表格

要求:根据智能家居安全、健康、便利、舒适以及特殊等理念方向,制作一份菜单式需求表,以便客户能像点菜一样选择智能家居产品与解决方案。智能家居的理念与需求点见表 1-12。

表 1-12　智能家居的理念与需求点

序号	理念	Uhome 解决方案	细分解决方案	备注
1	安全	智能门锁	云盾系列☐ 云控系列☐ 云悦系列☑ 工程系列☐	HL-31PF3
		视频监控	室内监控☐ 阳台监控☐ 室外监控☐	云存储☑ 硬盘录像机☐ SD 存储☐
		厨卫安全	厨房燃气☑ 厨房水浸☑	
		安防报警		

续表

序号	理念	Uhome 解决方案	细分解决方案	备注
2	健康			
3	便利			
4	舒适			
5	特殊	智慧养老 儿童关怀等		

2. 根据智能家居系统解决方案,制订一份实习(学习)工作规划简表(表 1-13)

表 1-13　实习(学习)工作计划简表

序号	模块	知识需求	技能要求	素养养成
1	智能家居系统解决方案			
2	业主需求分析			
3	设备选型与基本预算、耗材选型			
4	项目合同(附清单)			
5	CAD 工程设计			
6	项目清单与最终报价			
7	综合布线、安装调试			
8	培训指导与培训手册编制			
9	竣工验收与售后服务			

【项目考核表】　智能家居工程项目认知

任务模块	模块子系统评价标准	配分/分	自我评价	教师评价
P1M1 智能家居体验与供需分析	能准确、全面地说出智能家居系统的定义(技术:≥4 个,理念:≥3 个)	4		
	熟悉智能家居的现状与发展(≥3 代)	6		
	会分析智能家居系统的实际需求(≥8 个)	8		
	较全面地了解企业的文化、理念,了解 5 +7 + *N* 的内容	5		
P1M2 分析智能家居系统框架	全面了解智能家居系统架构	8		
	熟悉智能家居主要通信技术与协议模块(有线:≥3 种、无线:≥3 种)	6		
	会简单的家庭网络组建 CAD 设计	6		
	会用 2 个无线路由器组建家庭无线网络覆盖的方案(2 种方式)	4		

续表

任务模块	模块子系统评价标准	配分/分	自我评价	教师评价
P1M2 分析智能家居系统框架	熟悉无线 AP 组建智能家居无线网络方案	6		
	会进行网关升级操作	3		
	掌握智能家居 ZigBee 多楼层组网	6		
	明白双 ZigBee 网关的原理与特点	5		
	熟悉 HW-WGW 型 779M 智能家居网络架构	3		
P1M3 智能家居系统解决方案制作	掌握智能家居系统解决方案制作内容	3		
	熟悉智能家居系统工程方案的基本要求(≥6 点)	6		
	能制作一份便于推广与收集客户需求的智能家居客户需求表格	6		
	能根据智能家居系统解决方案,制订一份实习(学习)工作规划	6		
过程与素养	学习态度端正,搜索资料认真积极	3		
	听讲认真,按规范操作	3		
	有一定的沟通协作能力和解决问题的能力	3		
合计		100		

思考与练习

1. 什么是智能家居系统?
2. 智能家居系统有哪些特征?
3. 海尔智能家居系统中,什么是“5 + 7 + N”?
4. 如何绘制智能家居系统拓扑图?
5. 怎样组建智能家居全屋无线网络方案?
6. 双 ZigBee 技术的区别与联系分别是什么?

项目二
智能家居安防系统的设计装调

项目概述

随着人们收入水平的提高,人们追求高品质生活的要求也越来越高,但所有的高品质生活一定是以安全为基础的。人们已经不能满足于传统的居住环境,越来越重视自己的个人安全和财产安全,对人、家庭以及住宅的小区的安全方面提出了更高的要求;同时,经济的飞速发展伴随着城市流动人口的急剧增加,给城市的社会治安增加了新的难题。要保障家庭的安全,防止偷抢事件的发生,就必须有自己的安全防范系统。人防的保安方式难以适应我们的要求,物防已经达到了硬件设备的瓶颈,智能安防已成为当前的发展趋势。随着科学技术的不断进步,尖端科学技术的应用也越来越普遍,国内外的先进技术、先进经验在各行各业中得到了广泛的应用,智能家居安防系统越来越受到人们的欢迎。

项目目标

✧掌握智能家居安防系统拓扑结构
✧熟悉智能家居安防系统的产品系列、参数等技术资料
✧能够组建基本的智能家居安全防范系统
✧学会智能家居安防系统的安装与调试方法
✧能根据项目要求,正确选配智能门锁型号、规格
✧学会智能家居安防系统的工程项目设计

任务一　智能家居厨卫安全系统的搭建

任务目标

✧掌握智能厨卫安全系统拓扑结构

✧熟悉智能家居厨卫安全系统的产品特性与技术参数
✧掌握智能家居厨卫安全系统的通信原理与接线方式
✧学会智能家居厨卫安全系统的 CAD 设计

【任务描述】

据不完全统计,2018 年我国共发生燃气爆炸事故 702 起,造成 1 100 余人受伤,126 人死亡。居民用气事故发生率居高不下,共发生 465 起,饭店、商户发生 164 起。

厨卫安全系统与人们的衣食住行息息相关,燃气与自来水方便日常生活的同时,也带来了很多安全问题。基于目前市场的主要需求,小顾本次任务是完成厨卫安防系统的构建、安装、调试与设计。

知识链接

1. 安全与防范的定义

所谓安全,就是没有危险、不受侵害、不出事故;所谓防范,就是防备、戒备,而防备是指做好准备,以应付攻击或避免受害,戒备是指防备和保护。综合上述解释,对安全防范下定义:做好准备和保护,以应付攻击或避免受害,从而使被保护对象处于没有危险、不受侵害、不出现事故的安全状态。因此,安全是目的,防范是手段,通过防范的手段达到或实现安全的目的,就是安全防范的基本内涵。

防范的主要手段:

(1)人防是一个最古老、最基本的防范手段,如保安;

(2)物防是安防体系的基础,如防盗窗、高级别门锁等;

(3)技防成为安防系统核心,如智能安防系统。

2. 系统拓扑图

四线制燃气报警器安防系统拓扑图如图 2-1 所示。

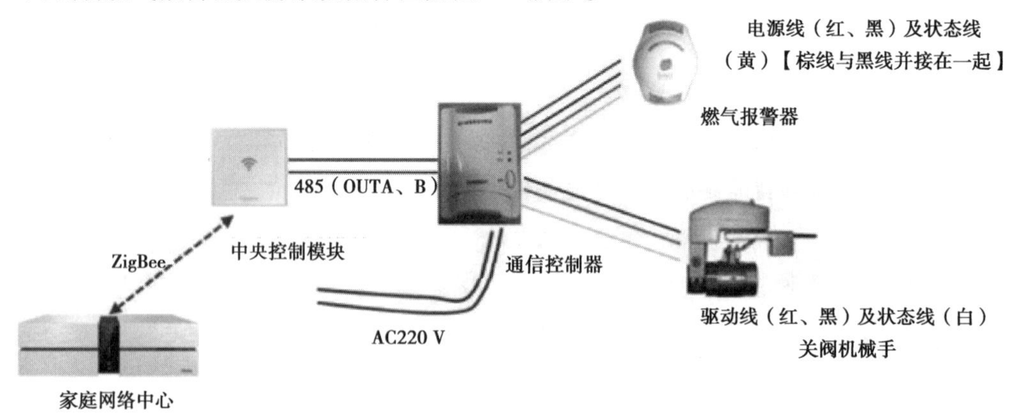

图 2-1　四线制燃气报警器安防系统拓扑图

3. 燃气安防单品功能描述

燃气安防单品性能参数见表 2-1。

表 2-1　燃气安防单品介绍

序号	产品名称	产品型号	图片	参数描述
1	燃气探测报警器	GAS-EYE-102A		DC 12 V ~ DC 24 V 供电;功耗 <2 W; 适应气体:LPG,LNG 城市燃气; 报警显示:绿灯(电源),红灯(报警); 复位方式:自动复位; 环境温度:-20 - 50 ℃;95%(RH); 质量:150 g; 尺寸:$W$70 mm × $H$96 mm × $D$35 mm; 接线方式:红线 +、黑线 -(给探头供电); 黄线 +、棕线 -(报警信号输入,正常状态下常开)
2	关阀机械手	JA-A		关阀方式:电机驱动(探头报警驱动); 动作电压:DC 10 ~ 18 V; 动作电流:200 ~ 500 mA; 使用环境:-20 ~ 50 ℃; 关阀时间:小于 10 s; 尺寸:$W$110 mm × $H$100 mm × $D$65 mm; 质量:250 g; 接线方式:红线(电源 +)、黑线(电源 -)、白线(阀关闭信号)
3	通信控制器	GSV-102T		电源输入 AC 220 V; 可手动打开、关闭机械手阀; 有机械手开关状态显示; 配合燃气报警器和关阀机械手使用; 通信方式:485 通信(海尔协议对接)
4	中央控制模块	HR-03KJ		DC 11 V ~ DC 13 V 供电; 适用于使用海尔智能终端与海尔家庭网路中心同时监控一种类型的第三方设备,可监控设备如下:中央空调(协议已对接)、燃气阀等; 通信方式:ZigBee、RS-485

4. 燃气安防设备安装介绍

1)燃气报警器

图 2-2 为燃气探测报警器的安装挂架及尺寸;先确定燃气探测报警器安装的位置及高度,定位孔处用固定螺丝穿过固定,最后将燃气报警主机挂上完成安装。此燃气探测报警器吸顶安装时用于天然气(LNG)探测,安装位置选择气源正上方 1.5 ~3 m 处,如图 2-3 所示。

燃气探测报警器必须吸顶安装在厨房顶面,天然气的主要成分是甲烷,其相对分子质量是 16,空气的平均相对分子质量是 29,所以天然气会上飘。

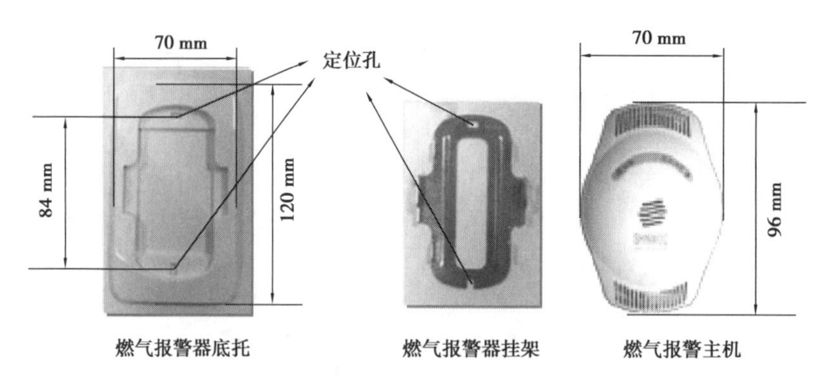

图 2-2　燃气报警器的安装示意图

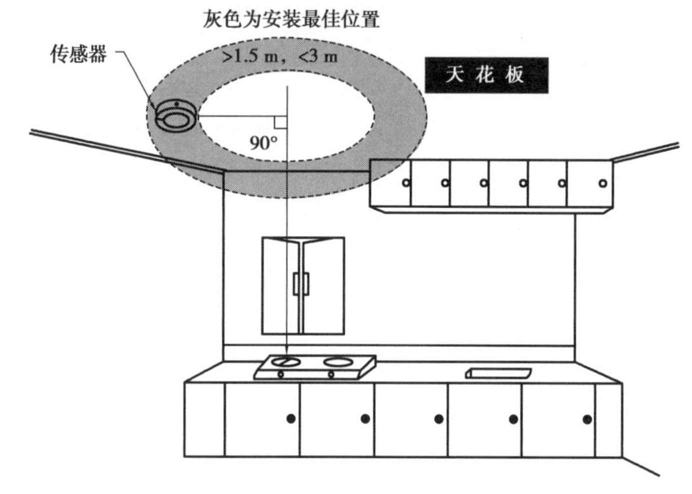

图 2-3　燃气探测报警器吸顶安装示意图

2）通信控制器

图 2-4 为通信控制器的安装挂件及尺寸。先确定通信控制器安装的位置及高度，定位孔处用固定螺丝穿过固定，最后将通信控制器挂上完成安装。

通信控制器主要起接收燃气探测报警器信号关阀的作用；安装位置应放在能方便伸手触碰及控制的区域，与关阀机械手、燃气探测报警器、中央控制模块的接线距离小于 50 m，为美观及防止油烟污染，可隐藏于橱柜内，橱柜内预留强电插座。

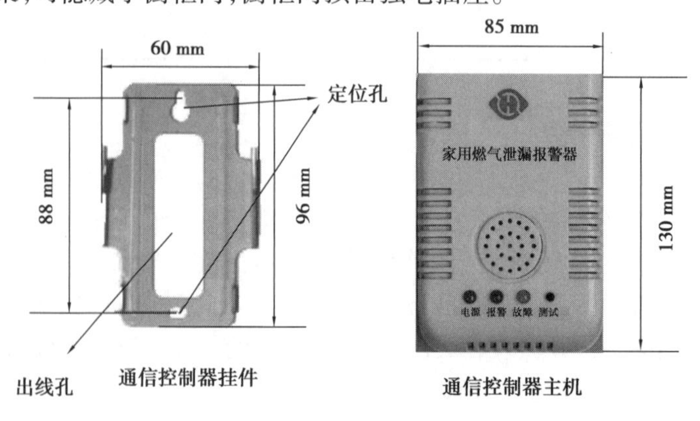

图 2-4　通信控制器的安装示意图

3)关阀机械手

图 2-5 为关阀机械手的控制对象及尺寸。先确定关阀机械手安装的位置及控制对象,安装位置一般位于进户管道气表旁的球阀,可参照图 2-5 中的示意图,完成安装。

根据国标 GB/T 24259—2009,天然气管道进户球阀位置位于气表旁。

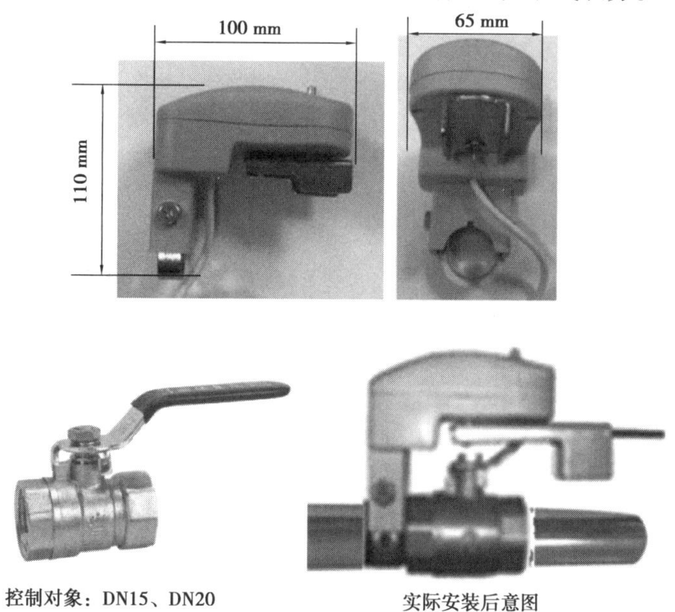

图 2-5　关阀机械手的安装示意图

4)中央控制模块

图 2-6 为中央控制模块的外观。先确定中央控制模块控制的第三方对象;预埋盒切勿用金属底盒,金属底盒会屏蔽通信信号;一般吸顶安装且靠近家庭网关位置。

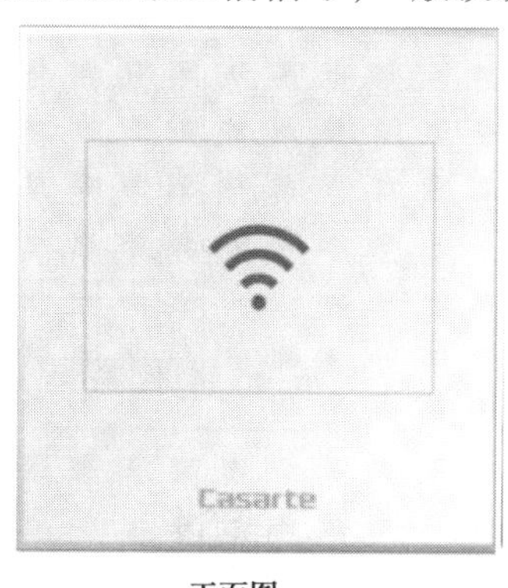

正面图

背面图

图 2-6　中央控制模块的外观

任务实施

1. 分小组进行智能燃气控制系统安装(图 2-7)

通信控制器端口如图 2-8 所示,各通信端口功能见表 2-2。

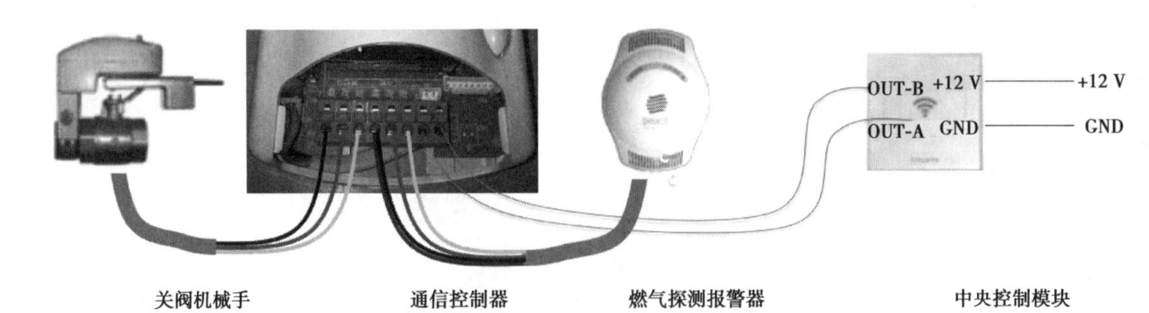

图 2-7　燃气安防控制系统接线图

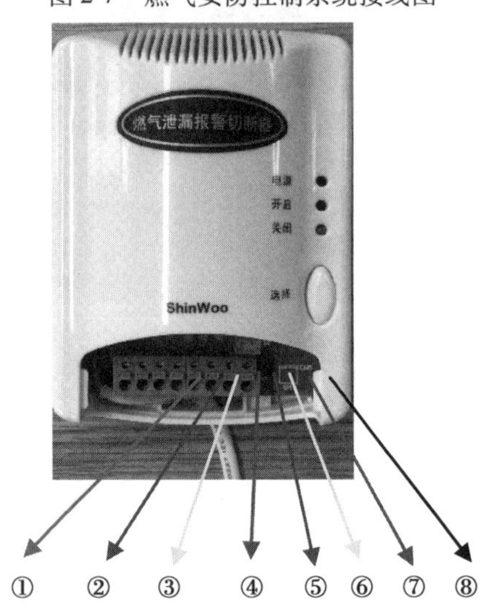

图 2-8　通信控制器端口

表 2-2　通信控制器端口介绍

⊗	⊗	①	②	③	④	⑤	⑥	⑦	⑧
AC IN		接机械手			接探测器			接 485 通信	
电源线		电源负（公共端）	电源正	阀关闭信号	电源负（公共端）	电源正	报警信号	485A	485B
零火线		绿色线	红色线	黄色线	黑色线和棕色线	红色线	黄色线	颜色自定（蓝黑）	

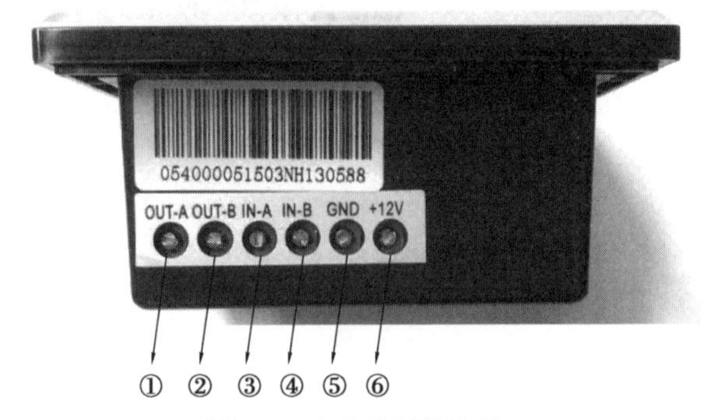

图 2-9　中央控制模块端口

图 2-9 中的①、②、③、④、⑤、⑥六个孔都为接线孔，直径都为 4.6 mm，其中①、②分别为 RS485 输出接线端子（①为 OUT-A、②为 OUT-B），③、④分别为 RS485 输入接线端子（③为 IN-A、④为 IN-B），⑤为地线接线端子，⑥为 12V 电源线接线端子。

2. 燃气安防系统的调试

步骤 1：检查燃气安防系统接线的完整性和电源、信号线的正负极次序。

步骤 2：点按燃气探测报警器的测试燃气泄漏按键，燃气报警器会发出报警声音，通信控制器也同时会发出报警声音，长按通信控制器的控制键可以开关燃气关阀手；

步骤 3：通过特定拨码方式，给中央控制模块通过家庭网络中心发送接收面板地址及程序。

1）中央控制模块上电

刚上电时，红色和绿色指示灯同时快闪，然后进入正常工作状态。正常状态下，绿色指示灯闪烁，红色指示灯熄灭。如果绿色指示灯常亮，表示 ZigBee 模块的网络参数尚未设置。

2）查询中央控制模块的“面板号”

先将拨码全部拨至 OFF，将第四位拨到 ON 位置，来回拨动 3 次，此时模块会通过指示灯不同点亮方式来表示此模块的“面板号”。没有配置过的面板，绿、红色 LED 灯常亮；如将拨码 1 拨到 OFF 超过 5 s，中央控制模块将恢复正常工作状态。

3）设置中央控制模块的“面板号”

查询过中央控制模块的“面板号”之后，接着将拨码 1 从 OFF 拨到 ON，再拨到 OFF，来回拨动 4 次，此时绿、红色 LED 灯慢闪，处于待设置状态（如绿、红色 LED 灯一直快闪，表示 ZigBee 模块有问题），如图 2-10 所示。

4）设置技巧

先将四位拨码都拨到 OFF，再将第四位来回拨 3 次左右，可以慢一点，当停留在 ON 状态时，指示灯会有反应。然后再来回拨动第一位，直到指示灯再次有反应，一般来回拨 4 次时停留在 ON 的时候，绿、红色 LED 灯慢闪。

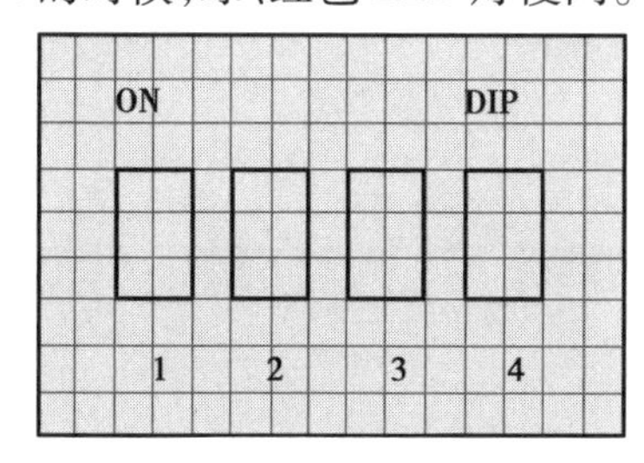

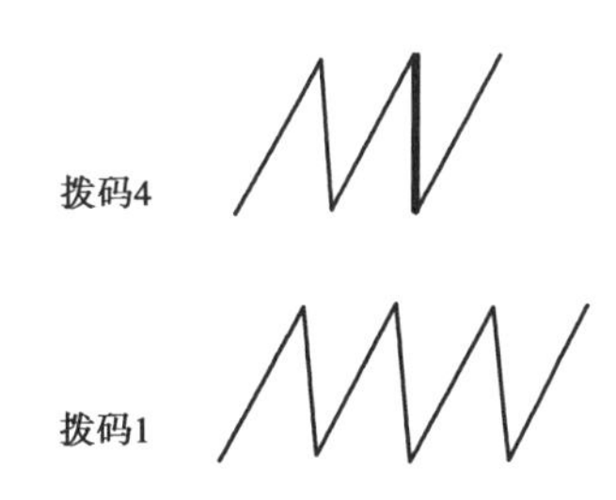

图 2-10　开关面板拨码控制示意图

3. 燃气安防系统的图纸设计

步骤 1：打开燃气安防系统图例。

步骤 2：根据厨房燃气安防系统安装示意图（如图 2-11 和图 2-12 所示），在空白图例中进行设计。

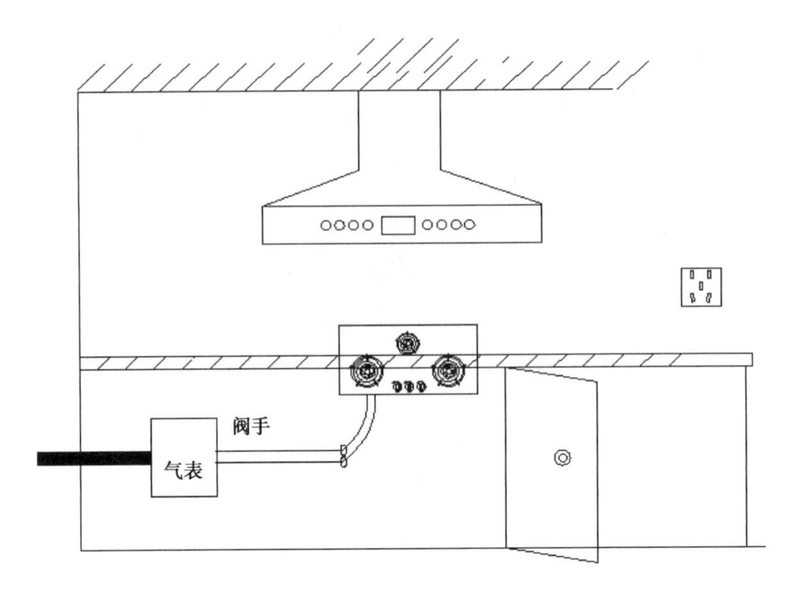

图 2-11　燃气安防系统空白设计示意图

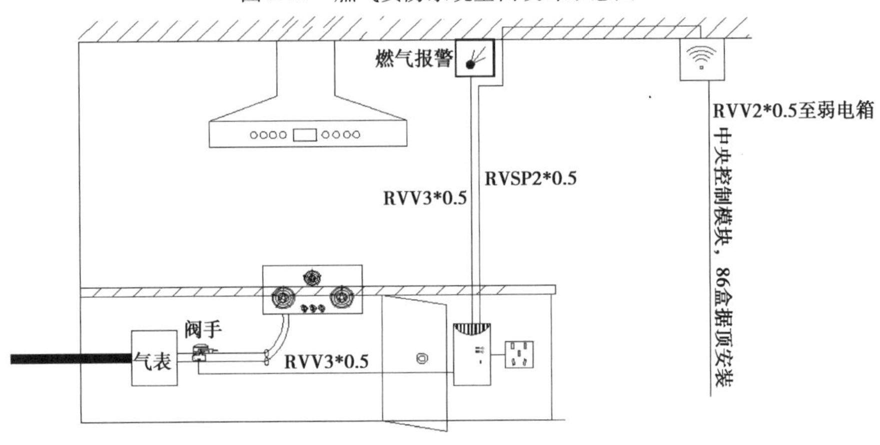

图 2-12　燃气安防设计示意图

知识与能力拓展

1. 分析通信控制器的通信原理与水浸探测器类型的选配

(1)水浸报警系统接线图如图 2-13 所示。

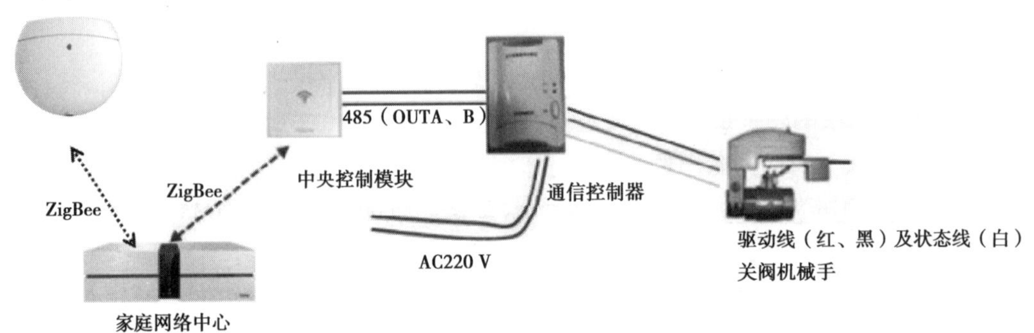

图 2-13　水浸报警系统接线图

(2)用 AutoCad 软件在图例中对水浸安防系统进行设计,水浸探测器安装图如图 2-14 所示。

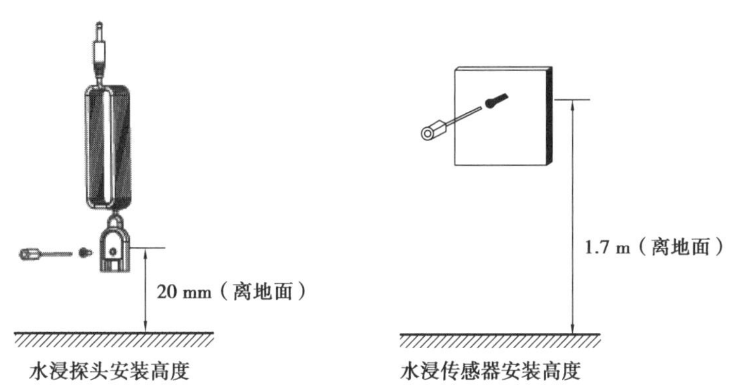

图 2-14　水浸探测器安装图

2. 关于液化石油气(LPG)探测器的安装方式

此探测器壁挂安装时适用于液化石油气探测,安装位置选择离地约 0.6 m,离气源约 1.5 m,如图 2-15 所示。

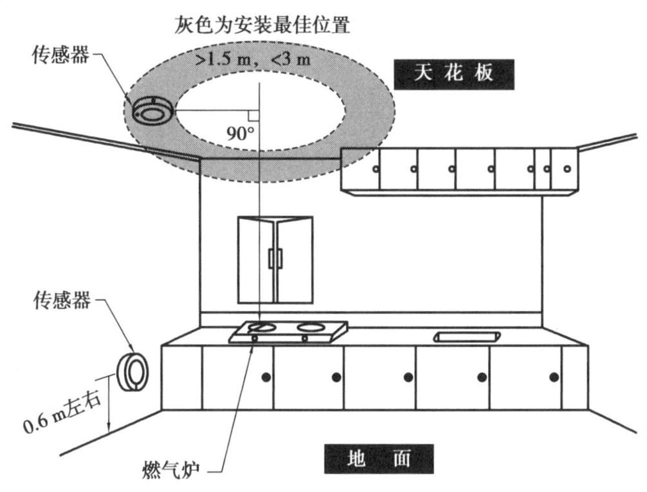

图 2-15　液化石油探测器安装图

3. 燃气安防系统线型规格

(1)RVV3 * 0.5-RVV 电缆全称铜芯聚氯乙烯绝缘聚氯乙烯护套软电缆,又称轻型聚氯乙烯绝缘聚氯乙烯护套软电缆,俗称软护套线,是护套线的一种,属于软电缆,共 3 芯,每芯 0.5 mm^2。

R——软电线字母;

V——聚氯乙烯绝缘(PVC);

V——聚氯乙烯护套 ;

3 * 0.5——3 根 0.5 mm^2 的线;

RVV3 * 0.5——3 根 0.5 mm^2 的铜芯聚乙烯绝缘护套软线。

(2)RVSP2 * 0.5 表示绝缘聚氯乙烯双绞编织屏蔽软线电缆,共 2 芯,每芯 0.5 mm^2。

R——连接用软电缆(电线),软结构;

V——绝缘聚氯乙烯；

S——双绞型(电线)，软结构；

P——编织屏蔽，P2——铜带屏蔽，P22——钢带铠装；

2 * 0.5——2 根 0.5 mm^2 的线。

4. 施工布线介绍

1)485 通信总线线材的选择

485 通信总线一定要使用国标的双绞屏蔽线 RVSP2 * 1.0 或 RVVP2 * 1.0。

(1)为什么 485 通信总线不能用平行护套线?

试验测试证明，当用 1.0 mm^2 平行线来传输 485 信号时，线材长度超过 800 m 就会出现通信不正常甚至有时根本就没法通信的情况，主要就是平行线的分布电容对信号的延迟加大。通信总线最好选用 RVSP2 * 1.0 或 RVVP2 * 1.0 双绞屏蔽线，可以稳定传输 1 200 m，双总线可达 2 400 m。电源线与通信总线最好采用不同的颜色以方便区分。

(2)为什么 485 通信总线严禁用网线?

用 5 类网线或超 5 类网线作为 485 通信线是错误的，这是因为：

①普通网线没有屏蔽层，不能防止共模干扰。

②网线线径太细，会导致传输距离降低和可挂接的设备减少。

③网络线为单股的铜线，相比多芯线而言容易断裂。

④传输距离比较远时，信号衰减比较大。

2)电源供电方式及电源的选择

根据现场实际情况以及距离的远近可以采用以下两种供电方式：

(1)集中供电。

500 m 范围内可以采用集中供电方式，供电电压为直流 12 ~ 18 V，电源采用 12 ~ 18 V 可调的 10 A 开关电源对 500 m 范围内设备进行集中供电，超过 500 m 需要另外提供 220 V 电源。

(2)分散供电。

每个探测器在前端由 12 V 3 A 直流变压器进行单独供电。

3)施工布线规范

(1)严格按照 485 总线的施工规范进行施工。

485 设备布线规范：

布线尽量远离高压电线，不能与 220 V 电源线并行，更不能捆扎在一起，两者间分开走线管且相隔间距 20 cm 以上，避免干扰总线信号或者线路破损；用屏蔽线将所有 485 设备的 GND 地连接起来；室外走线要做线路防雷，所有线头要相互错开并用绝缘胶布包好，不能与屏蔽层短路；如果通信距离过长，线路分支较多，超过 500 m 或有分支的地方就采用总线器来解决问题。单路总线的最长控制距离可达 1.2 km，双总线可达 2.4 km，距离比较远时可以增加信号放大器或通过光纤或局域网传输，信号线忌用平行线。

(2)如何处理 485 设备与设备之间的接点?

在同一个网络系统中，必须使用同一种电缆，尽量减少线路中的接点。接点处确保焊接良好，包扎紧密，避免松动和氧化。

(3)为什么485总线一定要是手拉手式的总线结构,坚决杜绝星型连接和分叉连接?

因为星型结构会产生反射信号,从而影响485通信。总线到每个终端设备的分支线长度应尽量短,一般不要超出5 m。凡是有星型或分叉的地方,需要增加一个总线集线器来改善网络环境。总线接线图如图2-16所示。

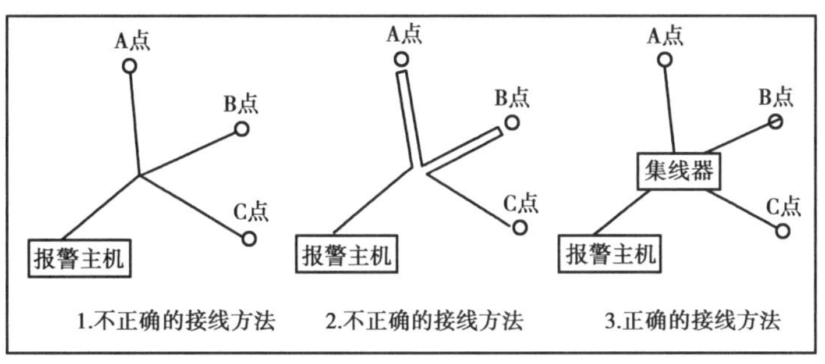

图2-16　总线接线图

任务二　家庭安防系统安装与调试

任务目标

✧熟悉室内外安防系统的系统拓扑

✧了解室内外安防模块安装的要求和规范

✧理解安防模块间的通信方式与异同点

✧掌握报警主机模块的安装方法

✧掌握CAD图纸的查看方法与设计

【任务描述】

王先生出差回家,发现家里遭遇了小偷偷窃,财物损失2万余元,心痛不已。为了防盗,王先生给自己家加装了防盗门、防盗窗,以为这样就可以安心了,结果还没满半年,家里又一次被盗。王先生对小偷可谓深恶痛绝,回忆起全家人都睡在家里,不免心有余悸,有没有更好、更全面的安防措施呢?带着疑问,王先生打听到小顾的智能家装公司可以解决问题,让小顾帮忙设计解决王先生家的安防问题。

知识链接

1. 系统拓扑图

Risco安防系列拓扑图如图2-17所示,21系列安防拓扑图如图2-18所示。

2. 室内外安防单品功能描述

室内无线安防探测器等介绍见表2-3。

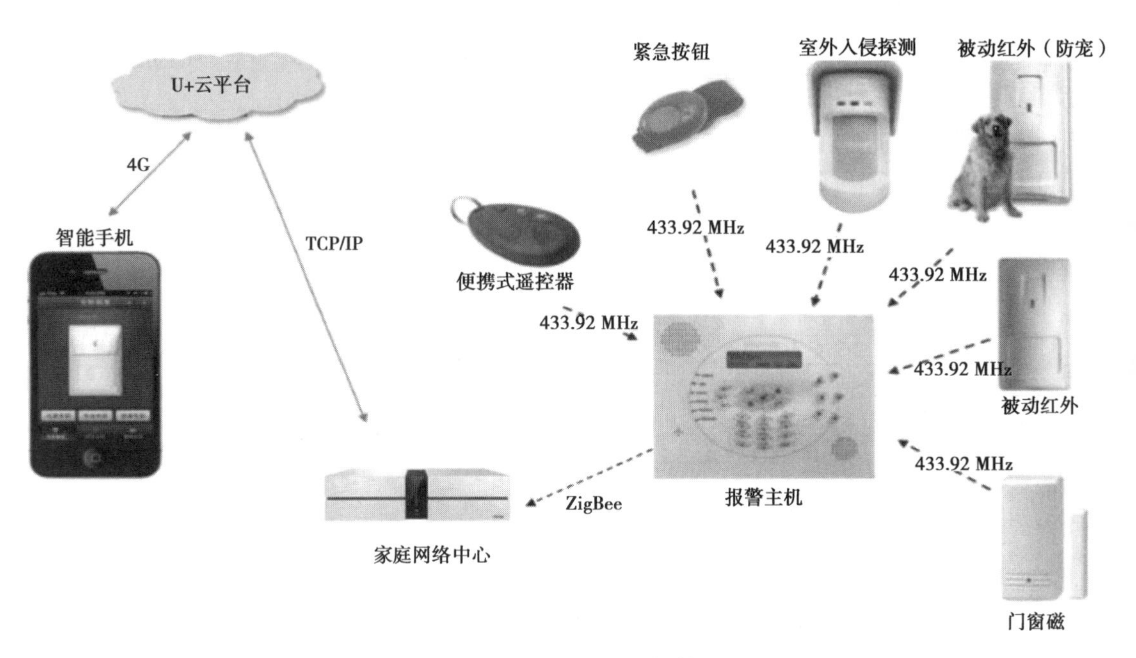

图 2-17　Risco 安防系列拓扑图

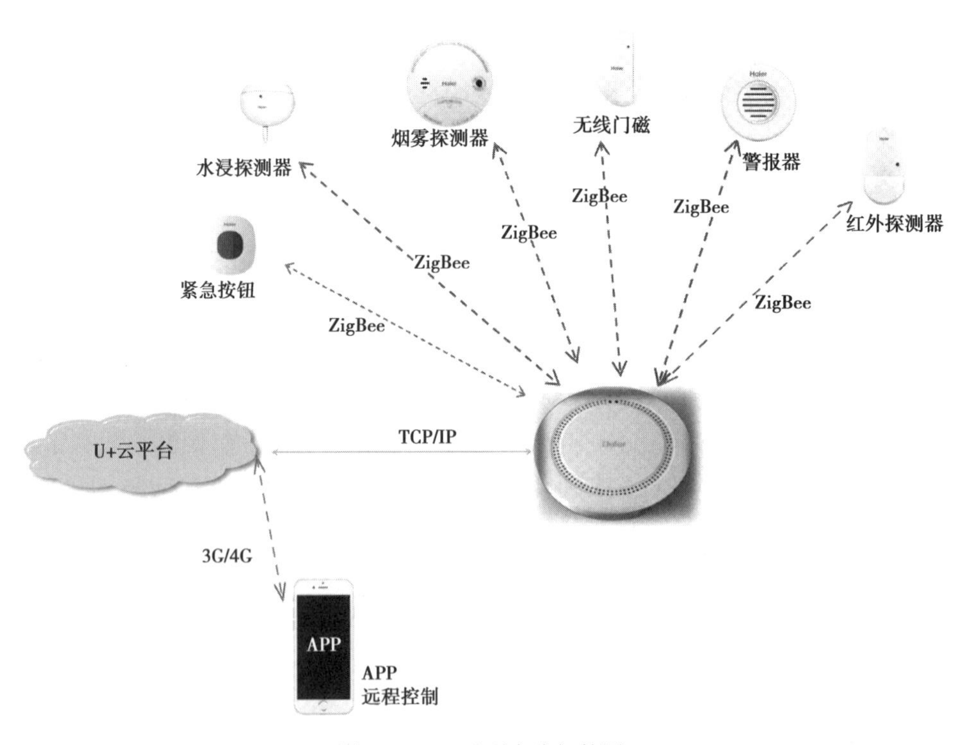

图 2-18　21 系列安防拓扑图

表 2-3　无线安防探测器介绍

<table>
<tr><td colspan="4">Risco 安防系统设备</td></tr>
<tr><td>序号</td><td>产品名称</td><td>产品型号</td><td>图片</td></tr>
<tr><td>1</td><td>无线安防报警主机</td><td>RWSALVP00CNH</td><td></td></tr>
<tr><td>参数描述</td><td colspan="3">(1)32 无线防区 +1 个有线防区
(2)3 个分区
(3)带背光、全键盘操作
(4)内置警号
(5)250 条事件记录
(6)GSM/GPRS 模块,支持远程上传下载
(7)SMS/语音/邮件信息
(8)简易的安装和操作
(9)无线校准和可调阈值
(10)全语音操作
(11)无线频率 868 MHz/433 MHz
(12) 32 个用户密码
(13)支持所有报警通信格式
(14)双向语音通信
(15)4 个可编程输出:2 个 3 A 继电器,2 个 70 mA 开路集电极
(16)2 个附加无线键盘
(17)8 个滚动编码、4 键遥控器
(18)32 个 2 键紧急按钮
(19)家庭信息中心
(20)本地留言/系统工作报告
(21)防挟持码
(22)RS-232 输出
(23)可充电电池</td></tr>
<tr><td>2</td><td>安防对接模块</td><td>HR-03AF</td><td></td></tr>
<tr><td>参数描述</td><td colspan="3">(1)配合安防主机和 U + 智慧平台,实现手机软件远程布撤防,接收报警信息,实现场景关联等功能。
(2)DC 9 ~ 12 V 供电
(3)可以配合家庭网络中心和智能终端使用</td></tr>
</table>

续表

序号	产品名称	产品型号	图片
3	无线防宠幕帘探测器	RWT92043301C	
参数描述	(1)工作频率为 433 MHz (2)开阔地的信号传输距离为 300 m(约 1 000 ft) (3)探测范围:广角镜片 8 m×90 度 (4)采用了独一无二的自适应宠物门限(VPT)防宠物算法 (5)脉冲计数可调:1、2、3 (6)带下视窗,消除死角 (7)真正的温度补偿算法、采用了数字信号处理技术(DSP) (8)具有外壳和支架防拆开关 (9)发送欠电信号并带有 LED 灯指示 (10)发送系统监管状态信号 (11)带有 1 600 万个识别码,无需拨码开关位置 (12)采用超长寿命 3 V 锂电池,可工作 5 年(正常工作模式)		
4	无线门磁	RWT72M43300C	
参数描述	(1)开阔地的信号传输距离为 300 m(约 1 000 ft) (2)能够与任何带有 NO 或 NC 接口的有线探测器连接,为它们提供无线通道 (3)带有内置干簧管和外置磁铁 (4)可与振动传感器连接使用 (5)可选择对输入信号的响应时间(10 s 或 400 s) (6)发送警报和复位信号,当防区处于报警状态时将会禁止主机的布防操作 (7)防拆保护 (8)采用专门配置的 3 V 锂电池,可以连续工作 5 年 (9)工作频率为 433 MHz (10)带有 1 600 万个识别码,无重码,无需人工设置 (11)带有完善的监管功能,每隔 65 min 发送状态信号 (12)当欠电和传输信号时都会有 LED 灯指示 (13)设有测试工作模式,便于安装测试 (14)双通道类型具有独立的报告通道		

续表

序号	产品名称	产品型号	图片
5	腕带式紧急按钮	RWT51P40000A	
参数描述	(1)IP67 环境等级,防水 (2)在主机上分配一个防区 (3)电池电量和传输 LED 指示 (4)带锂电池		
6	水浸探测器	RWT6FW43300A	
参数描述	(1)水浸探测器与报警主机无线通信 (2)双通道,闭合脉冲型;电池欠电、传输 LED 显示 (3)开阔地带信号传输距离 300 m (4)外壳及背部防拆保护 (5)电池类型:CR123,3 V 锂电池 (6)工作频率:433.92 MHz (7)传输监督:15 min 或 65 min		
7	无线室外探测器	RWT312PR400B	
参数描述	(1)选择性识别技术,可以有效区分误报和真正的入侵事件 (2)4 通道技术:-2 个微波 +2 个被动红外 (3)采用独特的技术:摆动识别技术 2 路不同频率的微波通道;数字关联技术 2 个独立的被动红外通道 (4)防遮挡功能 (5)“脏镜片”报警功能 (6)IP65 防尘防水等级 (7)总线通信,可远程控制和诊断 (8)摄像机集成 (9)带防护罩,可免受阳光、雨雪、冰雹、鸟粪等因素影响		

续表

序号	产品名称	产品型号	图片
8	遥控器	RW132KF1L00H	
参数描述	(1)4 键遥控器:布防、撤防、留守布防、紧急报警;开阔地的信号传输距离 120 m (2)欠电和传输信号时都会有 LED 灯指示;带有 1 600 万个识别码,无需人工设置 (3)工作电压:3 V 锂电池,可工作 3 年 (4)静态工作电流:1 μA (5)工作频率:433.92 MHz		
9	烟感探测器	HS-21ZY	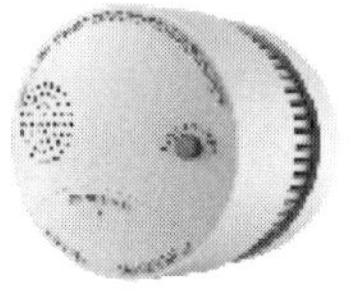
参数描述	(1)工作温度:-10~+50 ℃ (2)报警浓度:0.65%~15.5%FT,工作湿度:10%~90% (3)工作电源:12 VDC/9 VDC (4)信号输出:常开/常闭 (5)安装方式:吸顶		
10	燃气传感器	HS-21ZR	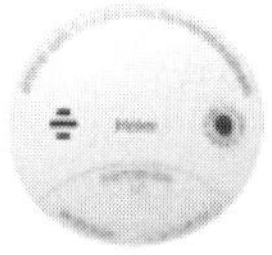
参数描述	(1)DC 12 V-DC 24 V 供电;功耗 2 W (2)适应气体:LPG,LNG,城市燃气 (3)报警显示:绿灯(电源),红灯(报警)		
11	门磁	HS-21ZD	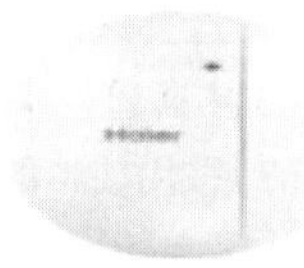
参数描述	(1)双通道,闭合脉冲型;可选择的反应时间(10/400 ms) (2)内置干簧管外置磁铁 (3)开阔地带信号传输距离 300 m (4)外壳及背部防拆保护 (5)工作频率:433.92 MHz (6)传输监督:65 min		

续表

序号	产品名称	产品型号	图片
12	声光报警	HS-21ZA	
参数描述	接受报警信息,发出声光报警		
13	红外探测器	HS-21ZH	
参数描述	(1)探测范围:长距 23 m,广角 12 m,幕帘 15 m (2)安装高度:1 ~2.7 m;两路独立 PIR 探测通道;主动红外防遮挡技术可防重达 45 kg 的动物 (3)IP65 防护等级 (4)监管周期:65 min (5)工作频率:433.92 MHz (6)开阔地带通信距离 300 m		
14	水浸传感器	HS-21ZW	
参数描述	(1)水浸探测器与报警主机无线通信 (2)双通道,闭合脉冲型;电池欠电、传输 LED 显示 (3)开阔地带信号传输距离 300 m (4)外壳及背部防拆保护		
15	紧急按钮	HS-21ZJ	
参数描述	(1)防水外壳 (2)在主机上分配一个防区 (3)电池电量和传输 LED 指示 (4)工作频率:433.92 MHz		

续表

序号	产品名称	产品型号	图片
16	家庭网络摄像机	HR-32CWB	
参数描述	(1)图像传感器:1/3 in CMOS (2)录像分辨率:1 080 P 高清,视角:水平 350°垂直 120° (3)夜视距离:10 m,音频灵敏度,-38 db,接收灵敏度:-80 dbm (4)工作电压:DC 12 V (5)支持与家庭网络中心中其他设备联动 (6)SD:128 GB		

任务实施

1. 安防主机的安装

步骤 1:按下设备底部的两个锁定片,如图 2-19 所示。

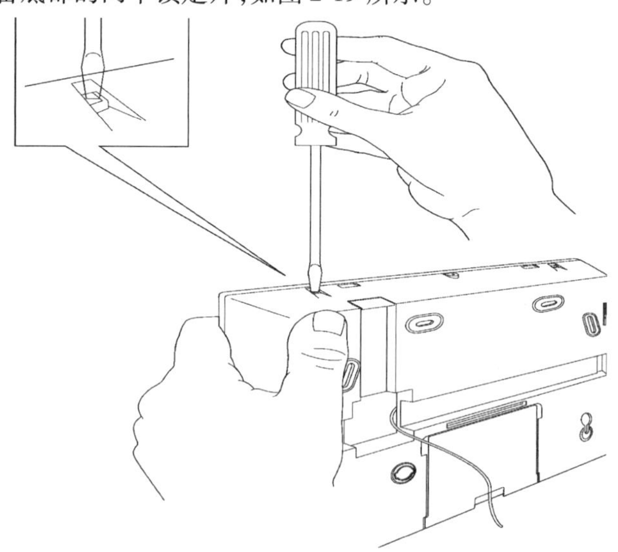

图 2-19　主机安装操作图

步骤 2:从两侧轻轻握住前置面板,拉至 45°角并将它向前滑动,使前部面板脱离设备上方的两个锁定片。(前部面板的打开角度不要太大,否则会弄断设备上方的两个锁定片)

步骤 3:断开带型扁平电缆与设备底板的连接,将扁平电缆留在前部面板上。

步骤 4:拉出 WisDom 的电池盒。

步骤 5:按住底板,让它紧靠墙面作为模板在墙上标记安装孔的位置(有 6 个可以使用的安装孔),如图 2-20 所示。

步骤 6:钻取所需的安装孔并放置螺旋固定锚。当将箱体固定到墙上的时候,建议使用 4.2 mm,32 mm 长度的螺钉(DIN 7981 4.2×32 ZP)。

步骤 7:在底板上打开进线压坑,并穿入电线和线缆(包括交流电电缆和电话线)。

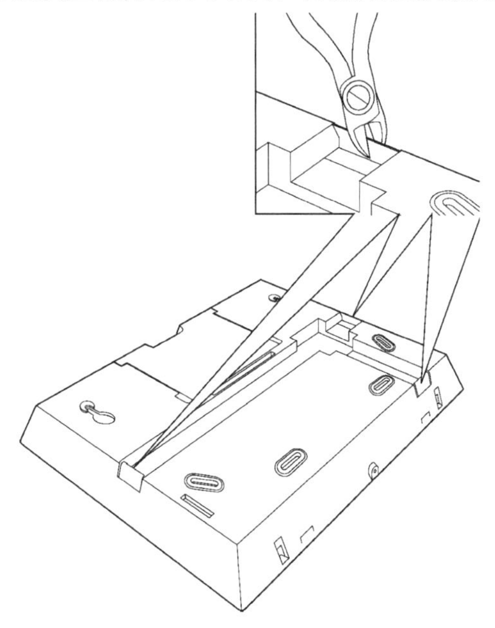

图 2-20　主机安装操作图

步骤 8:按照 WisDom 接线图,将所需的线缆连到底板的接线排。

步骤 9:重新合上两个部件,如图 2-21 所示。

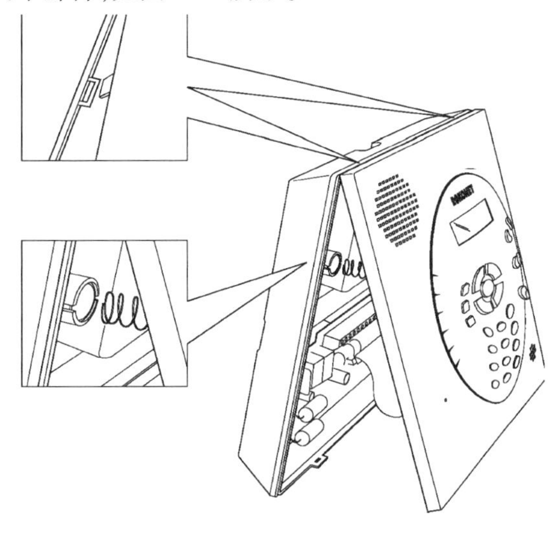

图 2-21　主机安装操作图

步骤 10:安装安防对接模块。

安防对接模块接入主机端口如图 2-22 所示。安防对接模块上有两根单独线暂不使用,可以先包起来,其余 4 根线对应端口英文字母颜色接入,从左到右依次为红、黑、黄、绿,如图 2-23 所示。

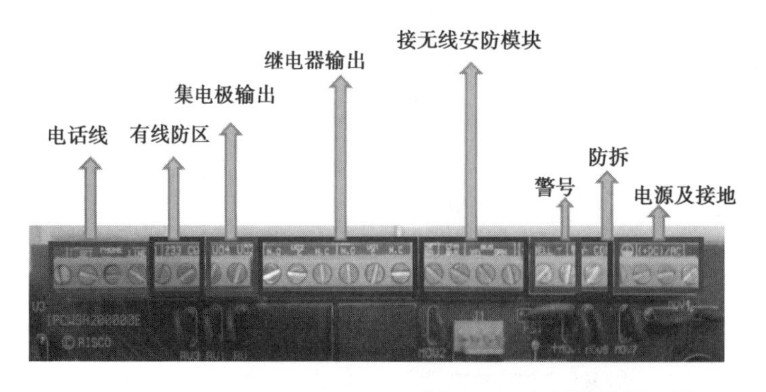

图 2-22　主机接线端口图

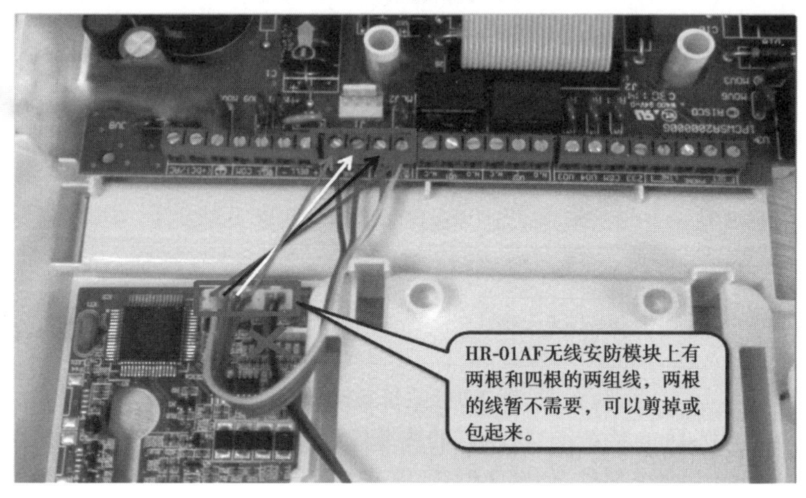

图 2-23　无线安防对接模块接线

RISCO 无线安防主机通过 03AF 模块无线接入网关(此模块不适于 Risco 有线主机)，拆开主机，按图 2-24 接线后上电；

通过二进制拨码方式确定网络地址，最右侧拨上代表 1；

通过按钮设置设备状态，短按 3 次按键，进入显示面板号状态，此时长按按钮 5 s 松开，进入接收地址状态，3 个指示灯同时闪烁，此时通过上位机可设置地址；

如果上位机发送后 3 个指示灯一直同时闪烁，说明收不到网关发送的地址，可将主机放到网关旁边再试试。

无线安防对接模块面板号对码如图 2-25 所示。

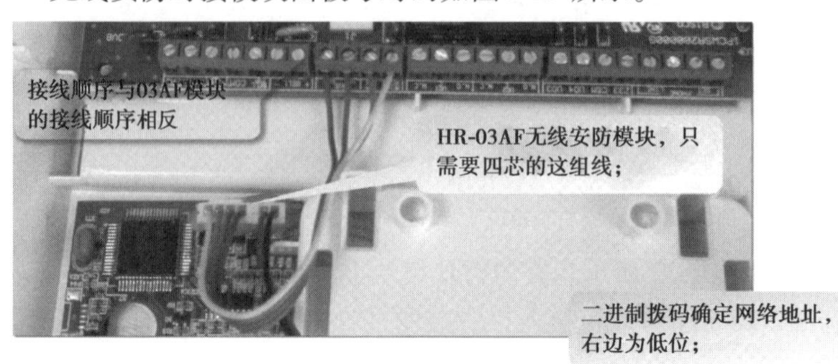

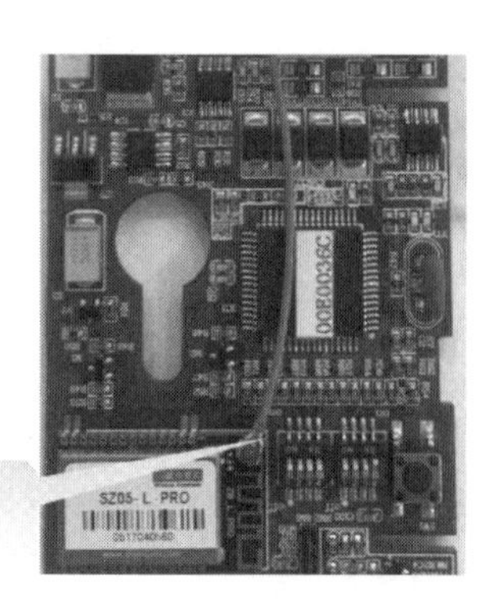

图 2-24　无线安防对接模块调试操作

常用二进制对应拨码

十进制	- 二进制
1	-0000 0001
2	-0000 0010
3	-0000 0011
4	-0000 0100
5	-0000 0101
6	-0000 0110
7	-0000 0111
8	-0000 1000
9	-0000 1001
10	-0000 1010
11	-0000 1011
12	-0000 1100
13	-0000 1101
14	-0000 1110
15	-0000 1111
16	-0001 0000

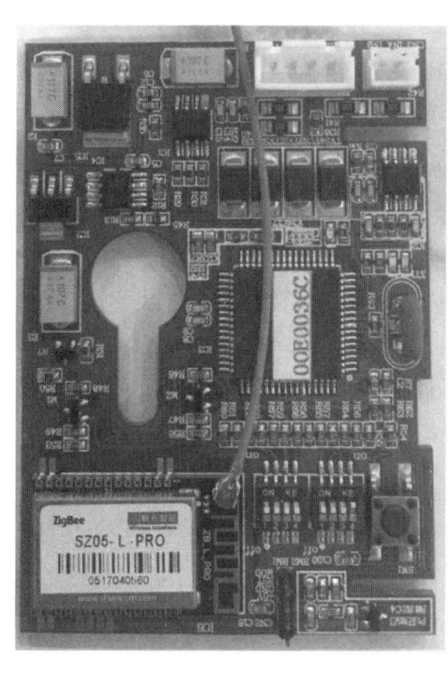

面板地址对应闪灯数量

面板号	红灯	蓝灯	面板号	红灯	蓝灯
1	灭	闪1	17	闪3	闪2
2	灭	闪2	18	闪3	闪3
3	灭	闪3	19	闪3	闪4
4	灭	闪4	20	闪3	闪5
5	灭	闪5	21	闪4	闪1
6	闪1	闪1	22	闪4	闪2
7	闪1	闪2	23	闪4	闪3
8	闪1	闪3	24	闪4	闪4
9	闪1	闪4	25	闪4	闪5
10	闪1	闪5	26	闪5	闪1
11	闪2	闪1	27	闪5	闪2
12	闪2	闪2	28	闪5	闪3
13	闪2	闪3	29	闪5	闪4
14	闪2	闪4	30	闪5	闪5
15	闪2	闪5	31	闪6	闪1
16	闪3	闪1	32	闪6	闪2

图 2-25　无线安防对接模块面板号对码

2. 安防主机配套传感器的安装

1）无线红外探测器

红外探测器安装高度为 2.0 ~ 2.2 m。

（1）先固定红外探测器的配套支架。无线红外探测器支架如图 2-26(a)所示。

（2）安装好的设备示意图，如图 2-26(b)所示。

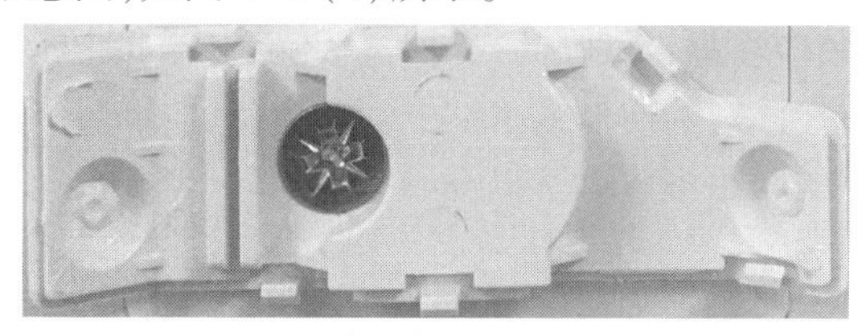

(a)无线红外探测器支架

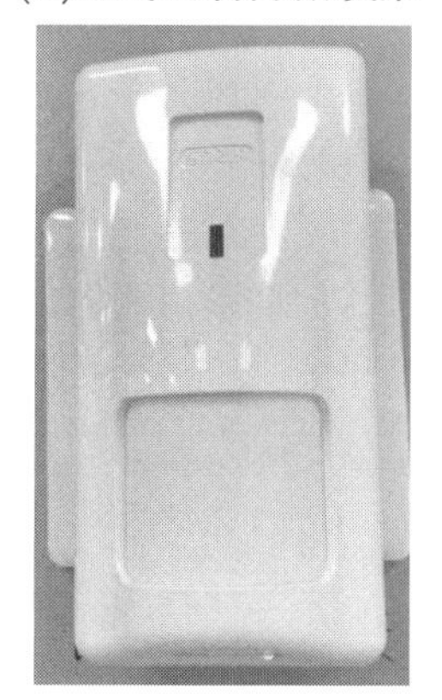

(b)无线红外探测器示意图

图 2-26　无线红外探测器及支架

注意:探测器不宜面对玻璃门窗,不宜正对冷热通风口或冷热源,不宜正对易摆动的大型物体,探测范围内不得有隔屏、家具、大型盆景或其他隔离物;在同一个空间最好不要安装两个无线红外探测器,以避免干扰。红外探测器应与室内的行走线成一定的角度,探测器对于径向移动反应最不敏感,而对于切向(即与半径垂直的方向)移动则最为敏感。红外探测器的安装示意图如图 2-27 所示。

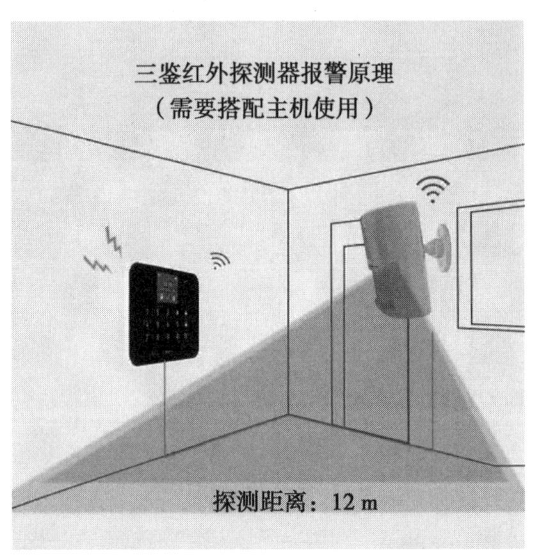

图 2-27　红外探测器安装示意图

2)门磁

无线门磁安装在活动的门窗上,所以当门窗打开时,也就触发了报警器。安装时要注意首先将门、窗对应位置擦干净,用螺丝或双面胶固定牢固。

门窗磁力探测器安装应注意:无线门磁探测器 A(发射器)和无线门磁探测器 B(磁铁)应分开安装,即发射器安装在固定的门框或窗框上,而磁铁则应安装在活动的门窗上。磁铁与发射器上下对齐,两者之间的间距不应大于 10 mm。

3)腕带式紧急按钮

此按钮佩戴在手腕上,当出现紧急情况,按下按钮,即可报警。

图 2-28　水浸探测器探头接线

4)无线水浸探测器

该探测器置于厨房或暖气片等易漏水区域,将探测器的探头置于离地面 3 ~5 mm 的区域固定,发射端用螺丝固定在合适的位置即可。

水浸探测器探头过长时,可剪掉部分,重新将线拨开,连接至发射端,将相同颜色线接入相应端口,从左到右依次为黑、绿、红,如图 2-28 所示。

5)无线室外探测器

壁挂式室外探测器安装于室外,安装高度为 1 ~2.7 m,走线必须穿 PVC 管,如图 2-29 所示。

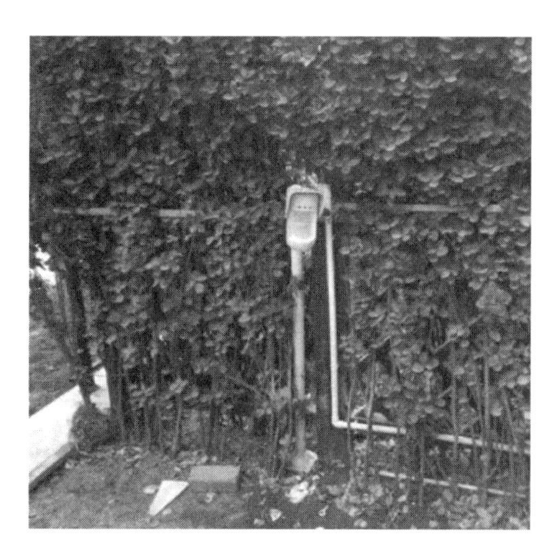

图 2-29　室外探测器安装示意图

6)无线遥控器

无线遥控器直接放置于桌面或者佩戴于身上,布防、撤防可直接使用。

7)21 系列烟感探测器

烟感探测器安装示意图如图 2-30 所示。将支架放置于天花板顶部,做出标记,在标记处分别钻出两个孔,并插入膨胀螺丝与天花板齐平,使用螺丝将支架固定,取出电池处绝缘片,将烟感探测器顺时针旋入安装支架。

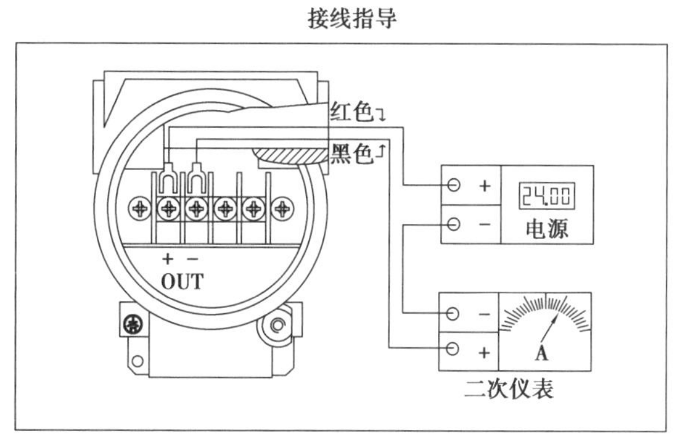

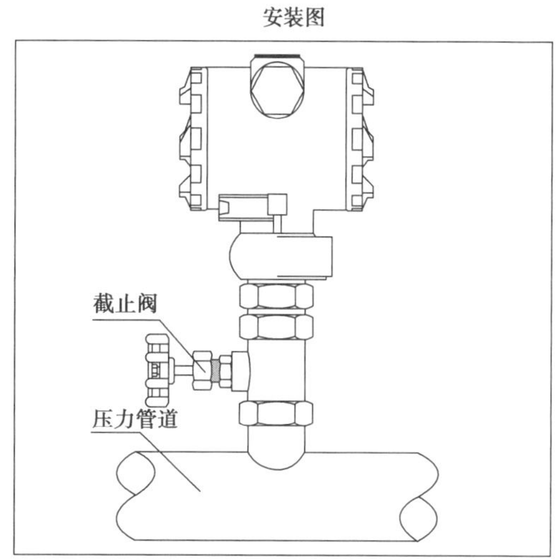

图 2-30　烟感探测器安装示意图

烟感探测器避免安装于卫浴或极冷极热的地方,与灯具至少保持 30 cm 的单位距离,安装位置距离角落应为 15 ~ 30 cm。

8)21 系列燃气传感器

21 系列燃气传感器安装示意图如图 2-31 所示,吸顶式安装时适用于天然气探测,安装位置选择气源正上方 1.5 ~ 3 m。壁挂安装时适用于液化石油气探测,安装位置选择离地 0.6 m 左右,高于气源 1.5 m 左右。安装时用螺丝或 3M 胶将安装支架固定,如果使用 3M 胶固定,应保持墙面干净整洁,旁边预留强电电源插座。

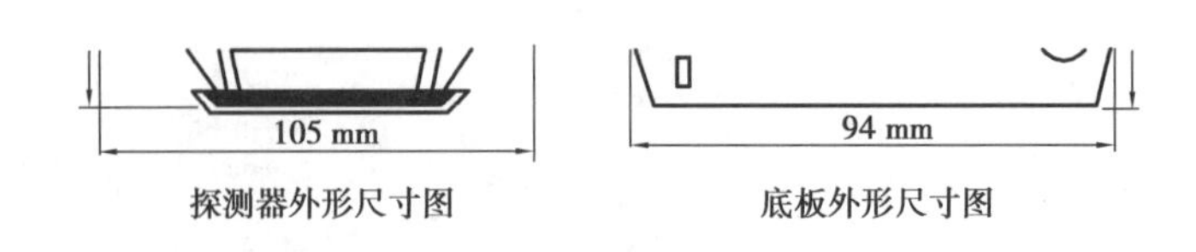

安装示意图

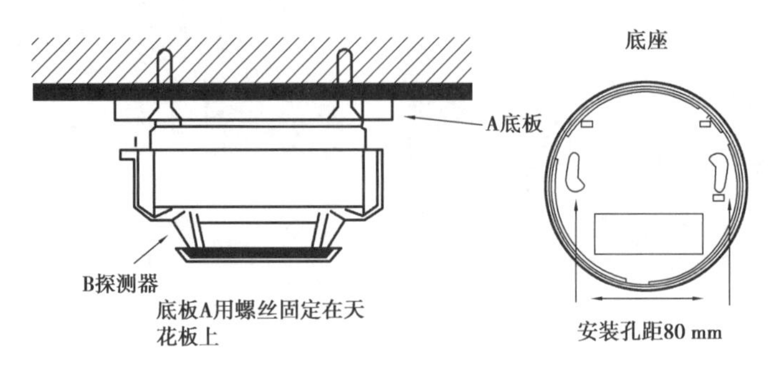

图 2-31　21 系列燃气传感器安装示意图

家庭安装时还应注意，安装位置不能离燃气炉具太近，以免传感器受到炉具火焰的烘烤；不能安装在油烟大的地方，以免引起误报警或导致报警器的进气孔进气不畅，从而影响传感器的灵敏度。避免产品受高温水蒸气、油烟的长期影响，如不能避免，应加装抽风机、换气扇等设备。避免安装在高湿环境：即水蒸气、水滴较多的地方。避免安装在高温或低温环境（不可高于 55 ℃低于 -20 ℃）

9)21 系列声光报警

21 系列声光报警器安装示意图如图 2-32 所示，安装位置必须选择室内，可放置在桌面或安装于墙面上。安装于墙面上可选用螺丝或 3M 胶，如果使用 3M 胶，应确保墙面的光滑度、整洁度。

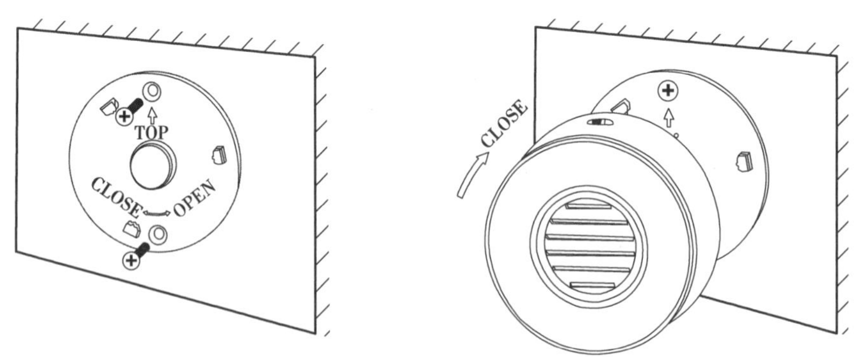

图 2-32　21 系列声光报警器安装示意图

注：钢筋混凝土会缩短通信距离。

10)21 系列水浸传感器

21 系列水浸传感器安装示意图如图 2-33 所示，插入感应探头，将传感器悬挂在固定螺丝上。注：将感应探头插入传感器时，传感器处于自检状态。

未完成自检时，请勿进行水浸测试。

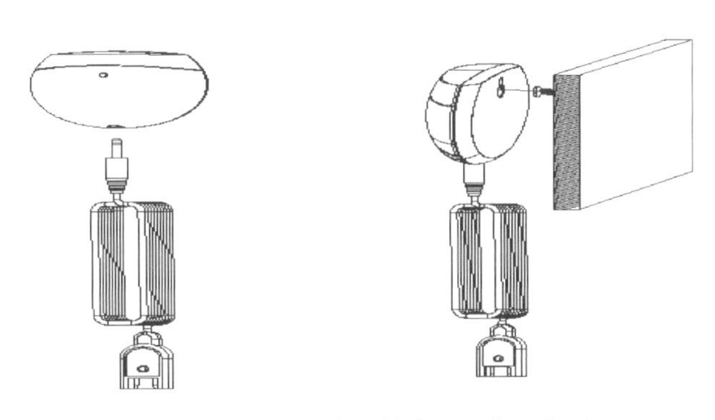

图 2-33　21 系列水浸传感器安装示意图

11）21 系列紧急按钮

21 系列紧急按钮使用示意图如图 2-34 所示，用手指按在电池盖柄，将其逆时针旋转打开电池盖，用薄片状工具将电池取出，取下绝缘片。用手指按在电池盖柄，将其顺时针旋转盖上。

图 2-34　21 系列紧急按钮使用示意图

12）家庭网络摄像机

摄像机吸顶安装在墙面，先将底座用螺丝固定，再将摄像头主体旋转固定在底座上，撕掉镜头上的薄膜。摄像头底座如图 2-35 所示。

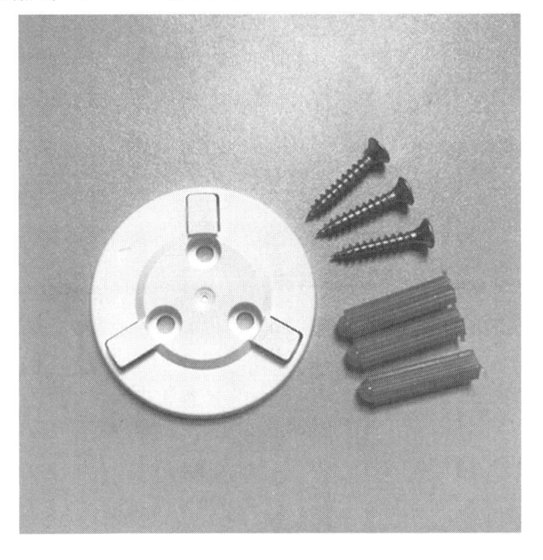

图 2-35　摄像头底座

3. 安防系统的调试

1)Risco 安防套装说明

布撤防密码:1234 ;

管理员密码:0133(进入编程菜单用);

外出布防: +1234;

在家布防: +1234;

撤防: +1234。

* 键是返回上级菜单;#键为确认。

探测器防区参数编程:选择防区类型、报警声音类型,定义遥控器按键参数。(防区编程快捷键 2-2-1,具体设置参见编程手册)

保存退出编程菜单:设置完成后,在编程根菜单,快捷键 0-选择 Y-#。

设置系统时间,快捷键:待机界面 * +6 + 用户密码。

综合测试,系统完成。

2)21 系列安防套装说明

物理调试说明:21 系列安防设备上电后,在网关准许设备入网的状态下,长按测试键 5 ~ 10 s,松开后双击测试键启动入网,指示灯闪烁,指示灯熄灭则入网失败,指示灯常亮约 5 s 则入网成功;

退网:长按测试键 5 ~ 10 s,松开后双击即可退网;

网关长按 set 键 3 ~ 6 s,指示灯闪烁进入配网模式。

4. 家庭安防系统的图纸设计

步骤 1:打开家庭安防系统图例,如图 2-36 所示。

步骤 2:根据家庭安防系统安装示意图在空白图例中进行设计。

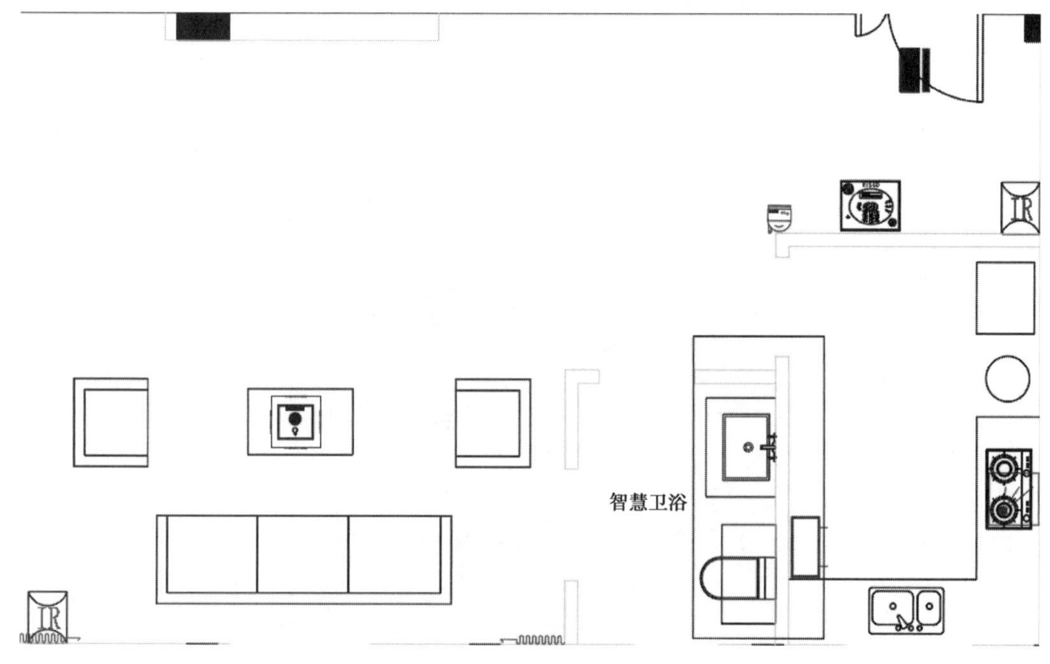

图 2-36　安防设备设计示意图

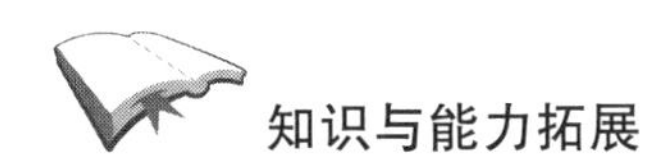

知识与能力拓展

任务三　安防系统的集成

任务目标

✧熟悉智能家居系统上位机软件的使用

✧能够在 APP 软件中添加对应的安防设备并能正常使用

✧熟悉智能家居安防系统可能出现的故障现象与排除方法

任务实施

1. 燃气安防系统配置软件的设置。
2. 室内外安防控制系统的配置。
3. 移动客户端软件配置操作。

【项目二考核表】　智能家居安防控制系统的装调

任务模块	模块子系统评价标准	配分/分	自我评价	教师评价
P2M1 智能家居厨卫安全系统的搭建	掌握智能家居安防系统拓扑结构	4		
	熟悉智能家居安防系统的产品系列、参数等技术资料	6		
	能够组建简单的智能家居安全防范系统	8		
	学会智能家居安防系统的安装与调试	6		
	能根据项目要求,正确选配智能门锁型号、规格	7		
	学会智能家居安防系统的工程项目设计	6		
P2M2 室内外安防系统框架	熟悉室内外安防系统的系统拓扑	6		
	了解室内外安防模块安装的要求和规范	4		
	理解安防模块间的通信方式与异同点	6		
	掌握报警主机模块的安装方法	4		
	掌握 CAD 图纸的查看方法	5		
	学会 CAD 图纸的设计方法与步骤	5		
	熟悉防区的概念	2		
P2M3 安防系统的集成	会下载、注册 APP 软件	2		
	熟悉智能家居系统上位机软件的使用	6		
	能够在 APP 软件中添加对应的安防设备,并能正常使用	6		
	熟悉智能家居安防系统可能的故障现象与排除方法	7		

续表

任务模块	模块子系统评价标准	配分/分	自我评价	教师评价
过程与素养	学习态度端正,搜索资料认真积极	2		
	听讲认真,按规范操作	2		
	有一定的沟通协作能力和解决问题的能力	2		
合计		100		

思考与练习

1. 简述安防主机安装的要求和规范。
2. 简述安防报警主机电池的安装要点。
3. 简述报警主机防区数量和参数设置的方法。
4. 布防和撤防的含义是什么？归纳密码设置方法。
5. 简述报警主机中添加遥控器和无线键盘的方法和步骤。
6. 分析燃气安防控制模块与室内外安防系统控制设备的区别与联系。
7. 报警主机与探测器连接的注意事项有哪些?
8. 简述报警主机的状态查看方法。
9. 21 系列安防探测器可以联动哪些场景?
10. 总结手机软件配置过程中主要遇到的问题。
11. 归纳施工常见的布线标准和规范。
12. 搜集施工场地的线路标注的方法。
13. 归纳燃气安防系统的 CAD 设计的集体要求与方法步骤。

项目三
智能门锁系统的装调

项目概述

被钥匙“烦恼”的生活

很长一段时间，李先生对智能门锁这种产品没有任何感觉，他认为用钥匙开门是一件再简单不过的事情，没必要更换智能门锁。直到一次经历，改变了李先生的态度。

有一次公务应酬，李先生回家后才发现没带钥匙，老婆去外地出差没办法送钥匙，最后只好叫了开锁公司。这次经历，让李先生产生了“我应该试试智能门锁”的想法。李先生回想起自己因为钥匙而发生的种种不愉快：

(1)回家离家，钥匙开关门；

(2)随身携带，钥匙繁多；

(3)手拎杂物，翻找钥匙；

(4)跑步健身，钥匙碍事；

(5)曾住的保姆、租客、亲戚离开换锁芯；

(6)出门扔垃圾，被关门外；

(7)水电未关，回家不便；

(8)亲友来访不便；

(9)到家门口，发现钥匙忘带；

“也许，是时候换一把智能门锁了……”

项目目标

✧熟悉智能门锁的类型、结构与功能

✧掌握智能门锁的安装方法与步骤

✧掌握智能门锁的售后服务

✧学会安装调试可视对讲系统

✧了解智能门锁在智能家居系统中的典型应用

任务一　智能门锁的装调与维护

任务目标

✧熟悉智能门锁的类型、结构与功能

✧掌握智能门锁的安装方法与步骤

✧掌握智能门锁的售后服务

【任务描述】

1. 安全

(1)航天级材料锌铜合金:铠甲式一体铸造,耐冲击、防锈蚀、抗蠕变,使用寿命长,安全可靠。

(2)高效核心主控芯片:性能强劲,无等待,低功耗;全方位、全角度抵御"小黑盒"。

(3)瑞典 FPC 多维活体指纹头:活体指纹识别,超高防伪性能,有效杜绝假指纹误识别;自学习功能强,越用越灵敏;采集器防刮耐磨,抗老化。

(4)私人专属动态加密卡:符合 ISO/IEC14443A 标准,绑定专属加密卡片,无规律一次性动态密码实时更新。

(5)304 不锈钢三防锁体:304 不锈钢三防锁体,硬度大,耐腐性高;防撞、防撬、防锯,安全加倍有保障。使用寿命 20 万次以上。

(6)高标准 C 级黄铜锁芯:多项防盗技术,配合独特的叶片结构, 韧性更高;隐蔽式的锁孔设计,即使面板被破坏,依旧牢不可破,有效防止技术开锁。

(7)304 不锈钢精铸锁舌:不锈钢型材切割成型,内部铆接方式链接,防撞、防撬、防锯、防风/防卡片静音关门。

(8)防侵蚀精制电路板:防侵蚀喷涂工艺,通过 96 h 盐雾测试,不惧严冬、酷暑、积水挑战。

(9)多重智能报警:低压报警、锁舌异常报警、防拆报警、试错报警等报警,信息实时推送手机,多维守护居家安全。

2. 便捷

(1)全自动锁体:一键指纹高效识别,锁舌自动回缩,门即打开,解锁开锁,一步到位。

(2)全时感应式自动上锁:锁体内置传感装置,关门触发即可自动上锁,便捷更安心。

(3)5 种解锁新姿势:指纹、密码、机械钥匙、远程授权、加密卡片,多种解锁方式随心选择。开启安全模式,需组合验证,构筑安全防火墙。

(4)一键智控童锁开关设计:一键开启智控 Close 键,防猫眼撬锁,防儿童、宠物误开,时刻保证安全。

(5)人性化静音守护:长按静音键 2 秒,关闭门锁提示音,安全守护不打扰,开启静音舒适生活。

3. 体验

(1)3D 全息幻彩 IML 曲面屏。

(2)采用 IML 材质,耐磨防刮花,不易褪色;3D 全息纳米点阵镀膜,流光炫彩、浑然天成。

(3)开门联动智慧家庭:开门瞬间即刻联动窗帘、安防设备执行撤防模式,拥有美好智慧生活。

(4)APP 远程管理:亲友访客、保姆等授权通行;通过指纹识别成员身份,向业主推送成员回家信息,全程语音导航更贴心。

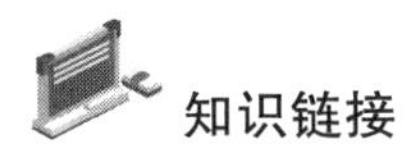

知识链接

1. 防盗门基础知识

1)防盗门国家标准

防盗门国家标准是国家针对防盗安全门制定的安全标准,《防盗安全门通用技术条件》规定防盗门的防盗级别分为甲、乙、丙、丁四个级别,门锁锁芯分为 A 级、B 级、超 B 级,锁舌长度不小于 16 mm。一般家用防盗门以丙级、丁级为主,级别越高,防盗性能越高。

2)防盗门级别

防盗门级别见表 3-1。

表 3-1　防盗门级别

级别	表面材质厚/mm	度锁闭点数	放破坏开启时间/min	字母表示
甲级	2	12 个	≥30	J
乙级	2	10 个	≥15	Y
丙级	1.8	8 个	≥10	B
丁级	1.5	6 个	≥6	D

防盗门门框按防盗安全的乙、丙、丁级别分别应选用 2.00 mm、1.80 mm、1.50 mm;门扇的外面板、内面板厚度用“外板/内板”形式表示,按防盗安全的乙、丙、丁级别分别选用 1.00 mm/1.00 mm、0.80 mm/0.80 mm、0.80 mm/0.6 mm。一般家用防盗门以丙级、丁级为主,级别越高,防盗性能就越高。

3)防盗门锁芯标准

除防盗门本身外,门锁也是防盗的关键。国家把防盗门门锁锁芯分为三个等级,见表 3-2。

表 3-2　防盗门锁芯标准

级别	放技术性开启时间/min	放破坏性开启时间/min	互开率/%	标准级别
A 级	≥1	≥15	≤0.03	国家标准
B 级	≥5	≥30	≤0.01	国家标准
超 B 级	≥260	≥30	≤0.0004	企业标准

A 级是最原始也是最不安全的锁芯,钥匙是平的,只有单面单排子弹槽,一些十字钥匙也归 A 级。用工具只要两三分钟左右就能开启 A 级锁,熟手会更快。B 级是较安全的等级,从钥匙上看是双面双排子弹槽,如果有工具,熟练工要 10 min 左右开启。超 B(C 级)级锁是最安全的等级,从钥匙上看一般双面双排子弹槽,旁边还有一条叶片或曲线;锁芯设计技术标准要开启 280 min 以上,一般熟练的开锁师傅也要花上个把小时。

4）防盗门材质及优缺点

防盗门材质及优缺点见表3-3。

表3-3　防盗门材质及优缺点

材质	优点	缺点	适用地点
钢制	价格低廉，工艺简单	色彩单一	居民家庭
钢木	色彩多样，价格合理	表面如处理不好易褪色	居民家庭
铝合金	硬度较高，不易褪色，外观华丽，有金碧辉煌之感	工艺烦琐且要求很高，处理不当会刚性不足	居民家庭
不锈钢	坚固耐用，安全性高	银白为主，色彩单调，如有碰伤或焊接缺陷很明显	居民家庭
铜制	坚固，安全，防火、防腐	价格偏高	银行等金融机构、别墅等
铸铝板雕	坚固，防腐，硬度高，外观色彩金碧辉煌，彰显主人身份	工艺烦琐，要求极高，价格偏高	银行、高级公寓、别墅等

5）相关技术术语解释

（1）防技术性开启时间。

防技术性开启即非暴力开启，在不弄坏门锁和锁芯的前提下将门锁或防盗门打开所需要的时间。

（2）防破坏性开启时间。

破坏性开启即使用能给门带来破坏的方式开启，指用电钻、撬棍、钢锯、锤子等工具破坏门锁及门体。

（3）互开率。

互开率是指不同防盗门之间相互能开启的概率。

6）防盗门普通门锁拆解

防盗门普通门锁拆解如图3-1所示。

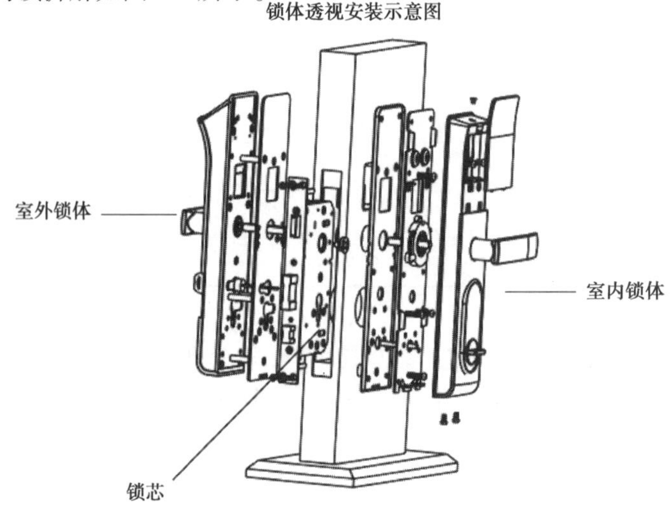

图3-1　防盗门普通门锁拆解

7)防盗门普通门锁结构

防盗门普通门锁结构如图 3-2 所示。

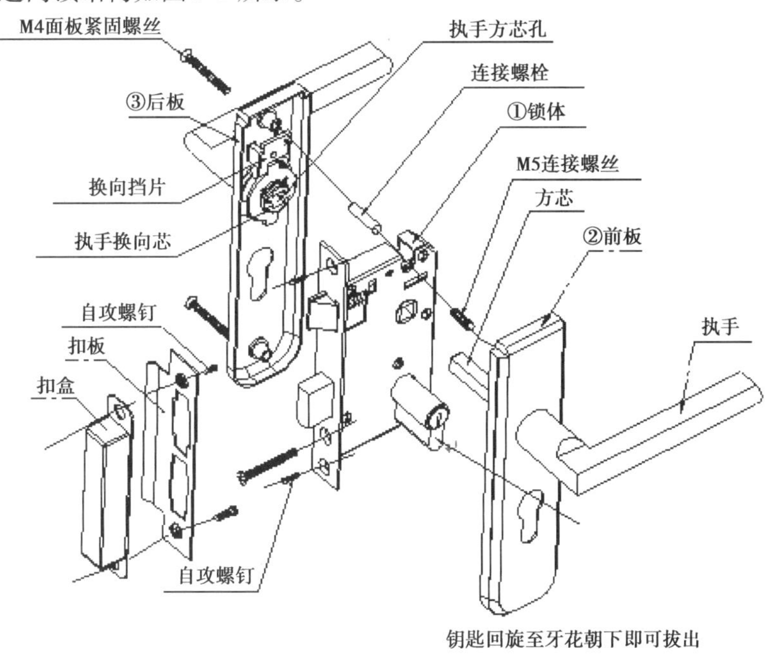

图 3-2　防盗门普通门锁结构

8)防盗门普通门锁天地钩结构

防盗门普通门锁天地钩结构如图 3-3 所示。

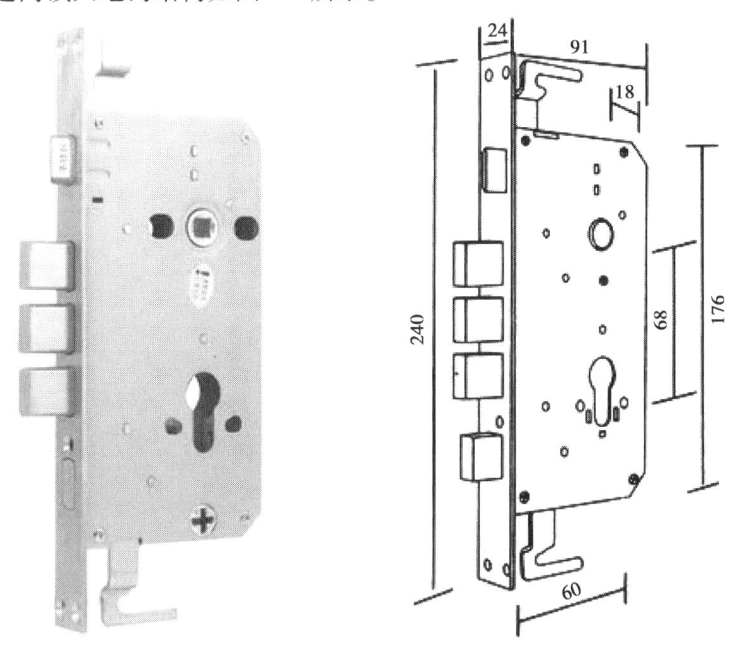

图 3-3　防盗门普通门锁天地钩结构

2. 智能门锁基本知识

1)智能门锁市场分类

(1)按智能门锁外观样式分类,如图 3-4 所示。

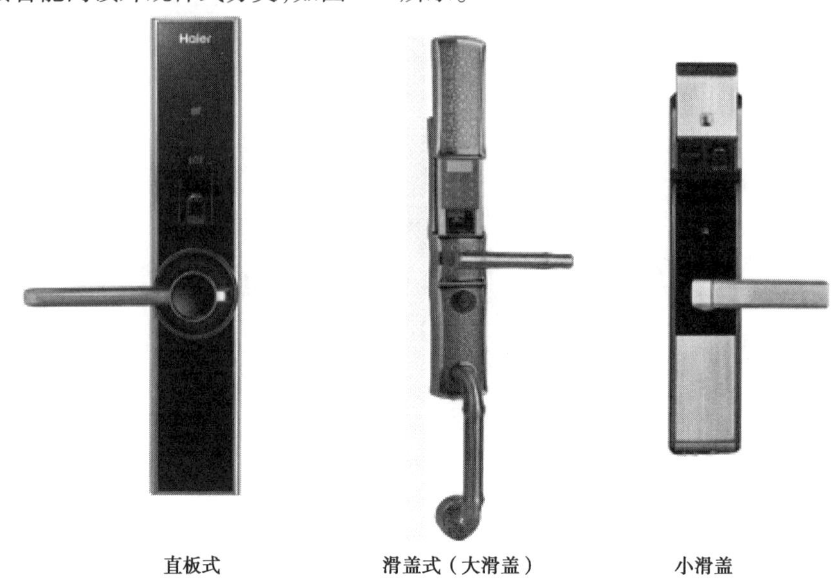

图 3-4　智能门锁样式分类

(2)按智能门锁开门方式分类,如图 3-5 所示。

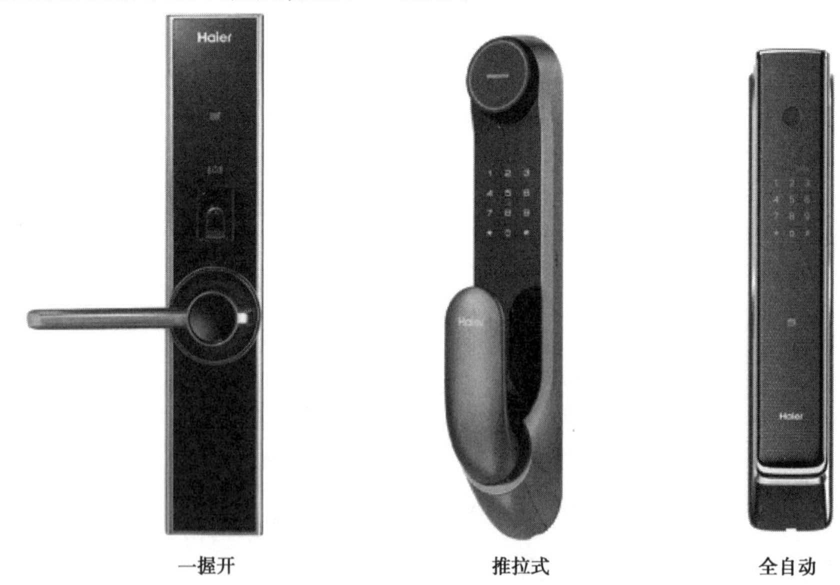

图 3-5　智能门锁开门方式分类

(3)按识别载体智能门锁分类。

①光学指纹模块,如图 3-6 所示。

其工作原理主要是利用光的折射和反射,光从底部射向三棱镜并经棱镜射出,射出的光线在手指表面指纹凹凸不平的线纹上折射的角度及反射回去的光线明暗就会不一样。CMOS 或者 CCD 的光学器件就会收集到不同明暗程度的图片信息,从而完成指纹的采集。

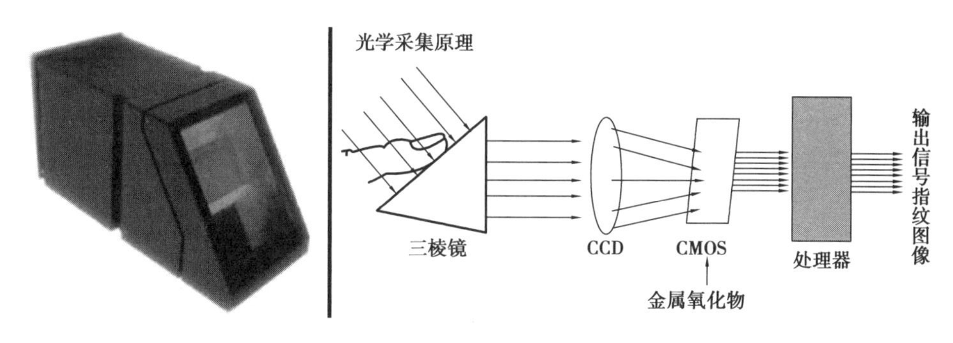

图 3-6　光学指纹模块

光学指纹采集技术是最古老也是目前应用最广泛的指纹采集技术,有着许多优势:

a. 经历了长时间实际应用的考验,能承受一定程度的温度变化,稳定性很好,并能提供分辨率达 500dpi 以上的图像,同时指纹识别的灵敏度非常高,使用寿命非常长。

b. 指纹识别的温度范围是 -20 ~85 ℃。

②半导体指纹模块,如图 3-7 所示。

图 3-7　半导体指纹模块

无论是电容式或是电感式,其原理类似,即在一块集成有成千上万半导体器件的"平板"上,手指贴在其上与其构成了电容(电感)的另一面,由于手指平面凸凹不平,凸点处和凹点处接触平板的实际距离大小就不一样,形成的电容/电感数值也就不一样,设备根据这个原理将采集到的不同的数值汇总,也就完成了指纹的采集。

2)智能门锁的结构

智能门锁由前后把手面板、锁体、锁芯、电控板组成,如图 3-8 所示。

(1)前后把手面板。

①一体成型金属面板。

内外面板均由锌合金一体成型压铸而成,无接合缝,具有优良的抗冲击表现。智能门锁前后面板如图 3-9 所示。

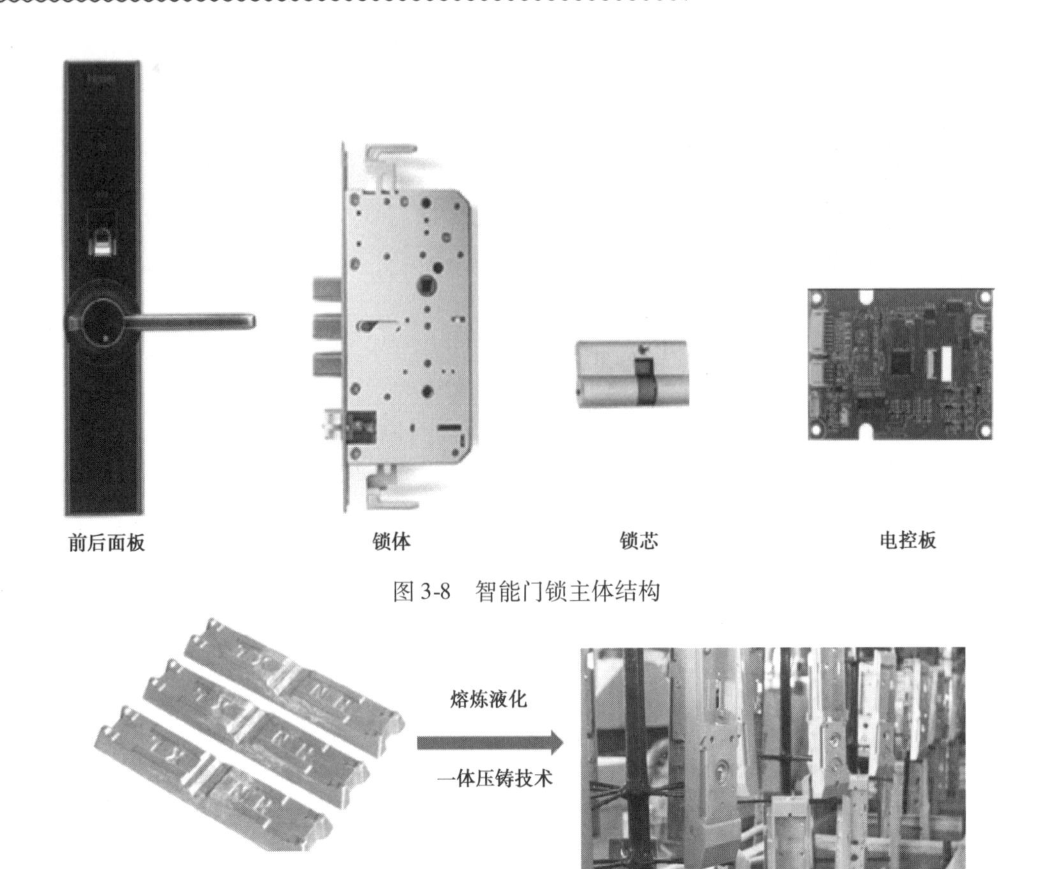

图 3-8　智能门锁主体结构

图 3-9　智能门锁前后面板

②智能门锁把手。

智能门锁把手如图 3-10 所示。反锁后把手游离，在遇到暴力开启时增加开启难度，有效保护所提内部零件。

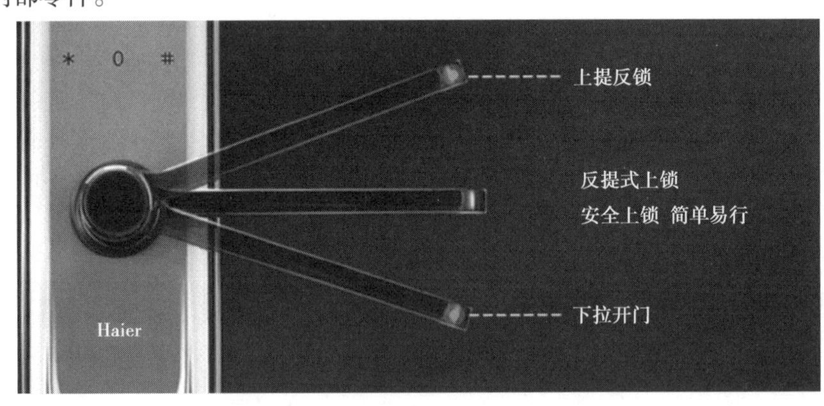

图 3-10　智能门锁把手

(2)锁体。

①认识锁体。

出厂标配锁体为国标锁体，240 mm×24 mm。智能门锁锁体如图 3-11 所示，智能门锁标准锁体如图 3-12 所示,智能门锁霸王锁体如图 3-13 所示。

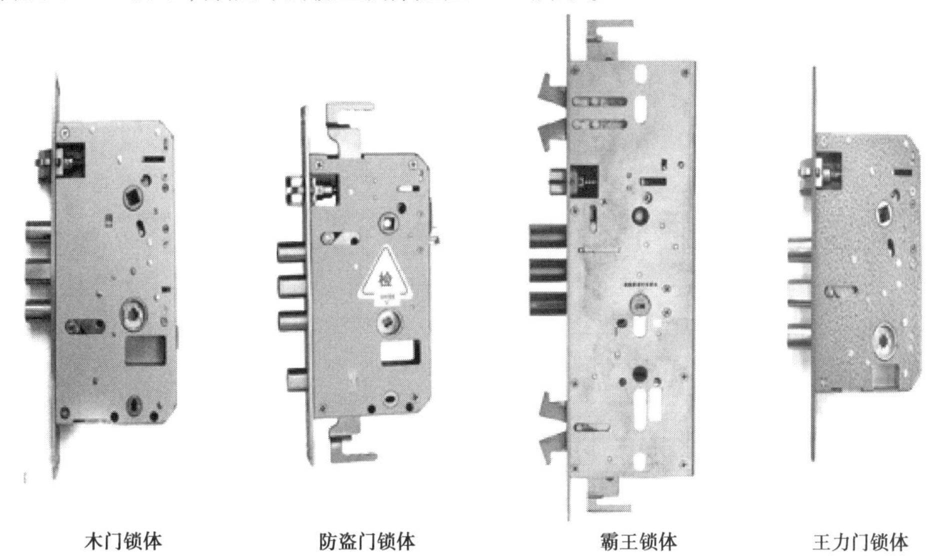

图 3-11　智能门锁锁体

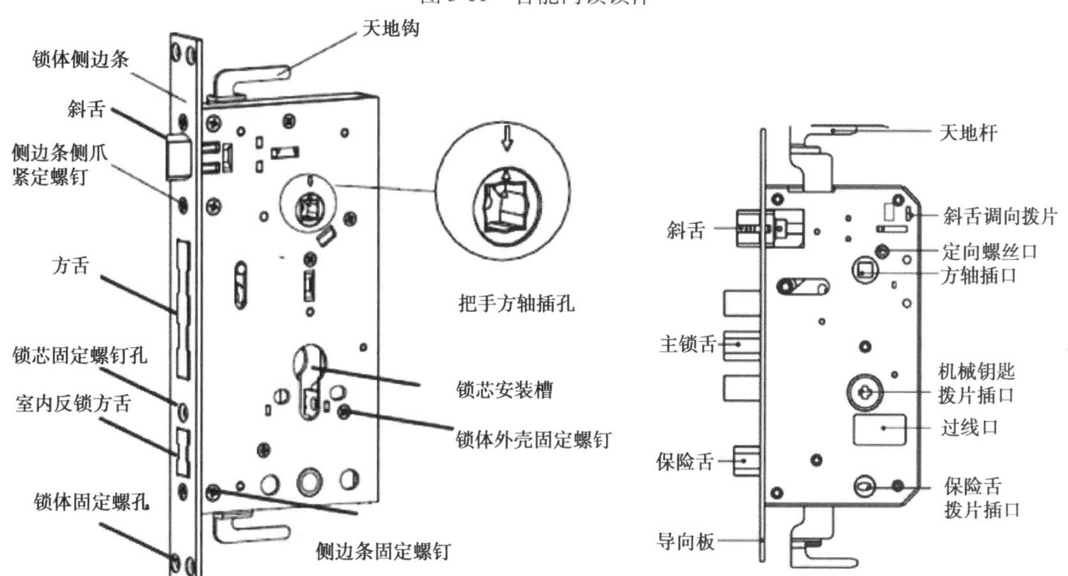

图 3-12　智能门锁标准锁体

②锁体分类。

锁体分为电子锁体和机械锁体,如图 3-14 所示。

电子锁体:由前面操作电路和后面板控制电路组成。

机械锁体:锁体的稳定性好,使用寿命长。

③侧边条(导向片)分类,如图 3-15 所示。

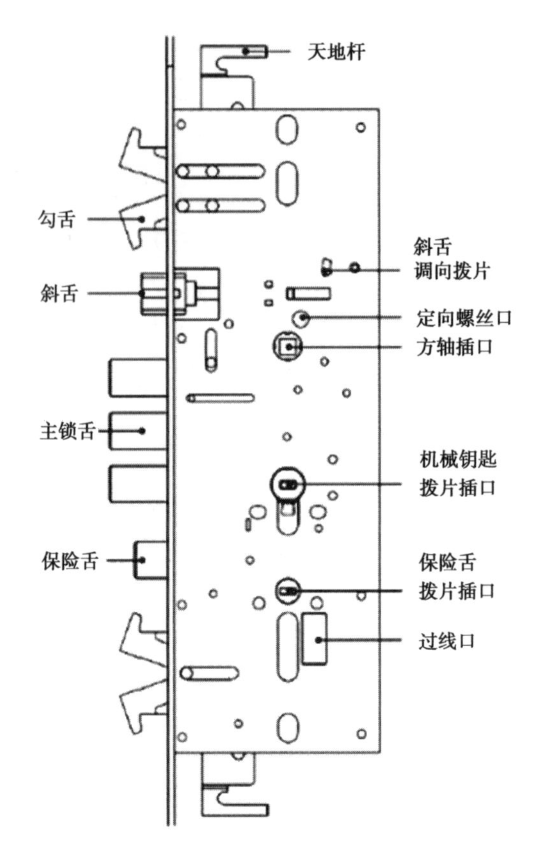

图 3-13　智能门锁霸王锁体

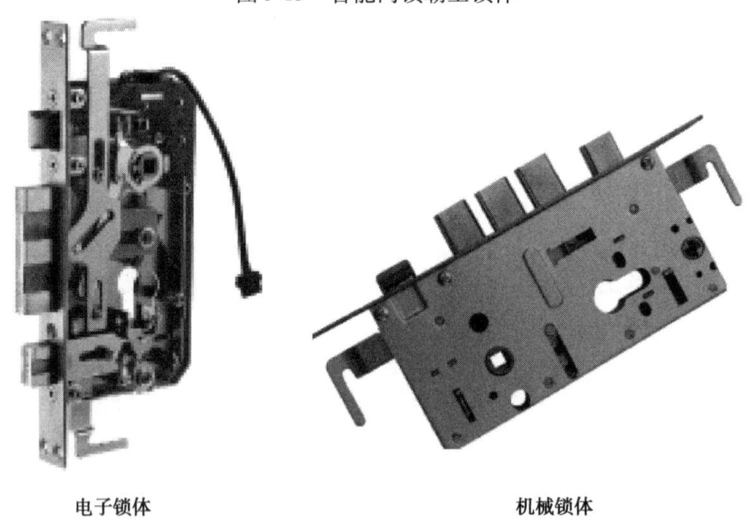

图 3-14　智能门锁锁体分类

(3)锁芯。

①锁芯样式分类。

正芯锁卡在中间,偏芯锁卡在上半部,智能门锁锁芯样式如图 3-16 所示。

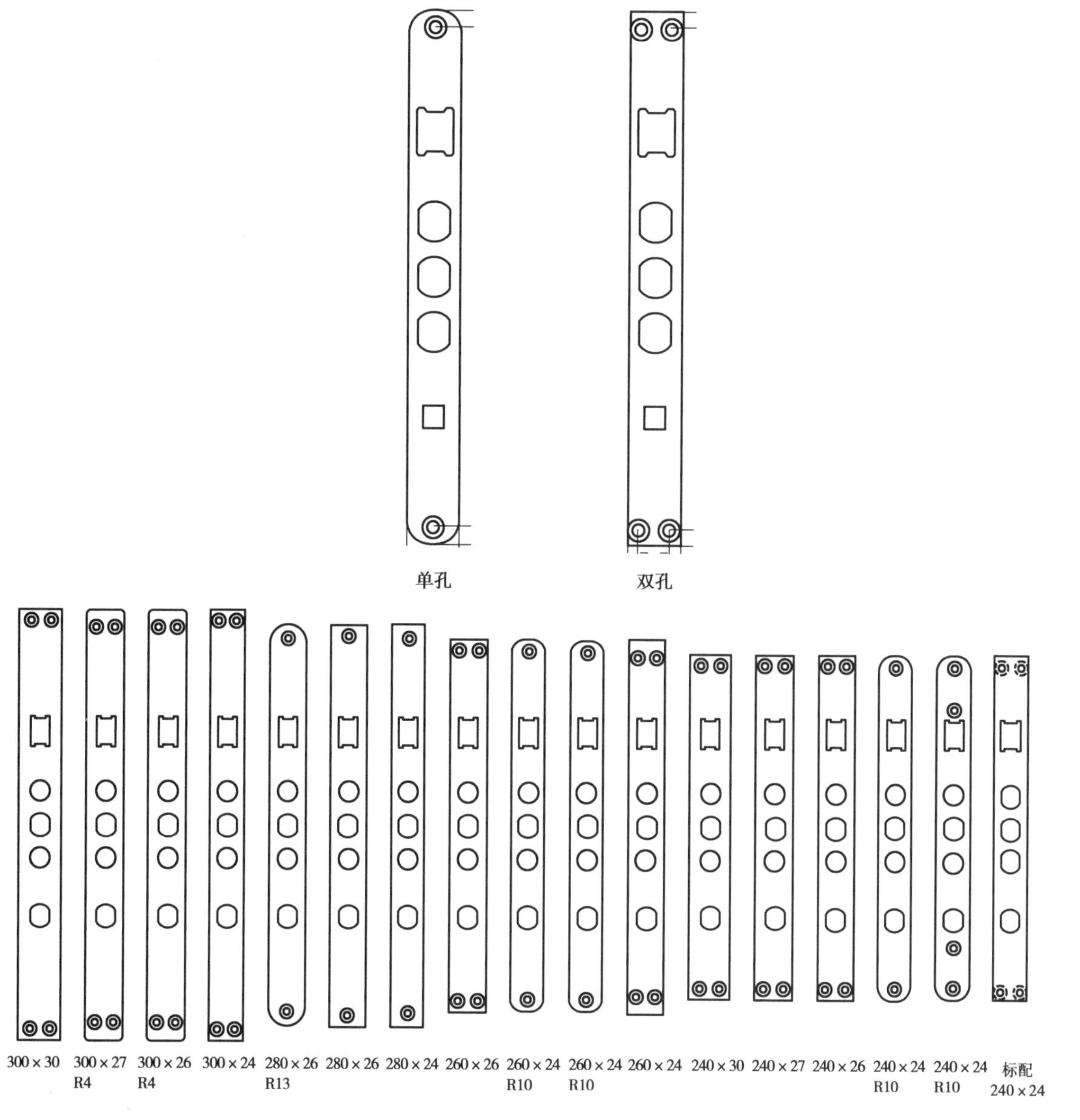

图 3-15　智能门锁侧边条分类(单位:mm)

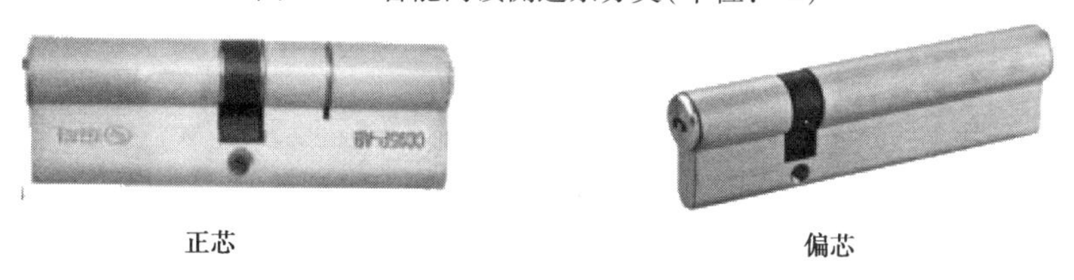

图 3-16　智能门锁锁芯样式分类

②锁芯安全等级分类。

锁芯的安防级别是智能门锁的智能门锁恐要衡量标志之一,一般有 3 种,A 级、B 级和超 B 级;从技术层面分析,B 级锁防止技术性开启时间不少于 5 分钟,超 B 级锁是目前最安全的等级,从钥匙上看一般双面双排子弹槽,旁边还有一条叶片或曲线,这样的锁芯设计技术标准要开启 270 分钟以上。锁芯安全等级分类见表 3-4。

表 3-4　锁芯安全等级分类

级别	防技术性开启时间/min	防破坏性开启时间/min	互开率/%	标准级别
A 级	≥1	≥15	≤0.03	国家标准
B 级	≥5	≥30	≤0.01	国家标准
C 级	≥260	≥30	≤0.004	企业标准

3）指纹开锁工作原理

指纹开锁工作原理简图如图 3-17 所示。

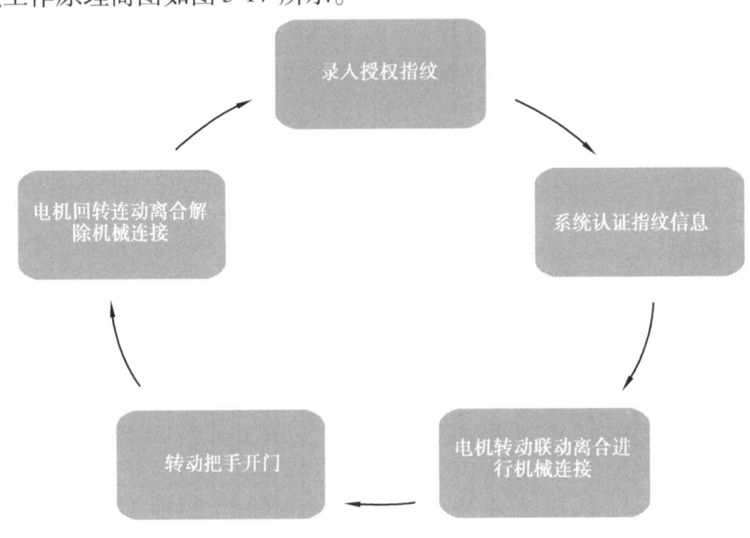

图 3-17　指纹开锁工作原理简图

4）开门方式

目前，家用智能门锁的开门方式主要有指纹、机械钥匙、密码、感应卡、手机等几种，如图 3-18 所示。

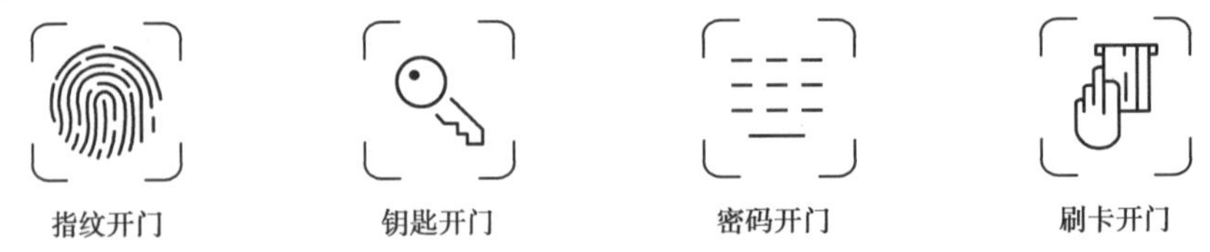

图 3-18　智能门锁开门方式

任务实施

1. 智能门锁安装前信息测量

步骤 1：采集获取门的材质及锁体图片，如图 3-19 所示。

步骤 2：判断开门方向，开门方式如图 3-20 所示。

步骤 3：测量导向片及门厚尺寸，如图 3-21 所示。

步骤 4：测量并确认锁体安装位置，如图 3-22 所示。

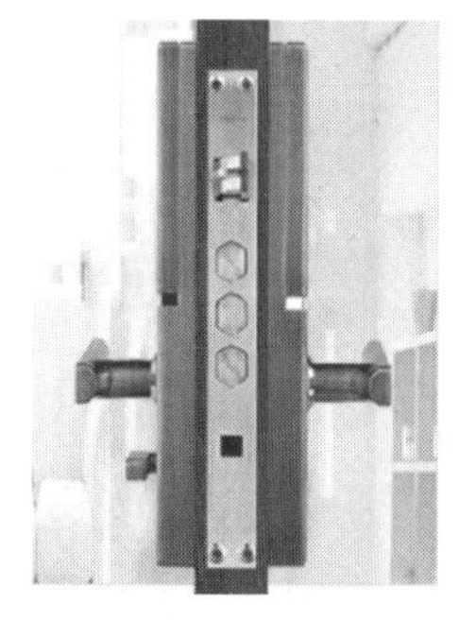

锁体侧面照片

门体照片

门框锁盒照片

图 3-19　原门锁外形结构

室外

左内开

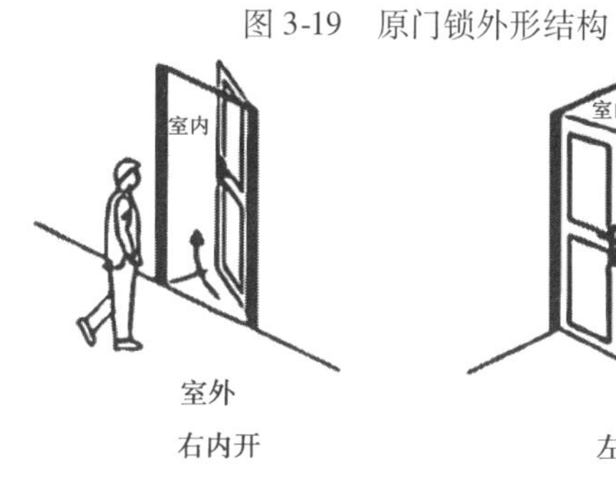

室外

右内开

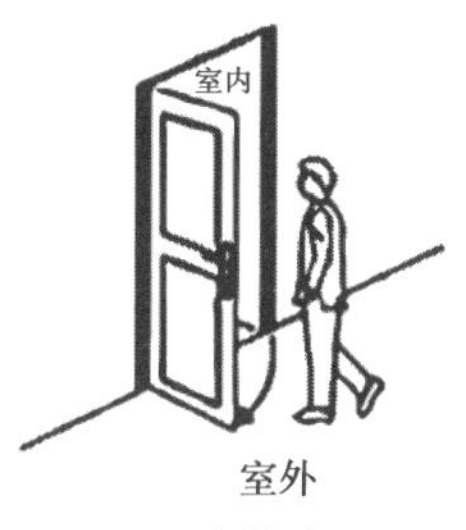

室外

左外开

室外

右外开

图 3-20　开门方式示意图

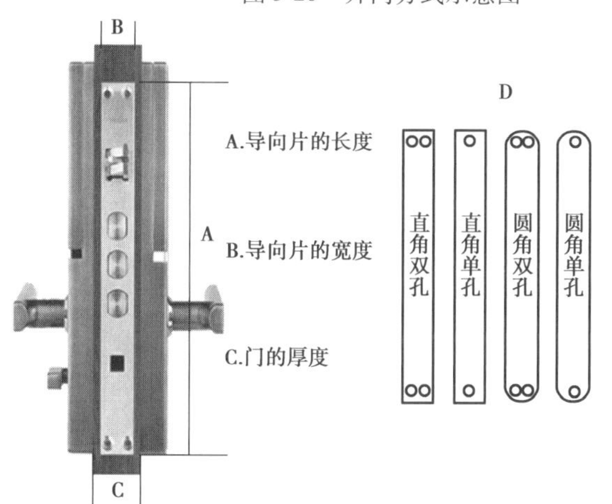

图 3-21　导向片测量示例图

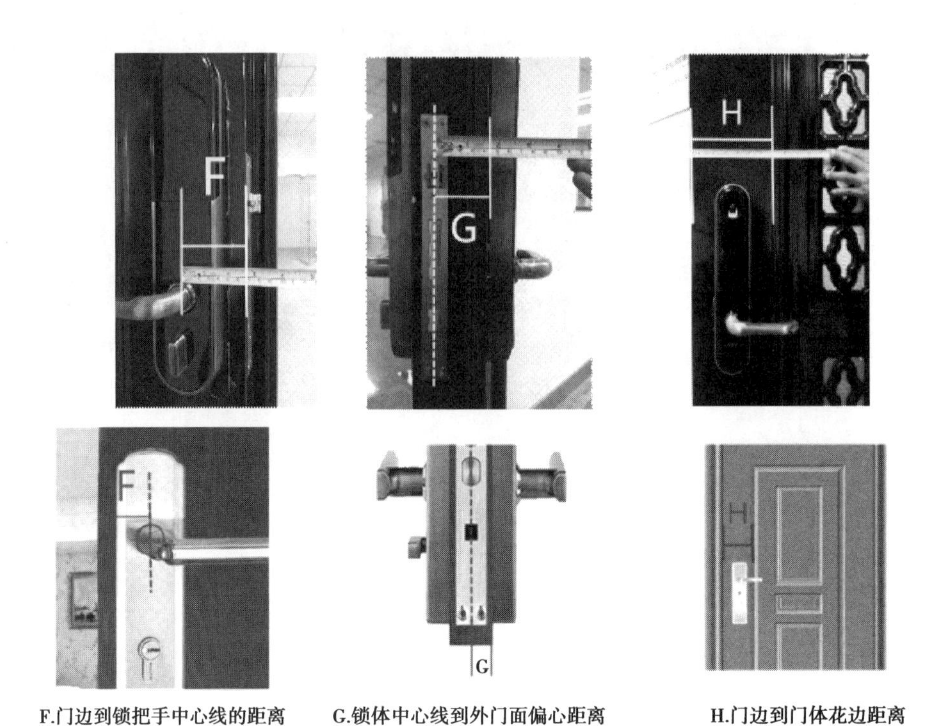

图 3-22　锁体测量示例图

温馨提示：

①导向片出厂标配是直角双孔。

②门的厚度需为 40～120 mm。

③测量时请精确到 mm。

④如果客户家是双开门，可以选择一套装饰假锁。

步骤 5：判断是否有天地锁。天地锁示例图如图 3-23 所示。

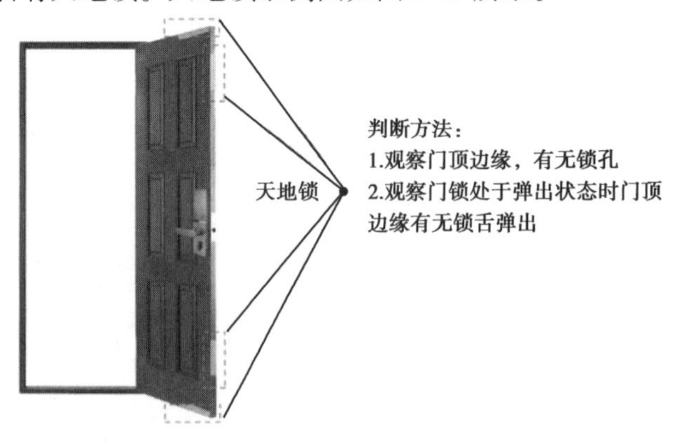

天地锁
判断方法：
1.观察门顶边缘，有无锁孔
2.观察门锁处于弹出状态时门顶
边缘有无锁舌弹出

图 3-23　天地锁示例图

步骤 6：填写客户信息卡，见表 3-5。

表 3-5　客户信息卡

客户信息卡		
姓名：	联系电话：	家庭住址：
A	导向片长度	mm
B	导向片宽度	mm
C	门的厚度	mm
D	导向片类型	□直角双孔 □直角单孔 □圆角双孔 □圆角单孔
E	门类型	□木门　□防盗门 □其他
F	门边导向片到锁把 手中心线的距离	mm
G	导向片锁芯固定螺丝 中心线到外门面偏心距离	mm
H	门边到门体花边距离	mm
I	开门方向	□左内开 □左外开 □右内开 □右外开
J	天地锁	□有　　□无

2. 智能门锁安装

1）工具准备

智能门锁安装工具见表 3-6。

表 3-6　智能门锁安装工具一览表

序号	外观	名称	规格	用途
1		手电钻	功率：800 W 左右	门体开孔、侧边条安装开孔、门扣板安装开孔
2		磨光机	功率：800 W 左右	门体开孔、侧边条等配件尺寸外形修整、门扣板安装修整
3		宝塔钻头/蘑菇钻头	尺寸：4～32 mm 强度：适用于 2 mm 以下即可	门体开孔、扩孔

续表

序号	外观	名称	规格	用途
4		不锈钢开孔器	推荐尺寸:8 mm/20 mm 适用:不锈钢门	不锈钢门体开孔
5		木门开孔器	推荐尺寸:8 mm/24 mm 适用:木门	木质门体开孔
6		麻花钻头	推荐尺寸 3.5 mm/4 mm/8 mm 三种 强度:不锈钢专用	门体、侧边条、扣板安装开孔
7		金属切割片	推荐 A 级磨光片	门体开孔、侧边条等配件尺寸外形修整、门扣板安装修整
8		钻丝锥	推荐尺寸 M3/M4/M5 三种 强度:不锈钢专用	侧边条、扣板安装螺孔钻丝
9		螺丝刀套装	样式:平口、十字花 材质:铬钒合金钢	门锁各部件调整安装
10		标记笔	常用规格即可	开孔等位置标记
11		虎口钳	6 in 或 8 in(1 in = 2.54 cm)即可	反锁拨片、机械钥匙拨片长度调整、大螺栓处理、天地钩处理等其他固定用途

续表

序号	外观	名称	规格	用途
12		尖嘴钳	6 in 或 8 in 即可	反锁拨片、机械钥匙拨片长度调整、天地钩处理、特殊位置使用等
13		卡簧钳	5 in 即可	调节把手方向时拆装卡簧
14		拉铆枪及铆钉	常用规格即可	对于特殊状况铆钉安装
15		插排	规格:推荐 10 m 左右	电动工具供电
16		卷尺	常用规格即可	测量尺寸
17		海尔专业工具包	定制	工具收纳
18		鞋套	常用规格即可	上门安装穿戴,专业整洁
19		垫布	定制	上门安装铺于客户门前,专业整洁

续表

序号	外观	名称	规格	用途
20		螺丝及其他配件	常用 4 mm/6 mm 各长度螺丝等配件	应付突发状况准备的其他配件工具,避免误工

2)熟悉智能门锁参数

以 HL-31PF3 为例,智能门锁参数见表 3-7。

表 3-7 HL-31PF3 智能门锁参数表

名称	参数描述
HL-31PF3	半导体指纹头
分辨率	500DPI
开门模式	机械钥匙、指纹、密码
机械钥匙	超 B 级
密码输入	防窥视输入
开门密码位数	4~8 位
识别速度	<0.5 s
拒真率	≤0.01%
误识率	≤0.001%
管理指纹容量	10 枚
主人指纹容量	40 枚
客人指纹容量	49 枚
显示屏	OLED
工作电压	4 节 AA 电池
欠压报警	5.0 V(±2 V)
待机功耗	≤25 μA
工作电流	≤200 mA
工作温度	-20~55 ℃
工作湿度	15% RH~93% RH
质量	4.56 kg
尺寸	325 mm×160 mm×83 mm

3)安装步骤与实操

(1)根据客户 A 导向片长度及时更换侧边条,如图 3-24 所示。

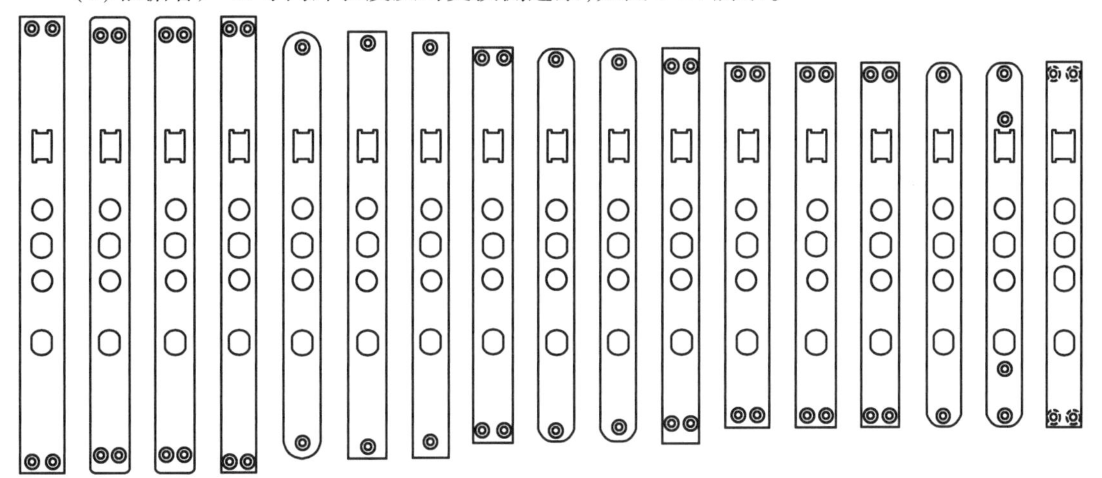

图 3-24　侧边条选择(单位:mm)

(2)拆掉锁体两面各 4 个螺丝,门锁主体与侧边条如图 3-25 所示。

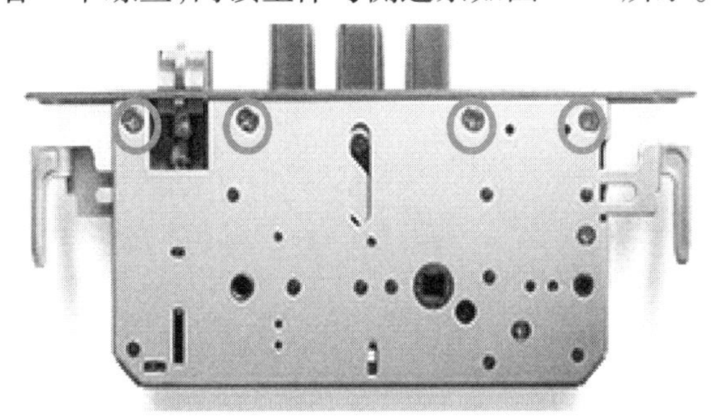

图 3-25　门锁主体与侧边条

(3)针对开门方式进行斜舌换向、定向螺丝、执手换向,如图 3-26 至图 3-28 所示。

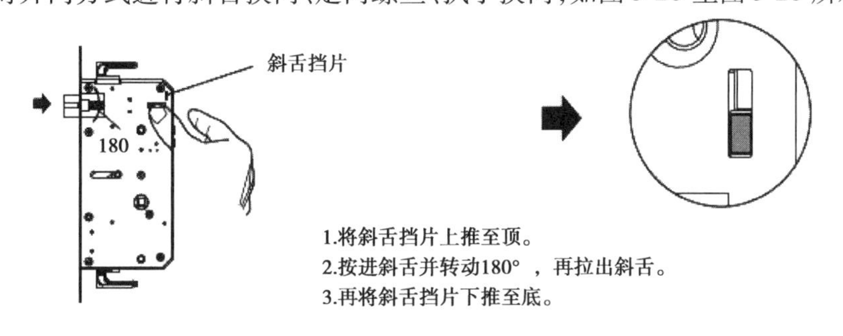

图 3-26　斜舌换向

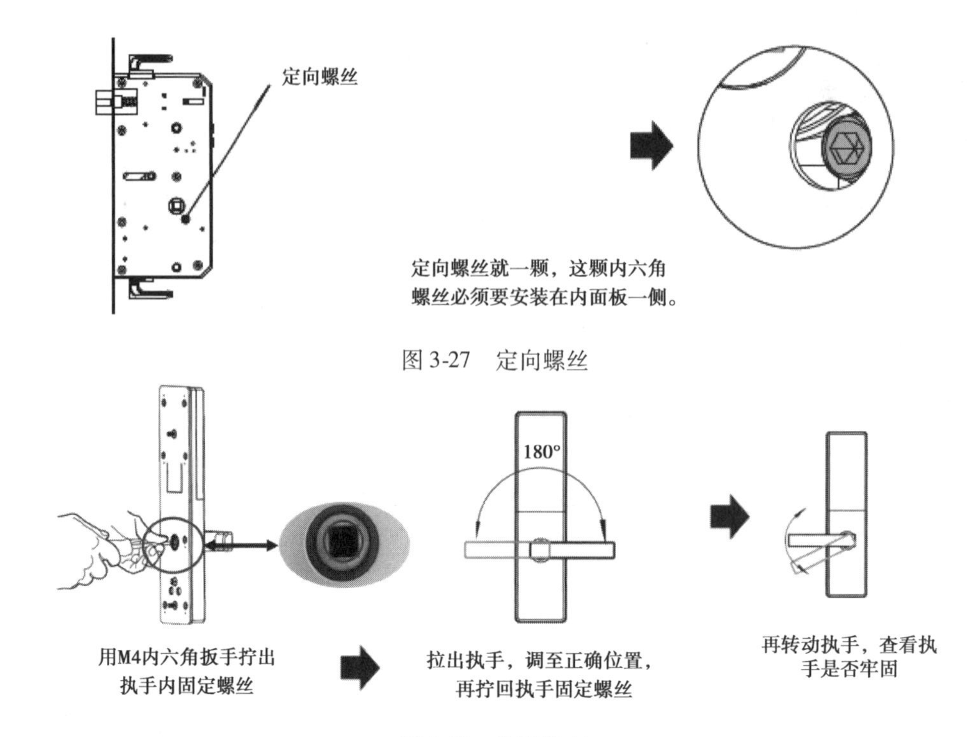

图 3-27　定向螺丝

图 3-28　执手换向

（4）安装锁体。锁体上连接线有内外之分，按照标贴提示选择正确的连接线穿出门两侧，如图 3-29 所示。

（5）安装方轴。方轴插入锁体后伸出门面 2 ~ 4 cm，过长需裁剪，如图 3-30 所示。

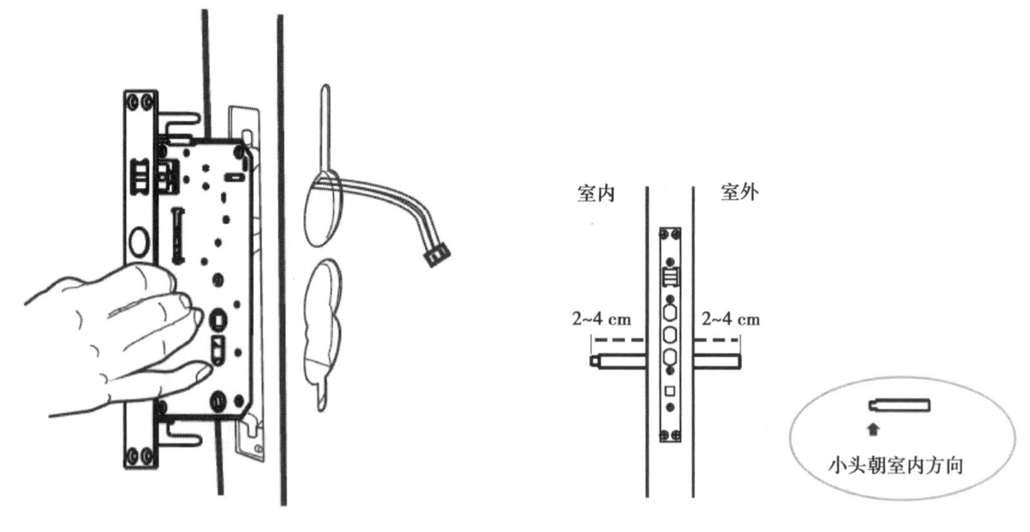

图 3-29　锁体安装　　　图 3-30　方轴安装

（6）组装内外面板，内外板安装如图 3-31 所示。

（7）整体安装。内外板安装如图 3-32 所示，内外板安装流程图如图 3-33 所示。

（8）安装完调试，智能门锁整体效果如图 3-34 所示。

默认开门密码为：123456；

管理密码为:00。

进入管理模式:按“＊号”键再输入开门密码加两位管理员密码按“#号”确认。安装完成后检查流程如图3-35所示。

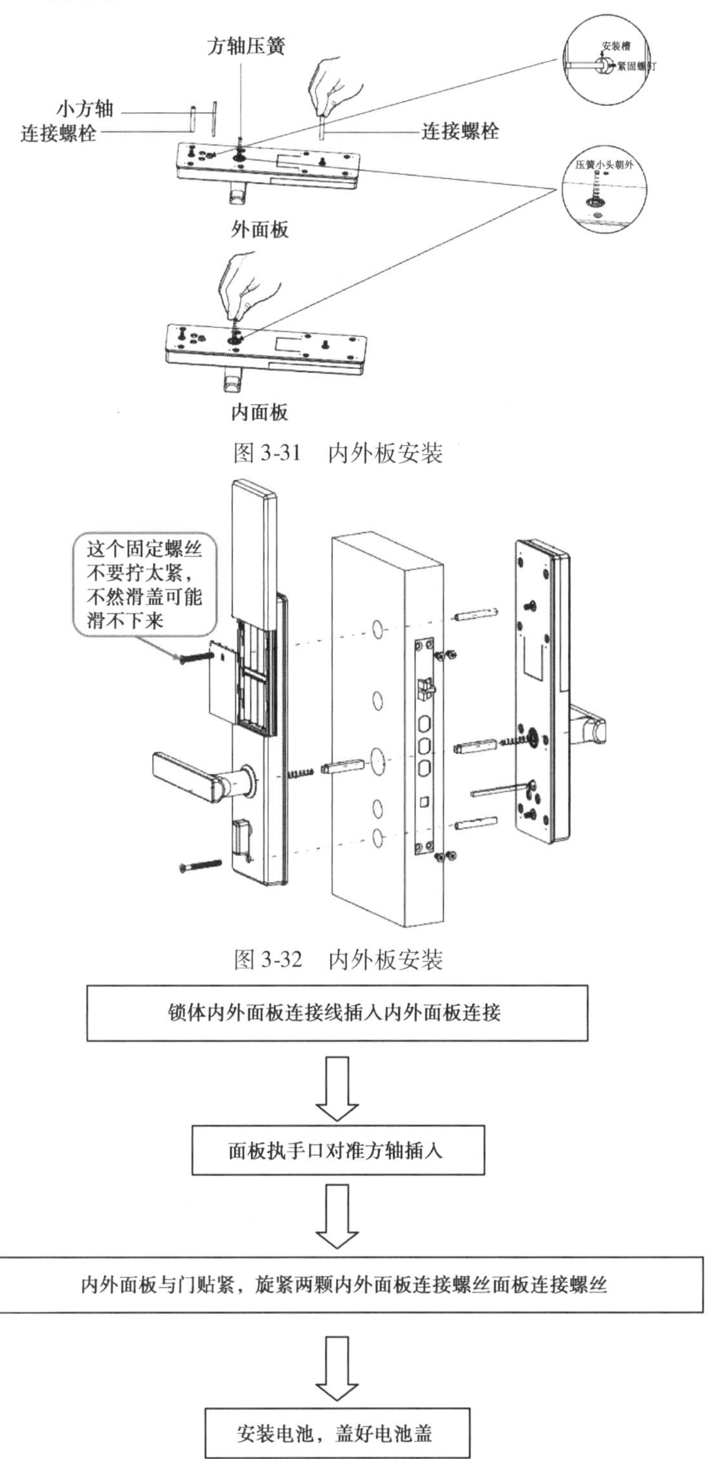
方轴压簧
安装槽
小方轴
连接螺栓
连接螺栓
压簧小头朝外
外面板
内面板
这个固定螺丝不要拧太紧，不然滑盖可能滑不下来
锁体内外面板连接线插入内外面板连接
面板执手口对准方轴插入
内外面板与门贴紧，旋紧两颗内外面板连接螺丝面板连接螺丝
安装电池，盖好电池盖

图3-31　内外板安装

图3-32　内外板安装

图3-33　内外板安装流程图

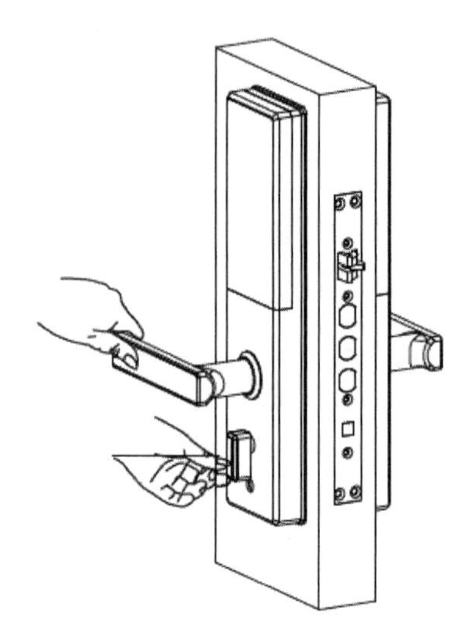

图 3-34　智能门锁整体

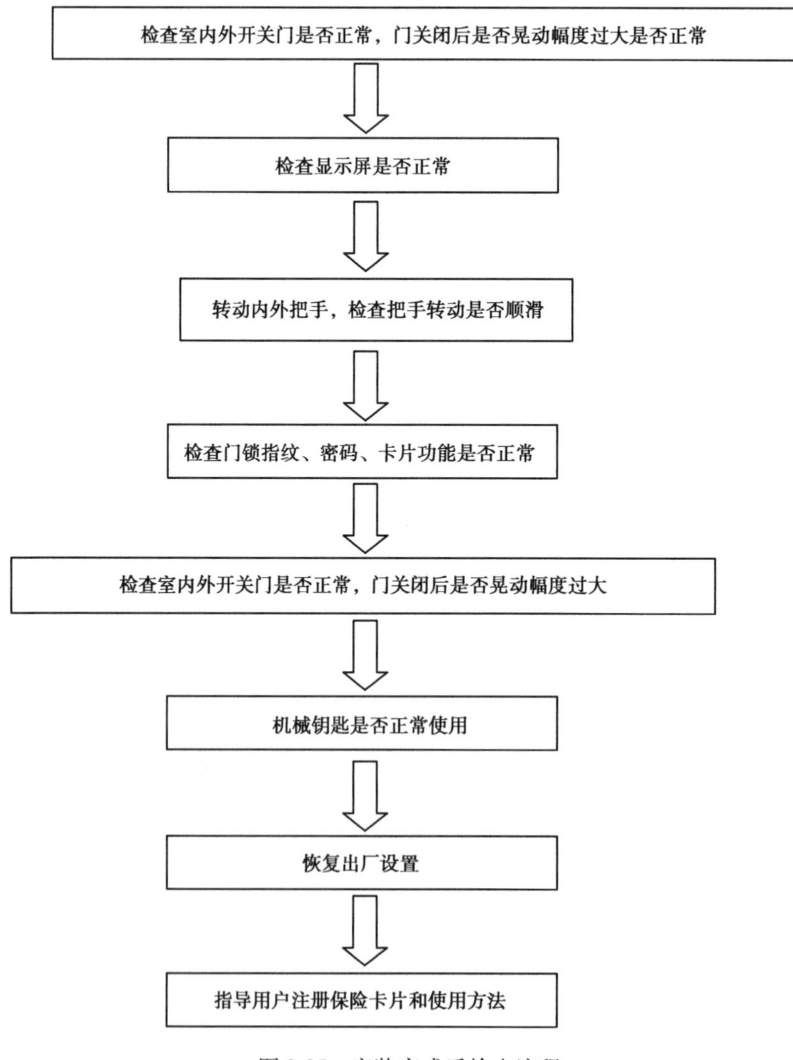
检查室内外开关门是否正常，门关闭后是否晃动幅度过大是否正常
检查显示屏是否正常
转动内外把手，检查把手转动是否顺滑
检查门锁指纹、密码、卡片功能是否正常
检查室内外开关门是否正常，门关闭后是否晃动幅度过大
机械钥匙是否正常使用
恢复出厂设置
指导用户注册保险卡片和使用方法

图 3-35　安装完成后检查流程

门锁常见故障维修说明见表 3-8。

表 3-8　常见门锁故障维修说明

<table>
<tr><th colspan="3">门锁常见故障维护说明</th></tr>
<tr><th>故障现象</th><th>可能原因</th><th>解决方法</th></tr>
<tr><td rowspan="3">使用门锁机械钥匙无法开门</td><td>①机械钥匙不正确</td><td>使用正确配套的智能锁机械钥匙</td></tr>
<tr><td>②锁头损坏</td><td rowspan="2">用其他方法开门后,请专业人员检查智能门锁并更换损坏的零件</td></tr>
<tr><td>③锁芯损坏</td></tr>
<tr><td rowspan="2">门锁的指纹/密码/卡开门验证成功,门无法开</td><td>①门锁安装问题</td><td rowspan="2">请专业人员检查</td></tr>
<tr><td>②锁芯机械故障,锁芯线折断或锁芯线没装好</td></tr>
<tr><td rowspan="8">验证指纹开门时,智能门锁提示验证失败</td><td>①该指纹为非法指纹</td><td rowspan="2">使用有效指纹或改用其他方式开门</td></tr>
<tr><td>②该指纹已经被注销</td></tr>
<tr><td>③有效指纹的位置偏差过大</td><td>重新验证指纹,将手指平放在指纹采集窗中心,缩小与登记时指纹的位置差距,或改用其他方式开门</td></tr>
<tr><td>④该指纹破损</td><td>重新登记一枚指纹(建议同一用户注册 2 枚以上指纹),或改用其他方式开门</td></tr>
<tr><td>⑤手太干、太湿、太冷</td><td>将手指保湿、擦干、保暖后再验证指纹或改用其他方式开门</td></tr>
<tr><td>⑥采集指纹时用力过大,指纹变形</td><td rowspan="2">用正确方式重新验证指纹</td></tr>
<tr><td>⑦采集指纹时用力过轻,指纹大部分未与指纹采集窗充分接触</td></tr>
<tr><td>⑧阳光直射影响指纹成像</td><td>用任何不透光的物件遮住强光再验证指纹</td></tr>
<tr><td rowspan="2">成功验证有效指纹/密码/卡开门,状态正常,电机不工作,无法开门</td><td>①连接线松动</td><td rowspan="2">请专业人员检查门锁并更换损坏的零件</td></tr>
<tr><td>②电机故障</td></tr>
<tr><td rowspan="2">有效指纹/密码/卡开门电机正常转动,智能门锁的前把手空转无法开门</td><td>①验证时把手未回位</td><td>将把手回位后,重新验证</td></tr>
<tr><td>②把手内未装方轴弹簧</td><td>请专业人员检查门锁</td></tr>
<tr><td>转动智能门锁前把手,主锁舌不能完全打进去</td><td>锁芯内部齿轮错位</td><td>请专业人员检查门锁</td></tr>
</table>

续表

故障现象	可能原因	解决方法
智能门锁按键无反应或禁止操作	①电池耗尽或正负极装反	用外接电源或采用其他方式开门后检查电池
	②连续输入 5 次错误密码,键盘自动锁定	隔 3 分钟再操作键盘或改用其他方式开门可解除锁定
	③前后锁体连接线松动	用机械钥匙开门后,请专业人员检查门锁
智能门锁常开常闭,无法正常使用	①电机组件故障	请专业人员检查门锁
	②主板故障	
钥匙插拔不灵活	钥匙长期未使用,插拔不太灵活	在钥匙孔内撒些铅笔粉末或石墨粉,然后开关几次即可。切忌向钥匙孔中加入机油润滑

知识与能力拓展

1. HL-15PF4-U 智能门锁安装详细步骤

详细步骤见表 3-9。

表 3-9　HL-15PF4-U 智能门锁安装示详细步骤

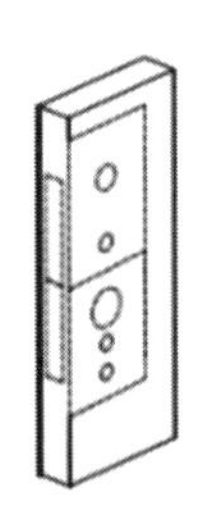 一、画线 1. 在门里外两侧距离地面 1 m 处画一条水平中心线。 2. 对折开孔模板,将开孔模板的把手中心线与门上的水平线对齐,按开孔模板要求将门正面和侧面的开孔线画出。	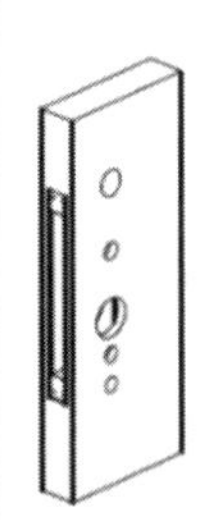 二、开孔 按照开孔模板要求开好面板、锁芯安装孔。
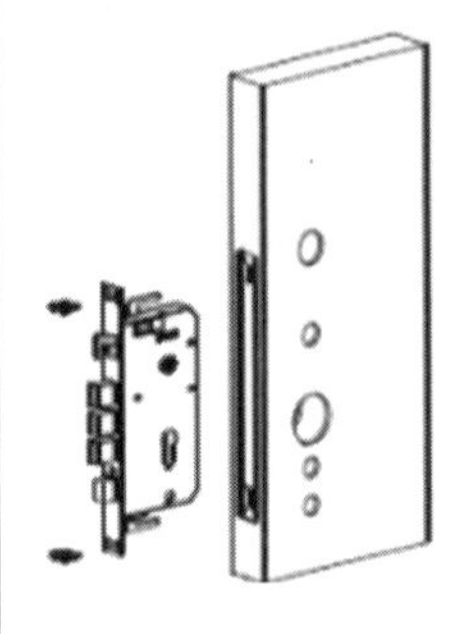 三、安装锁芯 将要安装的锁芯装到锁芯孔中。用 4 颗 ST4. 8 ×19 螺丝固定在门上。	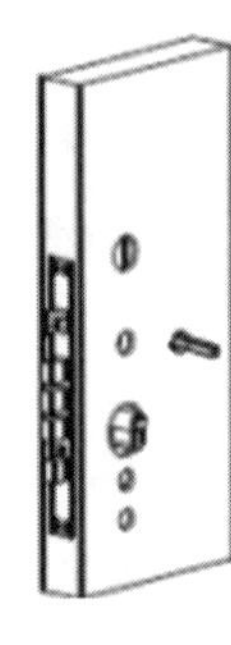 四、安装方轴 卡头短的方轴装于门外,高于门面 42 ±2 mm,切除长出部分;卡头长的方轴装于门内,高于门面 29 ±2 mm,切除长出部分。工程锁按门厚参数定制。

续表

 五、前面板安装 1. 把防水胶垫套在前面板上。 2. 将前面板与锁芯 2P 空中对接线连接后，塞入门内。 3. 将前面板上的方轴孔对准锁芯上的方轴。 4. 将前面板平贴到门外侧。	 六、后盖板安装 1. 将加长小方抽挂套在后盖板上旋钮孔处。 2. 把防水胶套套在后盖板上，将前面板的连接线穿过后盖板。 3. 将后面板上的方轴对准锁芯上的方轴孔，加长小方轴穿过小方轴孔（注意方向）。当锁芯小方舌未伸出时，加长小方轴上方槽向下斜 45°指向门侧边。 4. 将后面板平贴安装到门上，用两颗 M5 螺丝链接前后面板并锁紧固定。
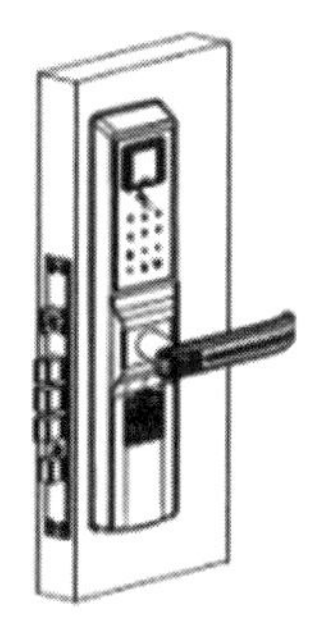 七、后面板安装 1. 用一字螺丝插入加长小方轴主槽转动旋钮，微调到小方轴开关灵活时，锁紧前后连接螺丝。 2. 翻开锁头盖，插入机械钥匙，顺时针将机械钥匙拧到位后推把手开门。检查钥匙能否正常开门。	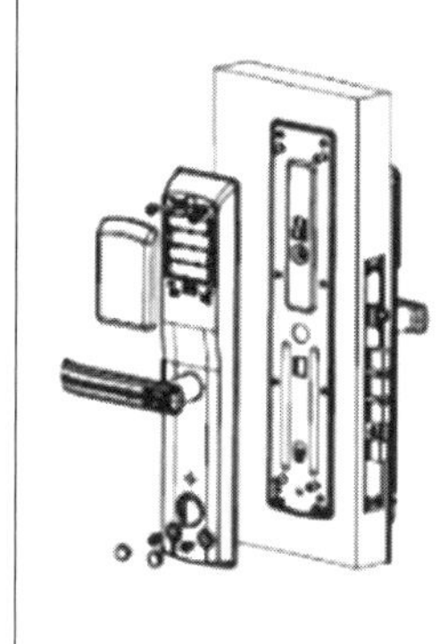 八、后面板安装 1. 将前面板和后面板的对接线连接。 2. 将后面板上的方轴孔对准锁芯上的方轴。 3. 将旋钮对准插入加长小方轴方槽。 4. 用 4 颗 M5 螺丝将面板固定在盖板上。 5. 将螺丝钉盖盖入后面板下方 2 个螺丝孔内。
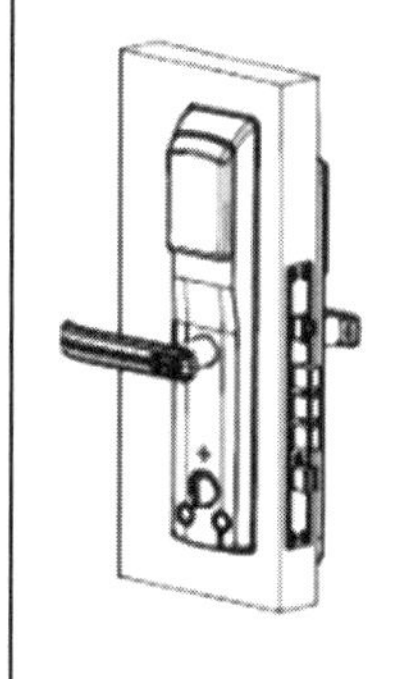 九、电池安装 1. 将电池装入电池盒，盖上电池盒盖。 2. 按门锁操作指南设置门锁后，测试门锁开门功能。	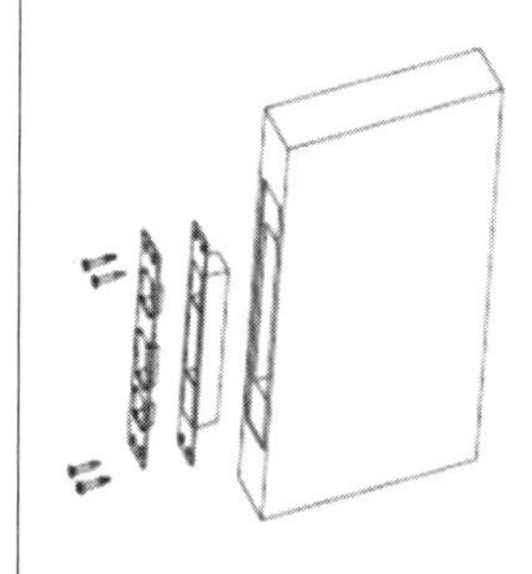 十、门扣安装 1. 将门与门框靠紧，用铅笔画出锁舌在门框上的位置，再画出门框开孔形状。 2. 开好孔后将扣盒，门扣板依次放入孔内，用 4 颗螺丝将扣板固定好。 3. 关门后检测锁舌是否能完全伸出。

2. 其他常见问题处理

问题 1：死机。原因：由于静电，锁被锁死。

处理方法：使用打火机里的压电陶瓷电击指纹头使其重启。

问题 2：不通电。原因：电源线问题或电池仓问题。

处理方法：检测电源线是否破损或接头是否插紧；电池是否漏液或电池仓正负极是否正常。

问题3:验证成功,下压把手无法开门。

原因:①方轴朝向问题或方轴脱落。②锁体问题(极少见)。

处理方法:①方轴小头朝内把手方向;安装弹簧重新固定方轴。②更换锁体。

问题4:HL-36PF4/HL-56PF4 滑盖不能自动下滑。

原因:固定螺丝拧太紧造成变形或滑盖问题。

处理方法:后面板上面的固定螺丝不要拧太紧,松下螺丝看是否正常;若无法解决则更换面板。

问题5:滑盖卡不住。原因:滑盖卡阻组件问题。

处理方法:更换滑盖卡阻组件。

问题6:系统提示“已反锁”。原因:该锁体为电子反锁,室内反锁旋钮处于反锁状态。

处理方法:使用主人指纹或开门密码+管理员密码开门(客人指纹无法开反锁)。

问题7:后电池盖打不开。原因:电池盒盖板卡住电池盖。

处理方法:附带处理视频。

问题8:屏幕提示“指纹头检测失败”。原因:指纹头故障。

处理方法:更换指纹头。

问题9:指纹一直自动重复输入,并提示指纹验证失败。

原因:①指纹头上可能有油污;②指纹头问题。

处理方法:①用干净的抹布擦干净后用指纹或密码开锁。②直接放手指不动,开门后更换指纹头。③更换指纹头。

3. HL-31PF3 智能门锁安装标准与验收规范

①锁体与门框垂直,无倾斜现象;

②门关上后无松动现象;

③把手转动灵活;

④复位正常;

⑤锁舌弹出正常无卡塞现象;

⑥关门时轻轻用力门就能关上(如需用较大力度才能关上门或门出现反弹现象则判为安装不合格);

⑦各功能正常。

【视频体验】

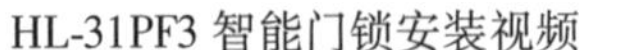

HL-31PF3 智能门锁安装视频

HL-28PF3-U 智能门锁安装视频

任务二　联网“－U”型智能门锁的配置与调试

任务目标

✧了解“－U”型智能门锁系统的主要通信方式

✧熟悉“－U”型智能门锁的系统框架结构

✧掌握“－U”型智能门锁配置与应用

【任务描述】

李先生上次已经预定了可以远程开锁、临时密码、信息推送、智能家居场景联动的智能门锁系统，如今他拿到了新房的钥匙，打电话到公司要求上门为其安装智能门锁系统。

知识链接

1. 智能门锁系统拓扑图

智能门锁系统拓扑图如图3-36所示。

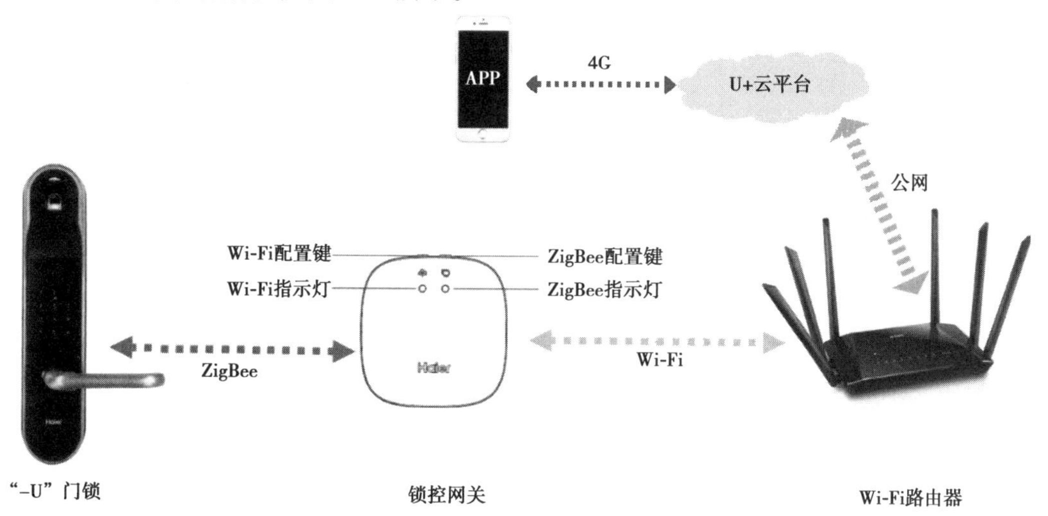

图3-36　智能门锁系统拓扑图

注意：

①智能家居联动功能需要配合“－U”门锁以及HR-06WW模块；

②HR-06WW模块通过插座供电，设计时尽量在离门锁近的地方预留插座。

2. HR-06WW 模块介绍

1）产品外观

HR-06WW模块产品外观如图3-37所示。

2）产品参数

供电电源：220 V/50 Hz。

电源适配器：DC5 V/1 A。

工作电压：DC5 ×（1 ±5%）V。

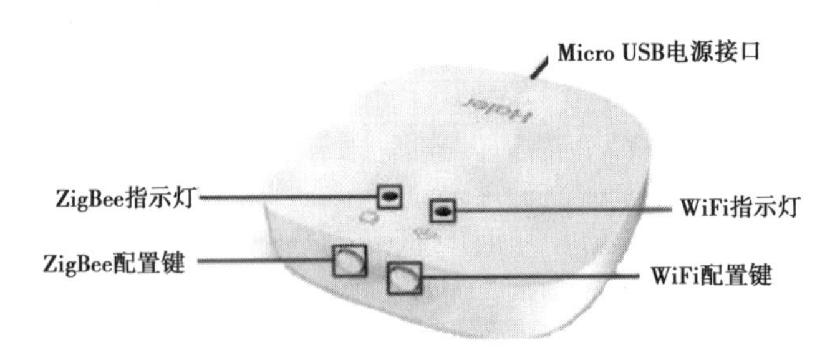

图 3-37　HR-06WW 模块产品外观

工作电流：≤500 mA。

网络通信：Wi-Fi(2.4 GHz)、ZigBee。

智能控制模块 HR-06WW，是海尔智能门锁的控制设备，使用前需分别与智能门锁和路由器配对连接。

外观尺寸：64.1 mm×64.1 mm×15.5 mm。

3)HR-06WW 配置方法

(1)ZigBee 配置。

刚给锁模块上电时，ZigBee 指示灯快速闪烁(0.1 s 灯灭)。长按 ZigBee 配置键 5 s，ZigBee 指示灯开始闪烁(0.5 s 灯灭)后松开按键，进入与门锁配置模式。此时对门锁进行操作，使其进入配置模式，直至配置成功。如果 10 min 后仍未配置成功，则自动退出配置式(HR-06WW)。

(2)Wi-Fi 配置。

和手机、路由器配对时，长按 Wi-Fi 配置键 5 s，Wi-Fi 指示灯开始闪烁(0.5 s 灯灭)后松开按键，进入配置模式。此时可通过手机"安住·家庭"APP 对锁模块发送配置命令。配置成功后，Wi-Fi 指示灯常亮、自动退出配置状态。如果 10 min 后仍未配置成功，则自动退出配置模式。注：当 Wi-Fi 连接服务器正常时，Wi-Fi 指示灯常亮，收到数据时闪烁 2 下。当 Wi-Fi 无法连接 APP 或服务器时，Wi-Fi 指示灯慢闪(2 s 灯灭)。

(3)HR-06WW 恢复出厂设置(组网清除)。

进入配置模式后，长按 ZigBee 配置键 10 s，ZigBee 指示灯由慢闪(0.5 s 灯灭)变为快闪(0.1 s 灯灭)，表示清除组网完成。与智能门锁多次配置不成功时，可进行组网清除，使其配置成功。当接受到 ZigBee 的数据时，ZigBee 指示灯快闪 2 下，当初始化 ZigBee 失败时，ZigBee 指示灯慢闪(2 s 亮灭)。

任务实施

智能门锁入网配置。

安住·家庭 APP

(1)操作前准备工作。

①门锁安装完毕，电池安装完毕，门锁开关门操作无问题。

②智能控制模块做好上电准备，建议首次操作时在门锁旁边，便于操作。

③准备好 2.4 GHz 无线路由器，手机连接 Wi-Fi，联网可用。

④扫描二维码，下载安住·家庭 APP，注册账号。

(2)智能控制模块入网设置。

①长按 Wi-Fi 配置键 5 s,Wi-Fi 指示灯开始闪烁(0.5 s 亮灭)后松开按键,进入配置模式。

②打开安住·家庭 APP,选择→配置新设备→选择门锁网关,开始添加→下一步→输入 Wi-Fi 密码→选择连接网络。

③60 s 内配置,若成功会进入产品信息界面,添加设备位置、修改设备名称→保存,完成入网。

④60 s 内配置不成功,进入 SoftAP 配置模式,点击确定后,进入 APP 中 Wi-Fi 列表,选择要入网的路由器名称,点击确定→进入手机 Wi-Fi 列表选入网路由器名称→返回安住·家庭→配置完成进入产品信息界面→保存修改信息。

(3)智能门锁入网设置。

①长按 ZigBee 配置键 5 s,ZigBee 指示灯开始闪烁(0.5 s 亮灭)后松开按键,进入配置模式。

②按照门锁提示,进入配网模式,直至配置成功。

(4)备注。

①Wi-Fi 配置成功后,Wi-Fi 指示灯常亮并且自动退出配置状态。若 10 min 仍未配置成功,则自动退出配置状态。

②当 Wi-Fi 连接服务器正常时,Wi-Fi 指示灯常亮,收到数据时闪烁 2 下。当 Wi-Fi 无法连接 AP 或服务器时,Wi-Fi 指示灯慢闪(2 s 亮灭)。

③自 ZigBee 进入配置模式后,10 分钟后退出配置模式,此时 ZigBee 指示灯不再闪烁。

④长按 ZigBee 配置键 10 s,ZigBee 指示灯由慢闪(0.5 s 亮灭)变为快闪(0.1 s 亮灭),表示清除组网完成,此操作可以清除绑定至该网关上的门锁信息。

任务三 可视对讲系统的对接

【任务描述】

小顾给李先生家安装好了智能门锁,实现了手机开门的功能。某天,李先生的朋友来他家做客,此刻,李先生正在回家途中遭遇了堵车,朋友在门外等候,便给李先生去了电话,李先生看着朋友的新手机号码,听着熟悉又不确定的声音,给朋友远程开了门,让朋友先到客厅休息。李先生想:家门口有朋友、亲戚、同事、快递、外卖在按门铃等,能够看到是谁就好了。本任务需要小顾为陈先生设计门锁与可视对讲的联动,同事开门后能实现自动布撤防,自动实现回家、离家模式。

任务目标

✧熟悉智能门锁与可视对讲系统拓扑图

✧能够将可视对讲系统与门锁系统对接

✧数字终端的配置与应用

知识链接

1. 可视对讲系统拓扑图

电插锁、电磁锁与可视对讲系统拓扑图,如图 3-38 所示。

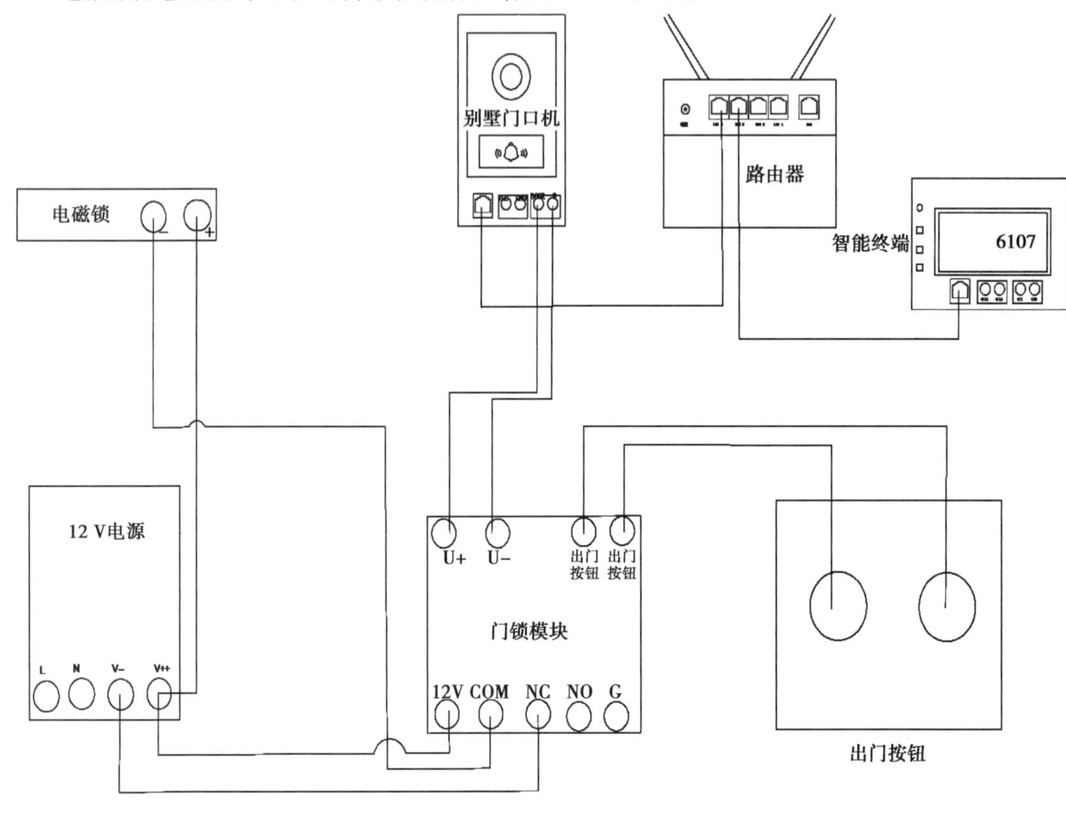

图 3-38　系统拓扑图

2. 系统单品介绍

(1)智能终端。

智能终端参数见表 3-10。

表 3-10　智能终端参数表

产品名称	61 智能终端	91 智能终端
产品型号	HR-6110(黑色)	HR-9110(黑色)
产品外观		
工作电压	DC12V(+/-1 V)	DC12 V(+/-1 V)
工作电流	350 mA(待机),1 500 mA(工作)	350 mA(待机),1 000 mA(工作)

续表

工作温度	-10~55 ℃	-10~55 ℃
存储温度	≤95% RH	≤95% RH
外形尺寸	297 mm×174 mm×16.8 mm	221 mm×134 mm×13.8 mm
安装方式	预埋,专用底盒	预埋,专用底盒
网络接口	RJ45 口	RJ45 口
厨房卫浴电视接口	有	无
模拟门前机接口	有	无
传输距离	符合以太网传输要求	符合以太网传输要求
显示屏	10.1 寸 TFT(16:9)	10.1 寸,IPS 全贴合屏(16:9)
摄像头	有	有
分辨率	800×480	1 280×800
处理器	FreescaleMX51 800 MHz	FreescaleMX51 800 MHz
FLASH	2 GB	2 GB
内存	DDR512 MB	DDR256 MB
视频压缩标准	H.264	H.264
音频压缩标准	G.711	G.711
视频采样	D1 标准	D1 标准
视频播放	30 fps	30 fps

(2)集中供电电源。

供电电源产品外观,如图 3-39 所示。

图 3-39　开关电源

图 3-40　别墅门口机

(3)别墅门口机。

外观尺寸:200 mm×146 mm×41 mm。

对讲功能:外来人员可通过别墅门口机呼叫业主并与之通话。

门禁功能:业主辨明外来人员身份后可以为其远程打开门锁。

别墅门口机参数见表 3-11。

表 3-11　别墅门口机参数表

	项目	技术参数
	处理器	Freescale MX51 800 MHz
	Flash	512 MB
	内存	DDR 256 MB
	摄像头	130 万像素
	视频压缩	H.264
	音频压缩	G.711
	视频采样	D1 标准
	视频播放	30 fps
	网络速度	100 Mbit/s
	工作环境温度	-40 ~ 70 ℃
	储存温度	-25 ~ 55 ℃
	工作湿度	10% ~ 95%
	输入电源	12VDC ±1 V,1.5 A
	外形尺寸	175 mm × 120 mm × 42 mm

任务实施

1. 可视对讲安装接线图

①终端安装示意图,如图 3-41 所示。

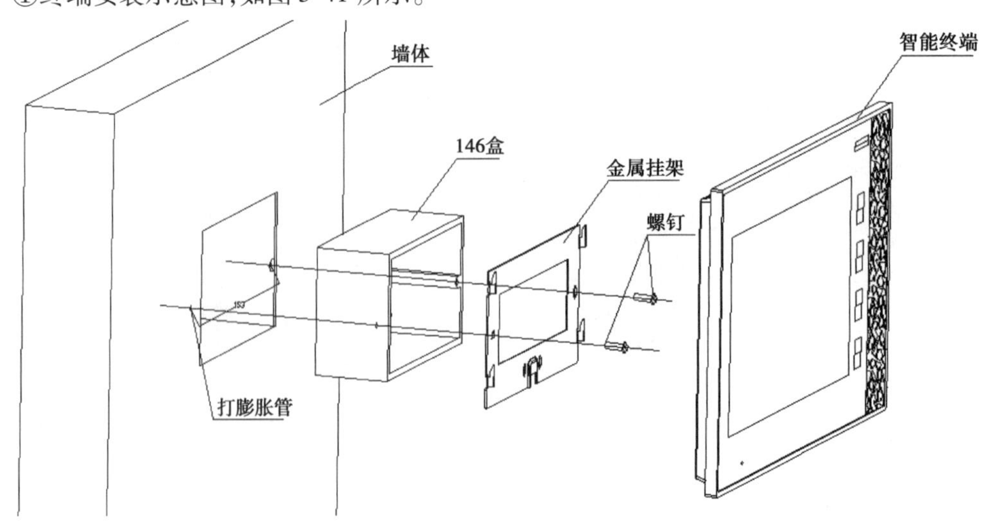

图 3-41　智能终端安装示意图

②建议安装高度,如图 3-42 所示。

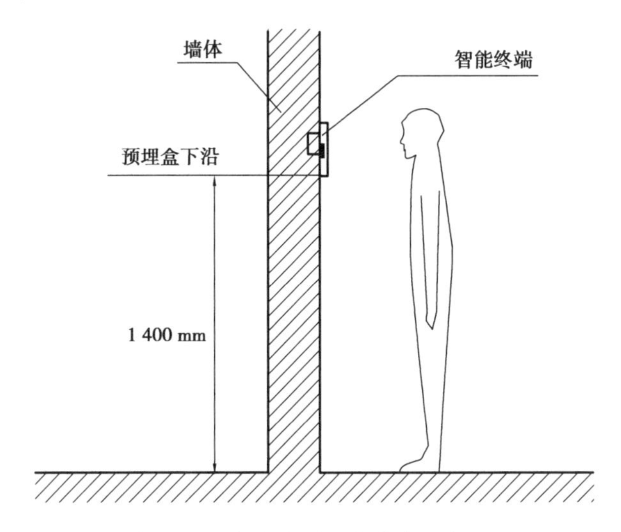

图 3-42 智能终端安装高度示意图

2. 安装步骤

①工程施工时将 146 盒按照定位孔水平方向预埋到墙体里面,保证 146 盒不歪斜,且开口面稍低于墙面。

②在水平距离 146 盒右边的定位孔向左 153 mm 处,打一个 M4.0 mm 的膨胀螺栓套。

③分别用一个 4.0 的机械螺丝和一个 4.0 的自攻螺丝通过 146 盒的右定位孔和膨胀螺栓套,将金属挂件固定在墙面上,并将挂件调整水平。

④通过挂件上的开孔,从预埋的 146 盒中取出导线,将导线(加上相关的端子或线束)连接到智能终端背面的主板上。

⑤将所有连接线塞入 146 盒内,让智能终端背面两条卡槽沿着金属挂件的四个卡扣,从上向下移动,终端下部微微抬起。当上面的卡扣被卡住时,将整个终端紧压到墙上,使挂件的四个卡扣完全卡入终端背面卡槽里面的开口中,紧压终端继续向下滑动,直到听到“咔哒”的一声,终端被锁住。安装完成。

注意:

①整个安装过程要轻拿轻放,井然有序,以免造成不必要的损害。

②终端也可以借用 146 盒的左边定位孔。

3. 终端接线图

61 系列智能终端接线图如图 3-43 所示,91 系列智能终端接线图如图 3-44 所示。

4. 别墅门口机安装图

91 别墅门口机安装图如图 3-45 所示,91 系列单元门口机接线图如图 3-46 所示。

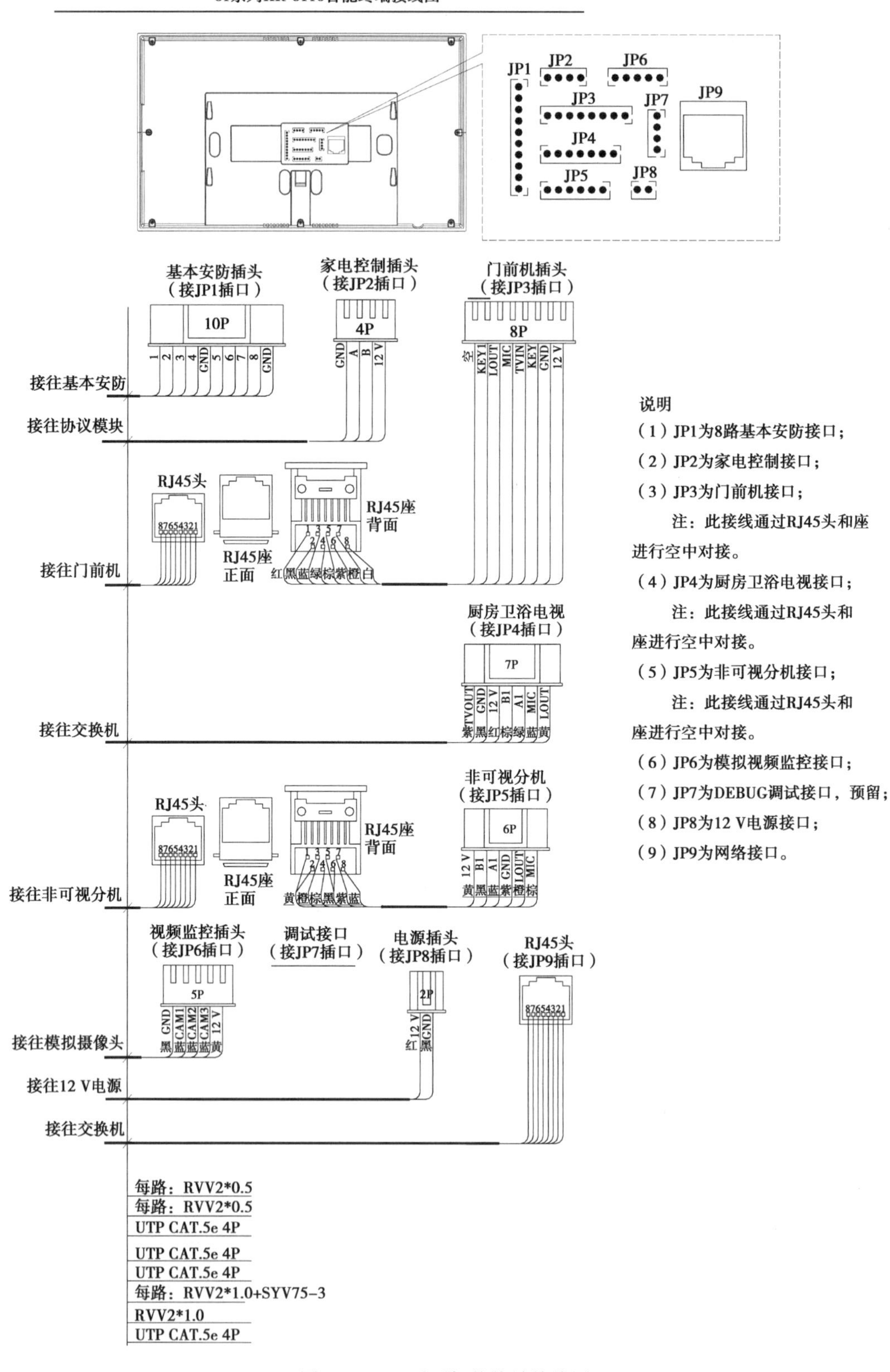

图 3-43　61 系列智能终端接线图

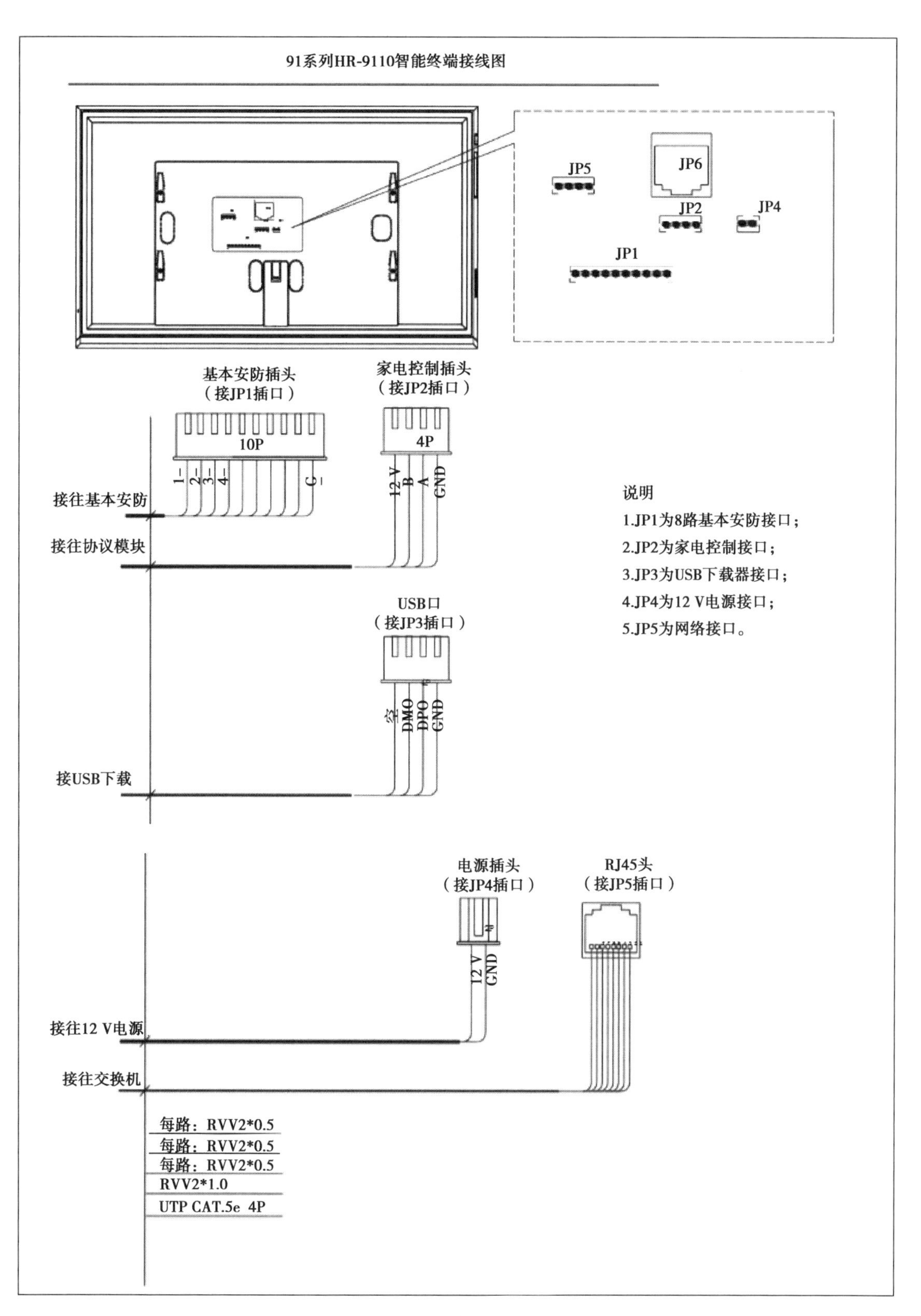

图 3-44　91 系列智能终端接线图

91别墅门前机（HR-91DV00）门安装示意图

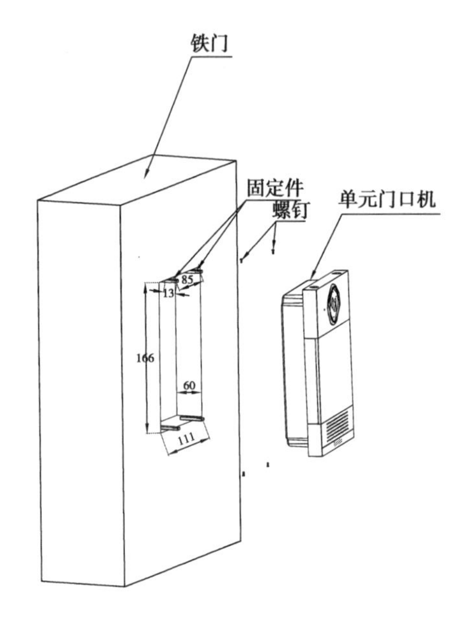

安装步骤：

1.协调门的生产厂家在门体的指定位置切割出方孔166 mm×111 mm×60 mm，下沿距地1 260 mm。

2.将固定件焊接在方孔中，焊接尺寸如图。

3.从铁门中取出导线，将导线连接到别墅门口机背面接线相应的位置上。

4.用别墅门口机背面的四个凹孔对准四个固定件插入，使用4个M3×8的螺丝将单元门口机固定在固定件上。

5.安装完成。

注意：整个安装过程要轻拿轻放、井然有序，以免造成不必要的损害。

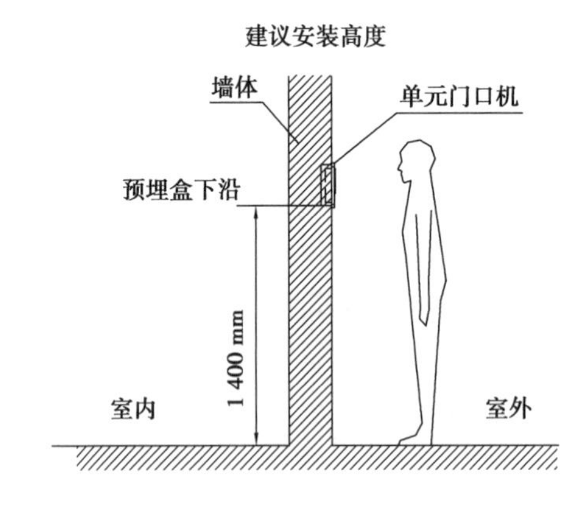

图 3-45　91 别墅门口机安装示意图

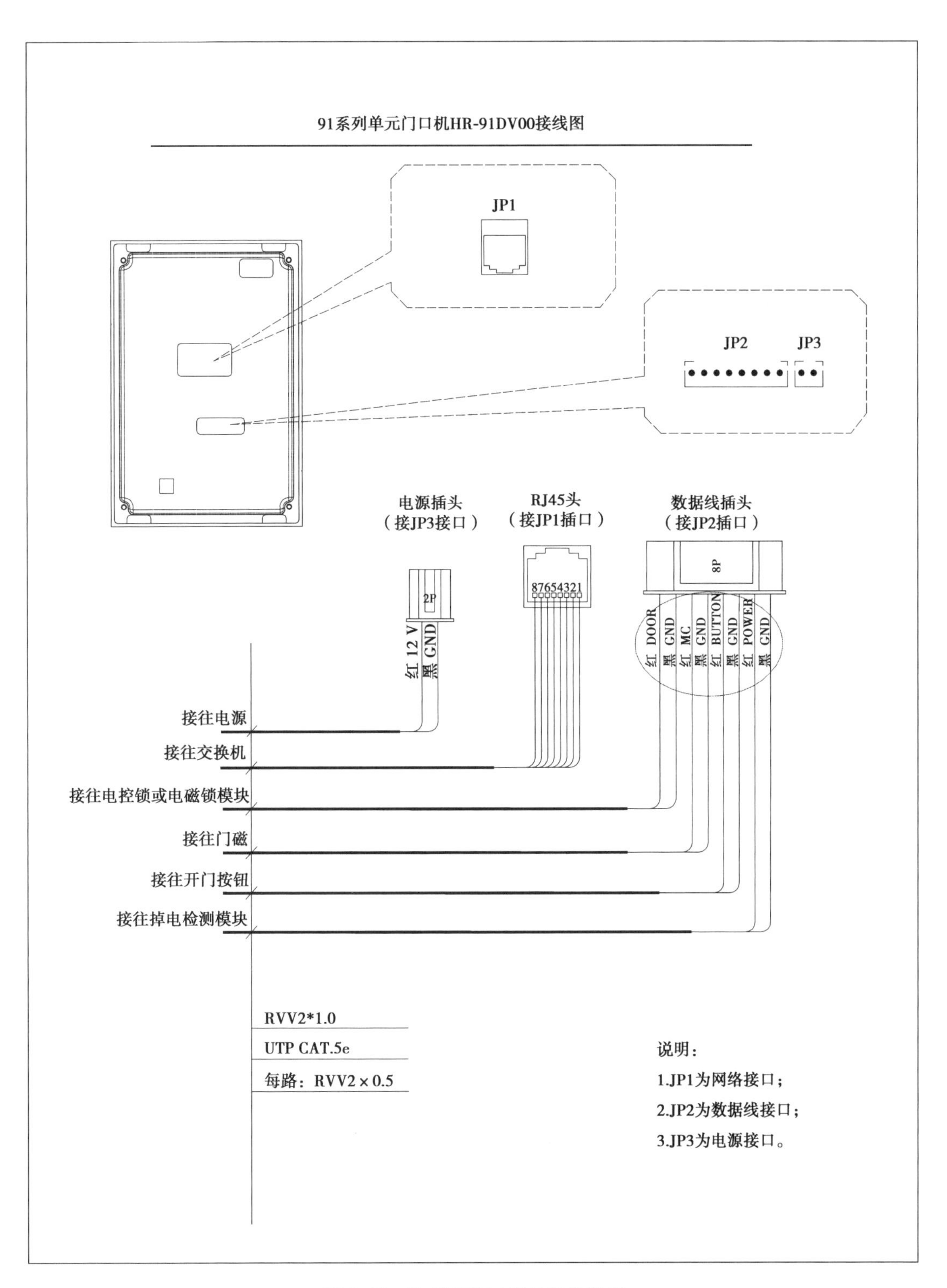

图 3-46　91 系列单元门口机接线图

知识与能力拓展

①779 老网关可视对讲的装调与功能实现根据图 3-47 所示接线。

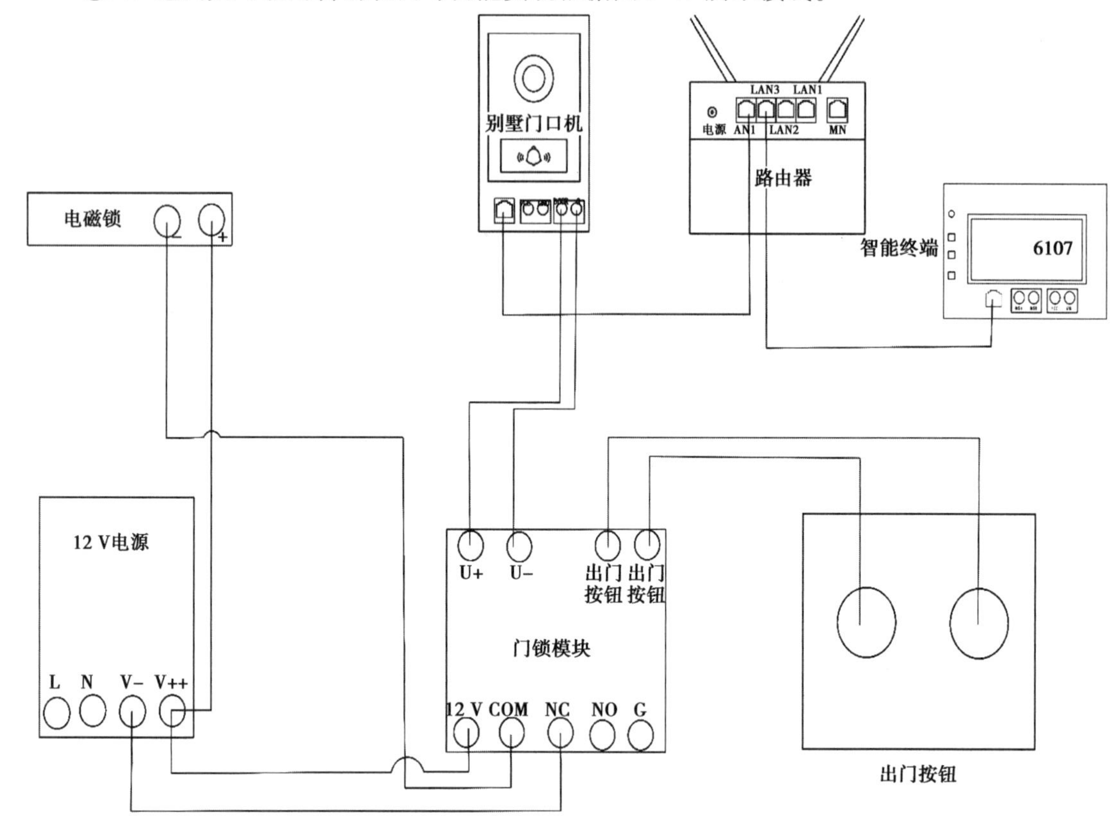

图 3-47　接线模块图

②在 VISIO 或者 CAD 软件中进行电磁锁、电插锁与可视对讲系统模拟接线。

③智能终端 9110 可视对讲的配置。

【项目 3 考核表】　智能门锁系统的装调

项目考核表

任务模块	模块子系统评价标准	配分/分	自我评价	教师评价
P3M1 智能门锁的安装与调试	熟悉智能门锁的常见型号和规格	6		
	掌握智能门锁开孔工具的使用方法	6		
	掌握智能门锁的安装方法	8		
	了解智能门锁装调的相关注意事项	4		
	了解智能门锁的接线图的接线标识	6		
	掌握智能门锁的安装方法与步骤	6		

续表

任务模块	模块子系统评价标准	配分/分	自我评价	教师评价
P3M2“－U”型智能门锁的配置与调试	熟悉“－U”型智能门锁系统拓扑图	6		
	了解“－U”型智能门锁系统的主要通信方式	6		
	掌握“－U”型智能门锁配置与应用	12		
	学会智能门锁手机终端APP操作流程	6		
P3M3 智能门锁与可视对讲系统的对接	熟悉智能门锁与可视对讲系统拓扑图	6		
	能够将可视对讲系统与门锁系统对接	6		
	学会数字终端的配置与应用	8		
	熟悉可视对讲的其他应用	4		
过程与素养	学习态度端正,搜索资料认真积极	2		
	听讲认真,按规范操作	2		
	有一定的沟通协作能力和解决问题的能力	2		
合计		100		

思考与习题

1. 用户购买指纹密码锁后,应注意什么?
2. 内开门和外开门是怎么回事?如何判别?
3. 指纹传感器有哪些类型?各有什么特点?
4. 智能门锁的主要安装步骤有哪些?
5. 智能门锁的安装注意事项有哪些?
6. 可视对讲室内机密码的设置方法是什么?
7. 室内机和室外机的参数之间的关联关系是什么?
8. 室内机的场景功能的设置方法是什么?
9. 室内机单元号、门牌号、网络号的设置步骤是什么?
10. 室外机刷卡开门、远程开门、远程监控等功能的设置方法是什么?

项目四
智能照明系统的组建与配置

项目概述

陈先生住着豪华的别墅,回家还得摸黑开灯,一路走,一路开,睡觉前看着楼下的灯火通明,浪费电不说,还得一个一个地关,真是很不方便;早晨上班,关了好几个房间的灯,总觉得还有哪个灯忘记关了,真想直接把总闸拉掉;生活中总是有照明盲区的存在,这个时候只有打开手机手电筒功能缓慢前进;用完洗手间,打开排风扇,总是会忘记关掉……

随着科技的发展和人们生活水平的提高,人们对家庭的照明系统提出了新的要求,它不仅要控制照明光源的发光时间、亮度,而且要与家居子系统来配合,不同的应用场合做出相应的灯光场景,灯光要能全开全关、不同组合,实现调光、延时、遥控、感应控制甚至远程控制等功能。

项目目标

✧了解开关面板的发展史与演变过程
✧了解控制面板的基本结构组成
✧能根据接入智能触控面板的设备类型,确认智能触控面板输出端的类型
✧掌握使用电脑配置触摸面板各类参数的方法
✧了解触控面板故障常见的原因以及恢复出厂设置的步骤

任务一　智能照明系统的装调

任务目标

✧了解开关面板的发展史与演变过程
✧了解控制面板的基本结构组成
✧了解数值智能触控面板的主要系列和各自的特点

✧能根据要求进行智能触控面板的设备选型
✧掌握使用电脑配置触摸面板各类参数的方法

【任务描述】

通过对智慧照明设备的学习,能根据项目环境,选配与安装调试智能触控面板。

知识链接

1. 开关发展史

开关发展的历史如图4-1所示。

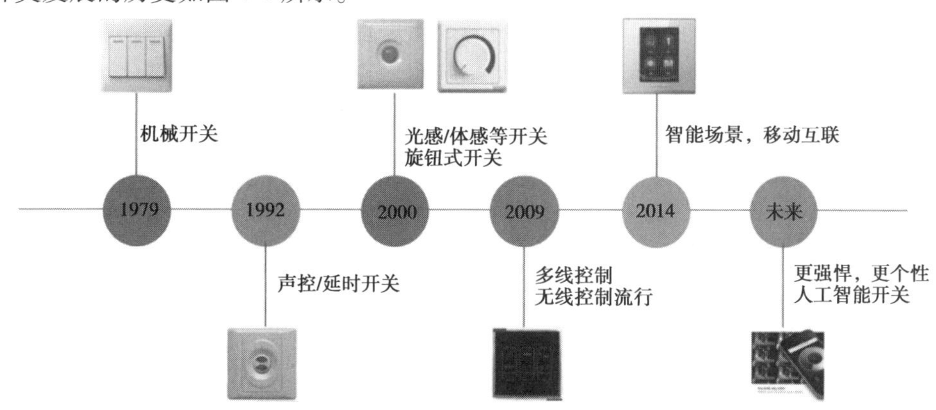

图4-1　开关发展史

2. 智能开关的操作演化

智能开关的操作演化如图4-2所示。

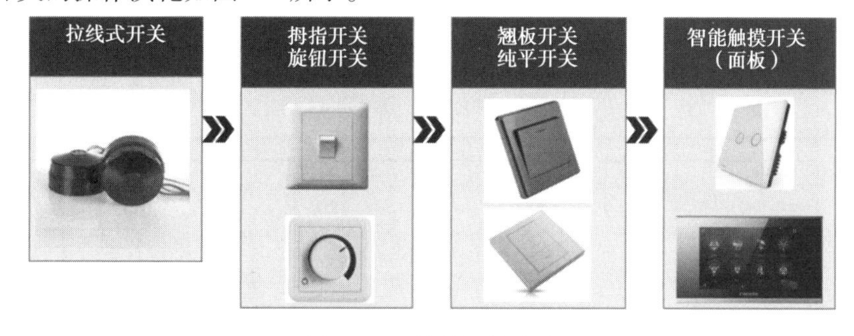

图4-2　开关的操作演化

3. 智能开关的定义

①智能开关是指利用控制板和电子元器件的组合及编程,以实现电路智能开关控制的单元;开关具有可视化、聪明化、个性化、互联化等特性。智能开关分触控面板与液晶面板两大类产品。开关应用拓扑图如图4-3所示。

②智能开关要想实现智能控制,就必须存在连接和待机等候两种情况,而待机时智能开关必须有电源供电才能正常工作。智能开关爆炸示意图如图4-4所示。

③开关单火与零火线连接方式如图4-5所示。

④面板命名规则如图4-6所示。

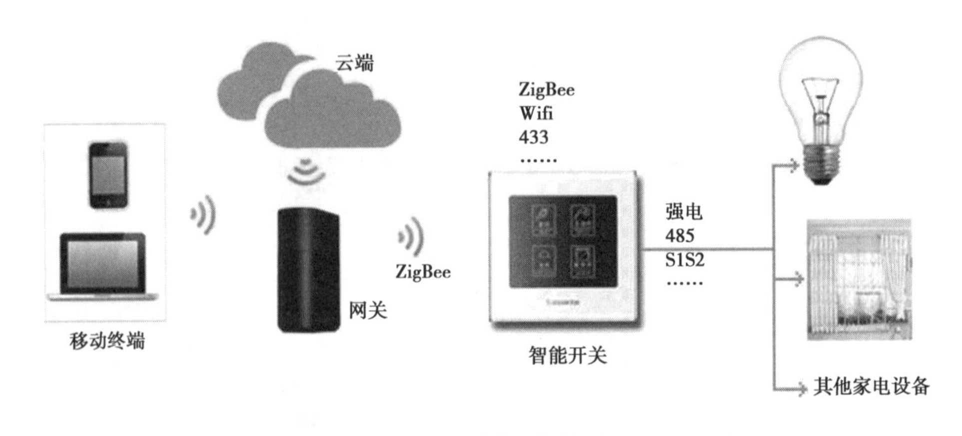

图 4-3　开关应用拓扑图

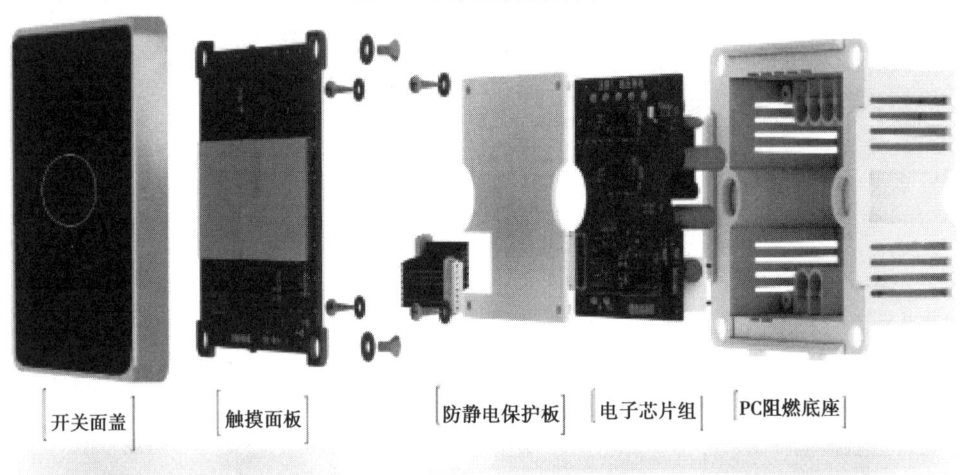

图 4-4　智能开关爆炸示意图

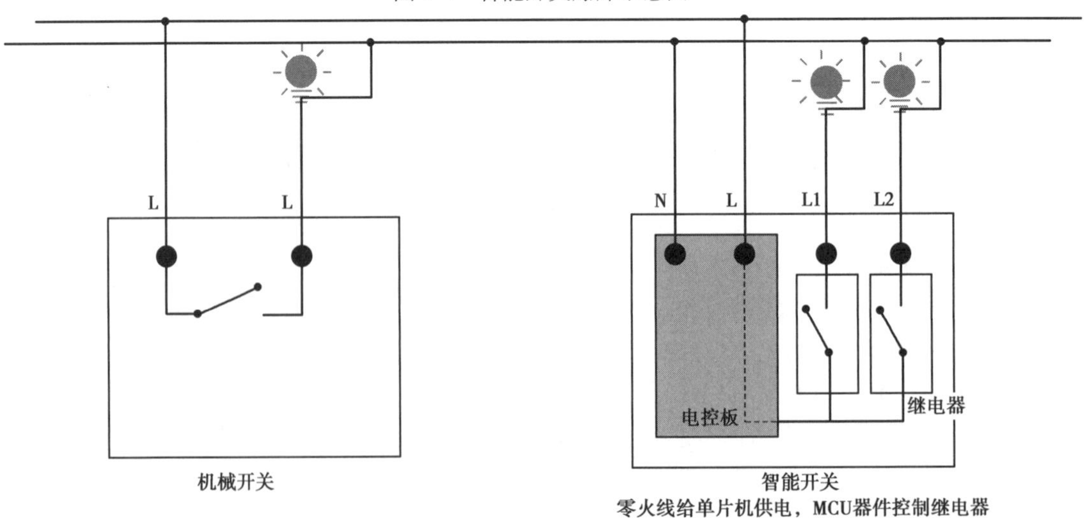

图 4-5　单火开关与零火线开关

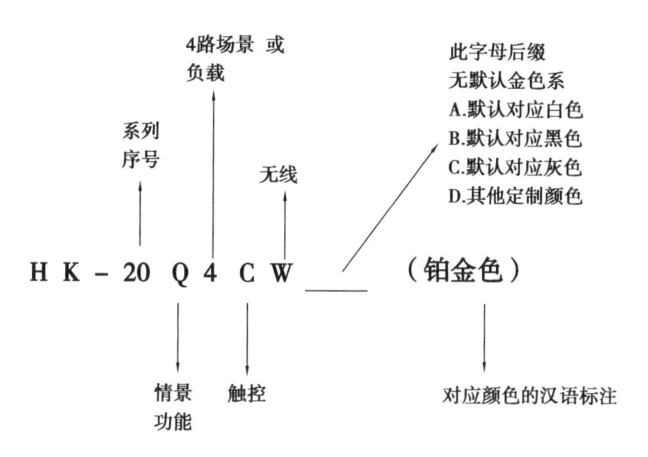

图 4-6　面板命名规则

4. 智能开关面板介绍

1)36 系列触控面板

36 系统触控面板如表 4-1 所示。

表 4-1　36 系列触控面板

图片		
名称型号	HK-36P1CW	HK-36P2CW
额定频率	50 Hz/60 Hz	
额定电压	AC176～264 V	
输入类型	零火线输入	
按键数	1	2
可接负载数	1	2
负载输出	可接 1 路负载或开合型抽头电机类负载	可接 2 路负载或开合型抽头电机类负载
负载功率	500 W×1	500 W×2
通信方式	ZigBee 无线通信	
外形尺寸	90 mm×90 mm	
安装方式	标准 86 底盒，嵌入式安装	

2)60 系列触控面板

60 系列触控面板如表 4-2 所示。

表 4-2　60 系列触控面板

图片		

续表

名称型号	HK-60Q6CW	HK-60P4CW
额定频率	50 Hz/60 Hz	
额定电压	AC176～264 V	
输入类型	零火线输入	
按键数	每页8个,共4页	每页4个,共4页
可接负载数	6	4
负载输出	可接6路负载或开合型抽头电机类负载	可接4路负载或开合型抽头电机类负载
负载功率	500 W×4+300 W×2	300 W×4
通信方式	ZigBee无线通信、485通信、779 MHz通信	
外形尺寸	90 mm×160 mm	90 mm×90 mm
安装方式	标准146底盒,嵌入式安装	标准86底盒,嵌入式安装

3)50系列触控面板

50系列触控面板如表4-3所示。

表4-3 50系列触控面板

图片		
名称型号	HK-50Q6CW	HK-50P4CW
额定频率	50 Hz/60 Hz	
额定电压	AC176～264 V	
输入类型	零火线输入	
按键数	8	4
可接负载数	6	4
负载输出	可接6路负载或开合型抽头电机类负载	可接4路负载或开合型抽头电机类负载
负载功率	1 500 W+500 W+500 W×2+300 W×2	300 W×4
通信方式	ZigBee无线通信,485通信,779 MHz通信	
外形尺寸	90 mm×160 mm	90 mm×90 mm
安装方式	标准146底盒,嵌入式安装	标准86底盒,嵌入式安装

4)37系列触控面板

37系列触控面板如表4-4所示。

表 4-4　37 系列触控面板

图片				
名称型号	HK-37P1CW	HK-37P2CW	HK-37P3CW	HK-37P4CW
额定频率	50 Hz/60 Hz			
额定电压	AC176 ~ 264 V			
输入类型	零火线输入			
按键数	1	2	3	4
可接负载数	1	2	3	4
负载输出	灯光负载或开合型抽头电机类负载(窗帘) 也可以定义为场景按键			
负载功率	阻性 1 500 ~ 2 000 W/路,容性 600 W/路	阻性 500 W/路,容性 200 W/路	阻性 500 W/路,容性 200 W/路	阻性 500 W/路,容性 200 W/路
通信方式	ZigBee-freescale 方案无线通信			
外形尺寸	86 mm × 86 mm × 36 mm			
安装方式	标准 86 底盒,嵌入式安装			

5)20 系列触控面板

20 系列触控面板如表 4-5 所示。

表 4-5　20 系列触控面板

图片				
名称型号	HK-20P1CW	HK-20P2CW	HK-20P3CW	HK-20P4CW
额定频率	50 Hz/60 Hz			
额定电压	AC176 ~ 264 V			
输入类型	零火线输入			
按键数	1	2	3	4
可接负载数	1	2	3	4
负载输出	灯光负载			
负载功率	容性 200 W,阻性 500 W			

续表

通信方式	无线 2.4 G ZigBee
外形尺寸	86 mm×86 mm×36 mm
安装方式	标准 86 底盒，嵌入式安装

6）20 系列功能触控面板

20 系列触控面板如表 4-6 所示。

表 4-6　20 系列触控面板

图片			
名称型号	HK-20Q4CW	HK-20D2CW	HK-20D4CW
额定频率	50 Hz/60 Hz		
额定电压	AC176～264 V		
输入类型	零火线输入		
按键数	4	2	4
可接负载数	不接负载，4 个场景	窗帘开关	窗帘开关
负载输出	/		
负载功率	/		
通信方式	无线 2.4 GHz ZigBee		
外形尺寸	86 mm×86 mm×36 mm		
安装方式	标准 86 底盒，嵌入式安装		

7）10 系列功能触控面板

10 系列功能触控面板如表 4-7 所示。

表 4-7　10 系列功能触控面板

图片			
名称型号	HK-10P1CWA	HK-10P2CWA	HK-10P3CWA
额定频率	50 Hz		
额定电压	220 V		
输入类型	单火线输入		
按键数	1	2	3
可接负载数	1	2	3
负载输出	只能做灯控，不能控制窗帘电机，也不能定义场景功能		

续表

负载功率	≤800 W/每路;最小支持 3 W 节能灯/5 W LED 灯/16 W 荧光灯（目前只控制灯）
通信方式	ZigBee(ZHA)标准协议
外形尺寸	86 mm×86 mm×10 mm(最薄 10 mm,最厚 14 mm)
安装方式	标准 86 底盒,嵌入式安装

5. 智能照明系统拓扑图

智能照明系统拓扑图如图 4-7 所示。

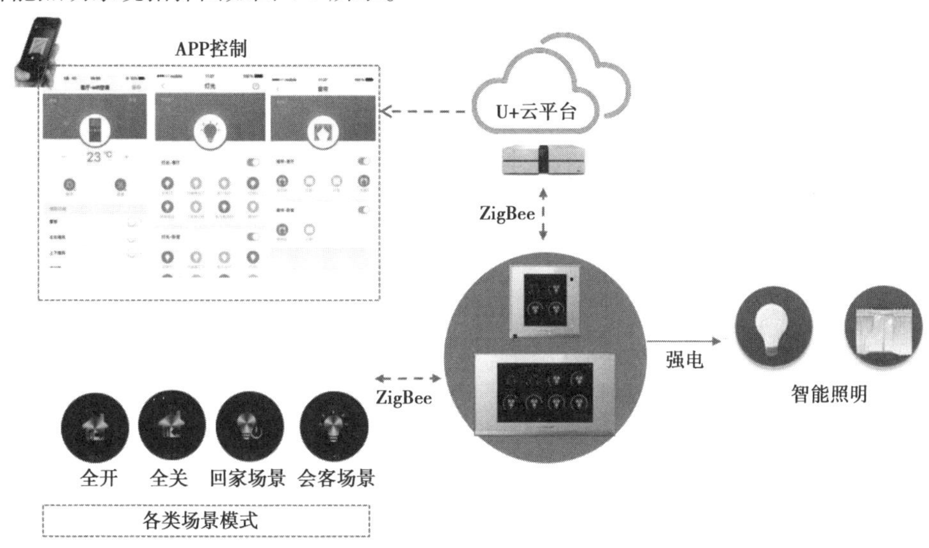

图 4-7　智能照明系统拓扑图

 任务实施

1. 智慧照明面板拆装

从智能面板下侧轻轻掰开前面板。面板顶视图如图 4-8(a)所示,面板背面如图 4-8(b)所示。

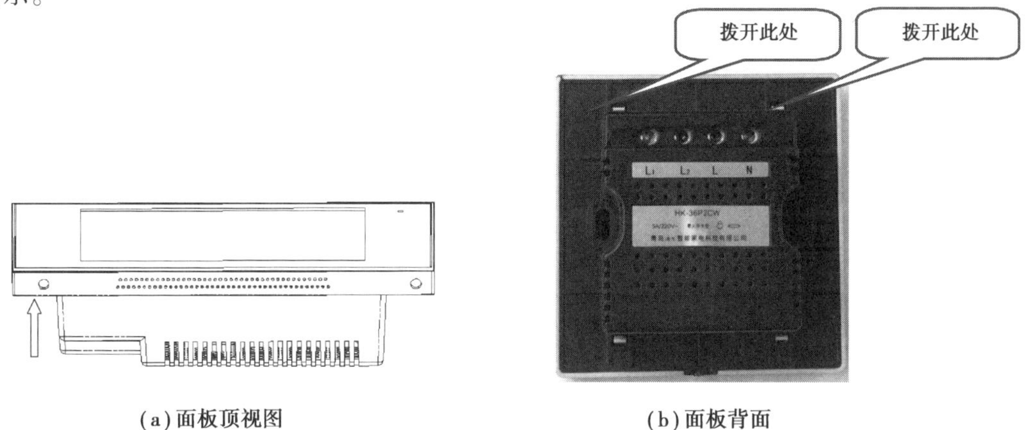

(a)面板顶视图　　(b)面板背面

图 4-8　照明面板

2. 智慧照明面板接线图

接线图如图 4-9 所示。

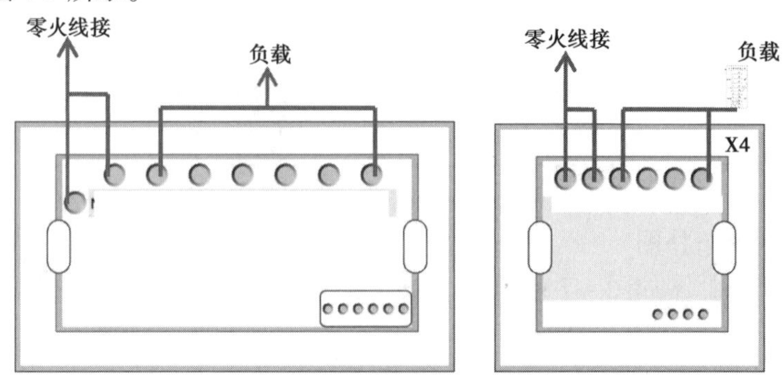

图 4-9　智慧照明面板接线图

3. 功率匹配表

功率匹配表如表 4-8 所示。4 键智能触控面板接线图如图 4-10 所示,6 键智能触控面板接线图如图 4-11 所示。

表 4-8　负载匹配情况

型号	对应输出	单路输出功率(Max)/W	总功率(Max)/W
HK-60P4CW	L1	500	2 000
	L2	500	
	L3	500	
	L4	500	
HK-60Q6CW	L1	500	2 600
	L2	500	
	L3	500	
	L4	500	
	T1	300	
	T2	300	

4. 固定底座

将智能开关底座固定在接线盒内,如图 4-12 所示。

5. 接线

照原先拆下的排线顺序把电源底板和显示板进行接线,最后将拆离的面板扣回到智能开关主体上,如图 4-13 所示。

6. 调试

步骤 1:智能触控面板与智能触控开关接入负载后,触摸对应负载端口的按键,即可实现开关灯光,调光类灯光接入调光(T1、T2)端口;调节灯光时长按对应按键,显示调光条,滑动调光条,即可控制灯光亮度等级。

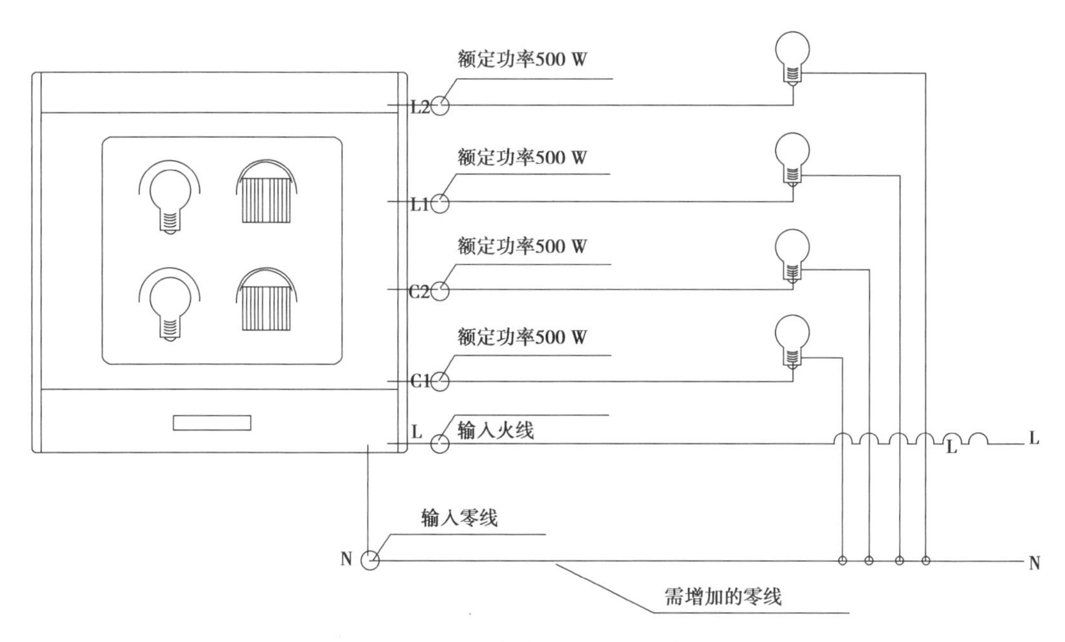

图 4-10　4 键智能触控面板接线图

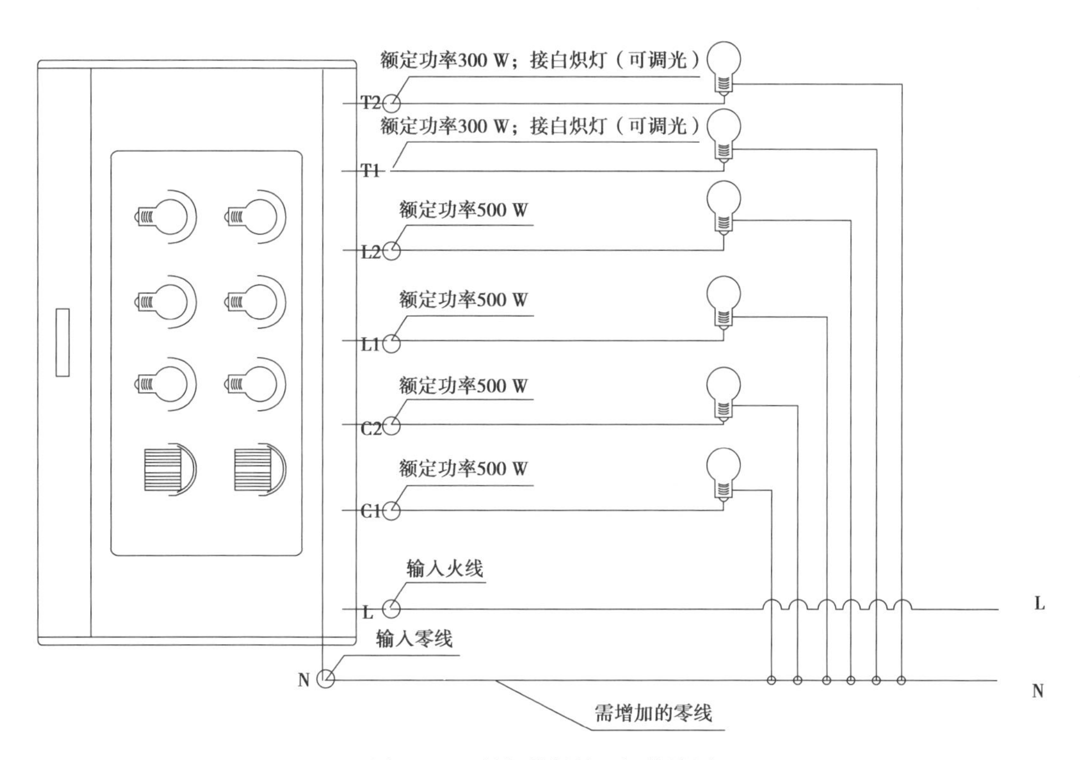

图 4-11　6 键智能触控面板接线图

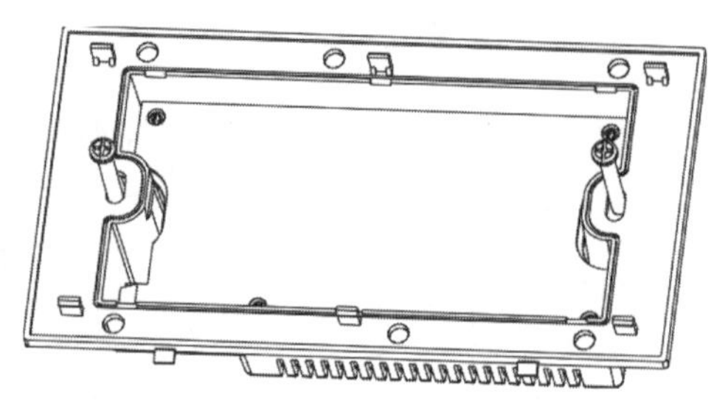

图 4-12　智能开关底座的固定

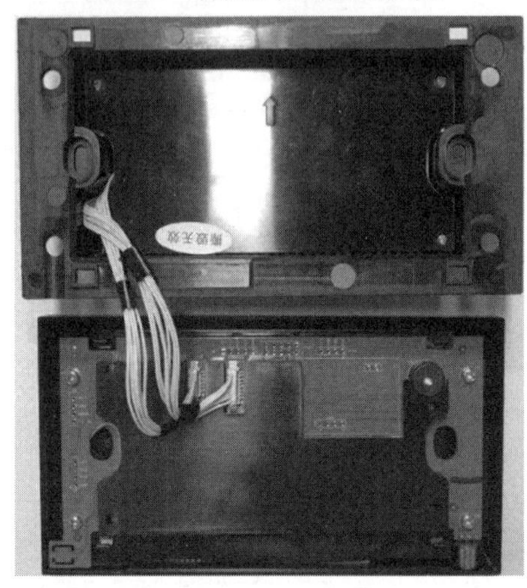

图 4-13　60 面板拆装示意图

步骤 2:点击右上角功能键图标,左右滑动出现设置键,进入设置功能键菜单栏中进行地址与相关功能更改。

系统设置说明:

在系统设置界面可进行单元号、门牌号、网络号与面板号的设定。

单元号(1 ~ 98):用户所处的单元号,若要组网,则单元号要设置相同。

相同的门牌号(1 ~ 980):用户所处的门牌号,若要组网,则门牌号要设置成相同的。

网络号(1 ~ 250):只有网络号相同的面板才能通过 ZigBee 无线网络互相通信,不同网络号之间可以通过有线连接到一起,实现交互。

面板号(1 ~ 32):用于区分同一网络号内的不同面板,同一个网络号内的面板号不允许重复。选择外部触点类型:无效、常开、常闭。

设置外部触点信号消失后继续动作的延时时间(5～120 s)；设置六路负载是否响应外部信号:响应开,响应关。

485 模块定义:智能终端,多楼层主机,多楼层从机,空调。

面板设置和调试效果如图 4-14 所示。

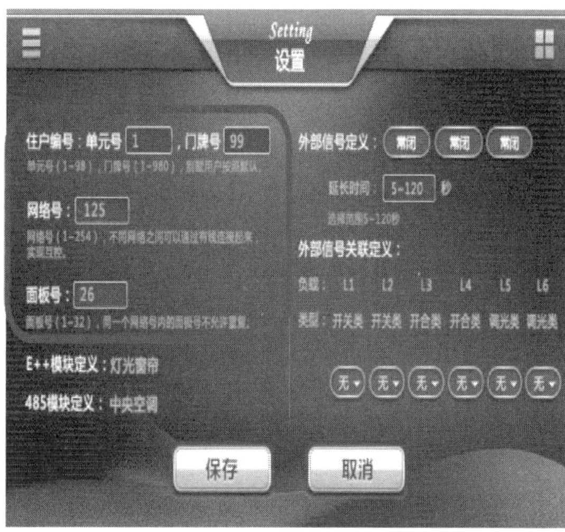

图 4-14　面板设置和调试效果图

7. 慧照明 CAD 图纸设计

步骤:CAD 案例设计——【打开智能家居系统图例】—【根据智慧照明安装示意图进行设计】。4 路面板 CAD 设计图如图 4-15(a)所示。6 路面板 CAD 设计图如图 4-15(b)所示。

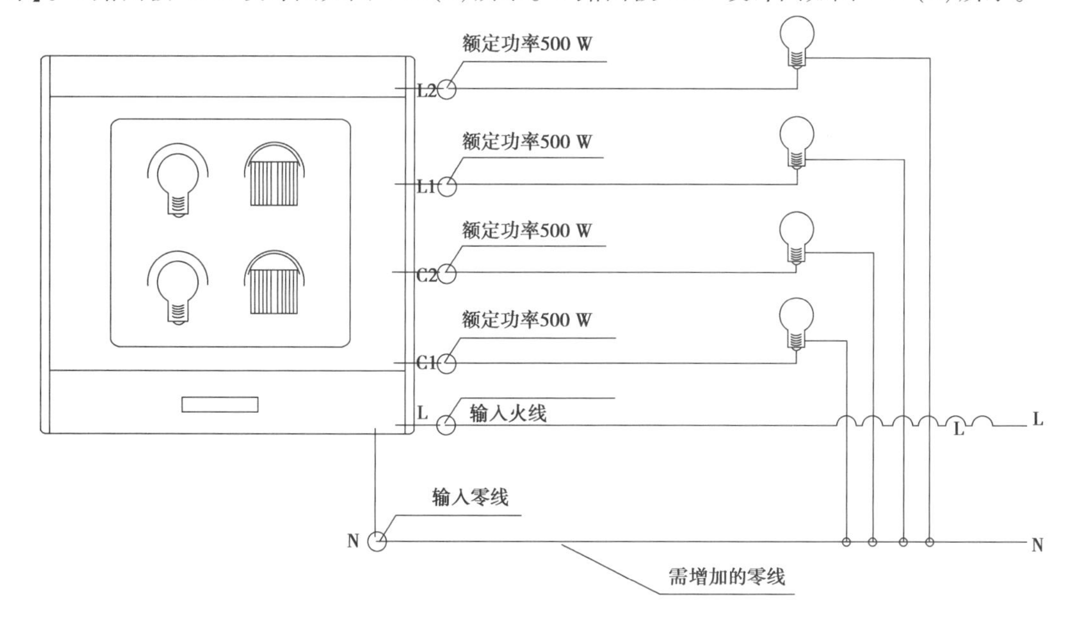

(a)4路面板CAD设计图

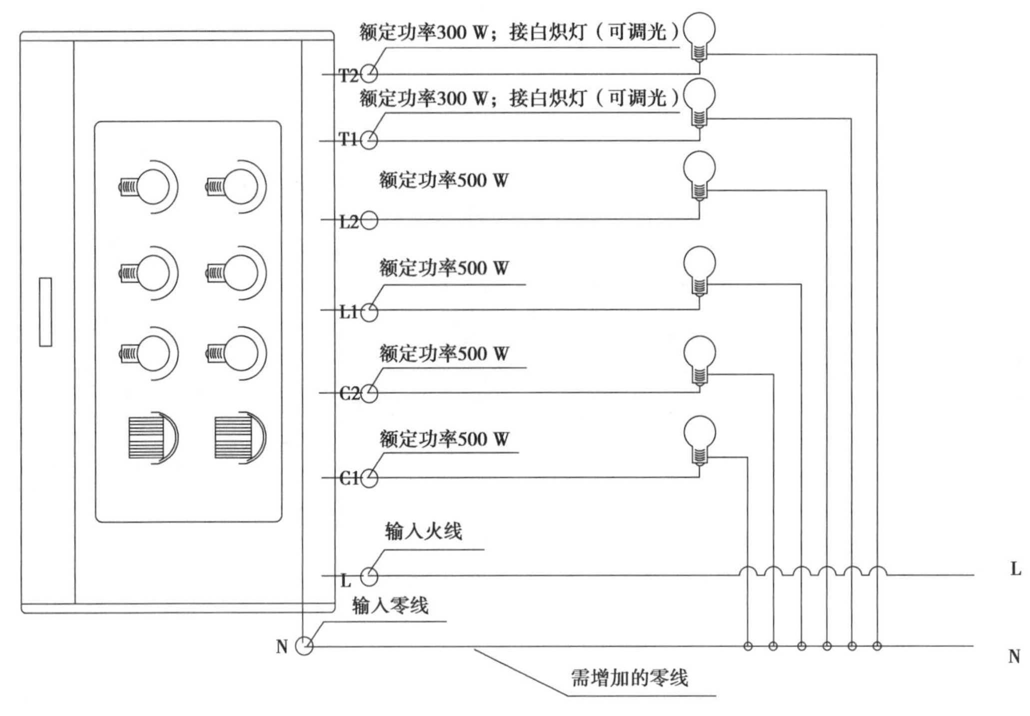

(b) 6路面板CAD设计图

图 4-15　面板 CAD 设计图

知识拓展

1. 老网关 HW-WGW 型 779M 智能家居照明拓扑图

该拓扑图如图 4-16 所示。

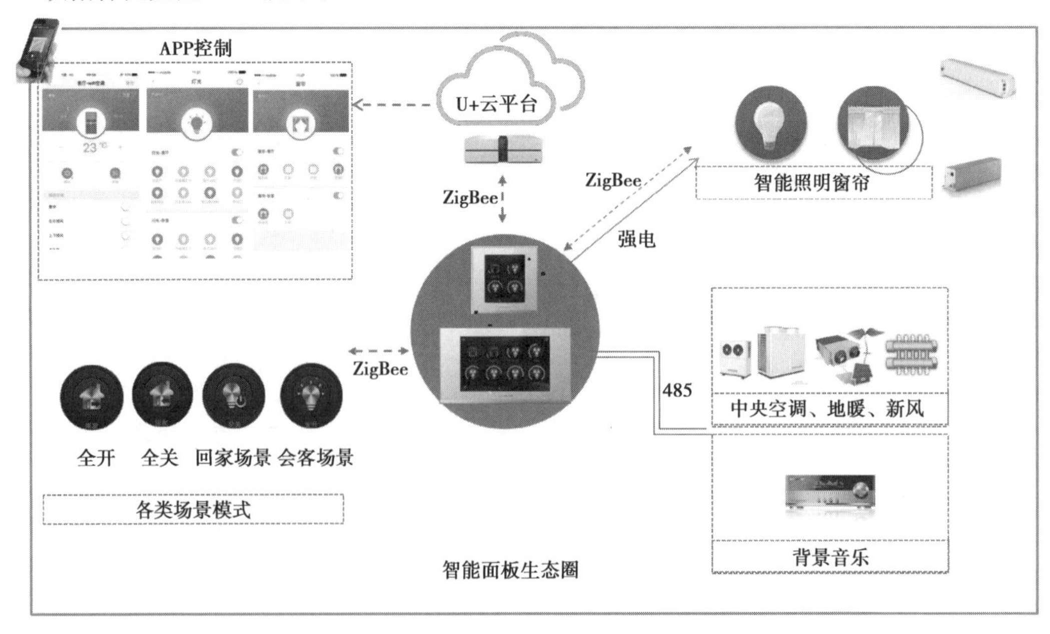

图 4-16　老网关智能家居照明拓扑图

2. 负载匹配情况

50 系列触控面板负载匹配情况见表 4-9,50 系列触控面板负载匹配情况图如图 4-17 所示。

表 4-9　50 系列触控面板负载匹配情况表

<table>
<tr><th>型号</th><th>按键</th><th>对应输出</th><th>单路输出功率
(Max)/W</th><th>总功率
(Max)/W</th><th>负载要求</th></tr>
<tr><td rowspan="2">HK-50P4CW</td><td>K1 K2</td><td>L1 L2</td><td>300</td><td rowspan="2">1 200</td><td>通用阻性、感性、容性负载</td></tr>
<tr><td>K3 K4</td><td>C1 C2</td><td>300</td><td>通用阻性、感性、容性负载</td></tr>
<tr><td rowspan="6">HK-50P6CW
HK-50Q6CW</td><td>K3</td><td>C1</td><td>1 500</td><td rowspan="6">3 600</td><td>大功率灯负载(如水晶灯)</td></tr>
<tr><td>K4</td><td>C2</td><td>500</td><td>灯带等负载</td></tr>
<tr><td>K5</td><td>L1</td><td>500</td><td>通用阻性、感性、容性负载</td></tr>
<tr><td>K6</td><td>L2</td><td>500</td><td>通用阻性、感性、容性负载</td></tr>
<tr><td>K7</td><td>T1</td><td>300</td><td>白炽灯和射灯等调光负载</td></tr>
<tr><td>K8</td><td>T2</td><td>300</td><td>白炽灯和射灯等调光负载</td></tr>
</table>

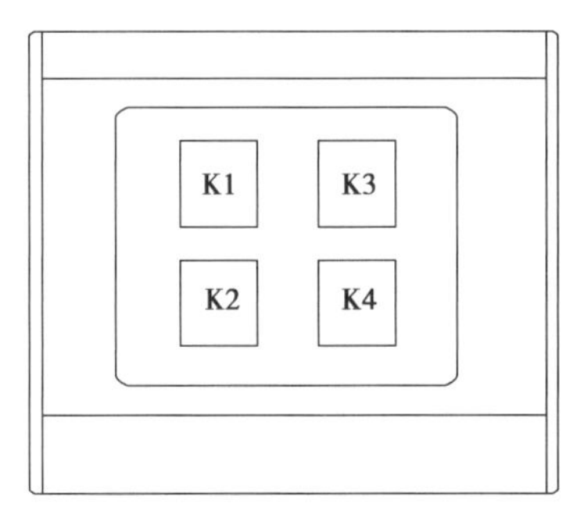

(a) HK-50P4CW面板

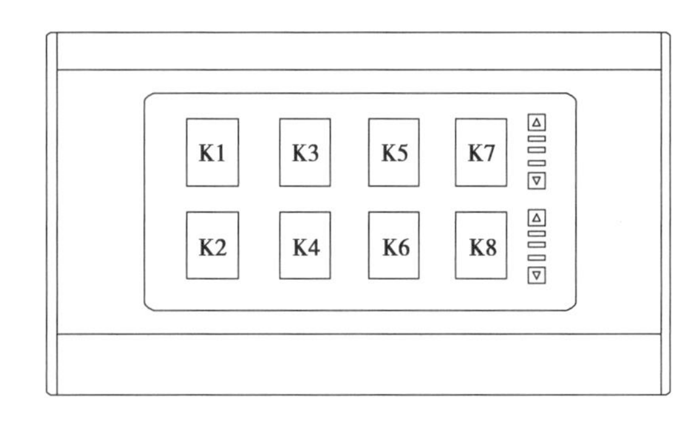

(b) HK-50P6CW/HK-50Q6CW面板

图 4-17　50 系列触控面板负载匹配情况图

3. 概念补充

①按键。Q6 P6 面板每个面板有 8 个按键。默认状态下,其中 6 个控制本地负载,另外 2 个全开和全关本地负载。P4 有 4 个按键,全部控制本地负载。

②负载。每一路输出,包括各种灯、窗帘电机、排气扇电机等。

③负载按键。当负载有效时,相应按键就是负载按键,即此按键的动作只影响到对应负载的开关。

④自由按键。当某一负载无效时,相应按键被自动释放,成为自由按键,未定义的自由按键不响应任何操作。

⑤遥控按键。自由按键对码成对某一路灯的操作时,就成为遥控按键。

⑥情景按键。某一自由按键被拍照成实现某一灯光情景时,就叫情景按键。

4. **拨码开关的作用**

BM1:网络地址(出厂默认 00000000),8421 码组合(00000000 - 11111110),最大支持 255 个网络。若组网成功,BM1 拨码必须相同。

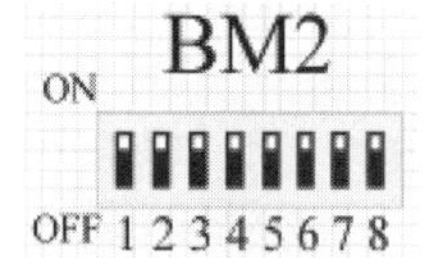

BM2:第 1、2 位表示 T2、T1 调光功能有效性;第 3、4、5、6、7、8 位表示 T1、T2、L1、L2、C1、C2 负载有效性。

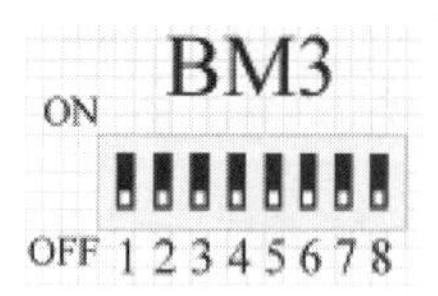

BM3:第 1 位表示全开全关功能有效性;第 2、3、4、5 位表示 T2、T1、L2、L1 是否响应外部输入;第 6、7、8 位表示 T1、T2、L1、L2、C1、C2 是否为窗帘负载。

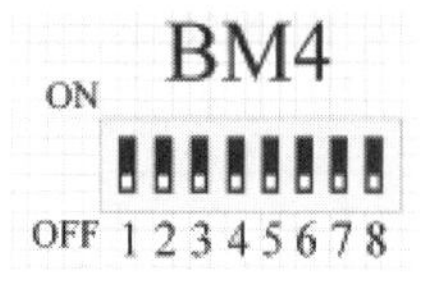

BM4:第 1 ~ 4 位为面板地址。面板地址为 8421 码组合(0000 - 1111),1 个网络最大支持 16 个面板。需要注意的是整个网络必须有且只有一个面板地址为"0000"的情景面板,来负责整个网络的发起。若组面板成功,BM4 的面板地址拨码必须不同。

拨码开关示意图如图 4-18 所示。

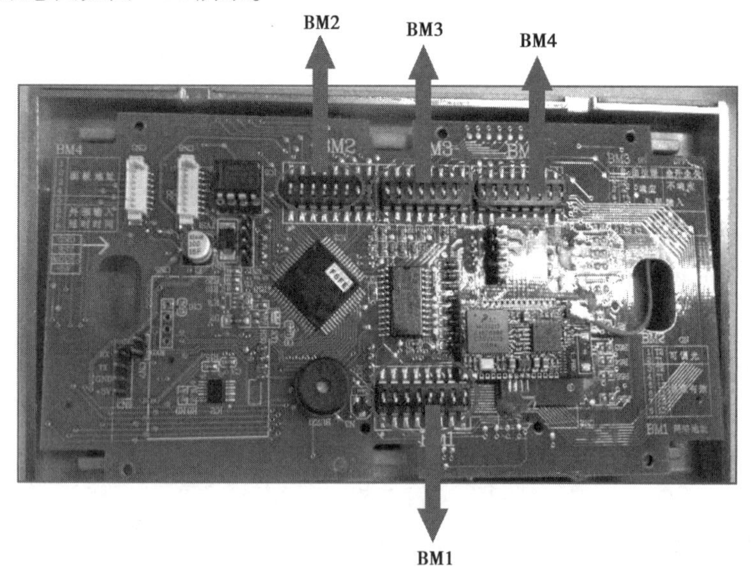

图 4-18　拨码开关示意图

5. **触控面板拓扑与设置**

50 触控面板拓扑与设置

60 触控面板拓扑与设置

任务二　智能照明系统的设计

任务目标

✧熟悉照明控制面板负载数量及功能

✧理解 CAD 图纸中关于点位标识的方法

✧学会智能照明系统的设计与设备选用

【任务描述】

今天，曹工给了小顾一份装潢公司设计的开关点位图，要求其在不改变控制功能的情况下实现照明设计与装调。

知识链接

1. 各照明控制面板负载数量及功能

照明控制面板 6 路负载图如图 4-19 所示，照明控制面板 4 路负载图如图 4-20 所示。

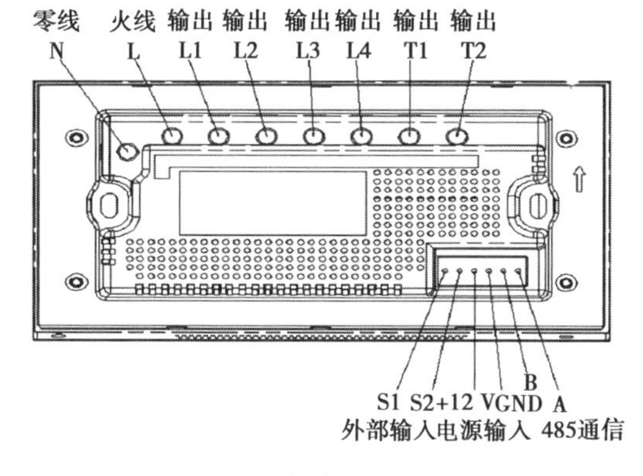

图 4-19　照明控制面板 6 路负载图

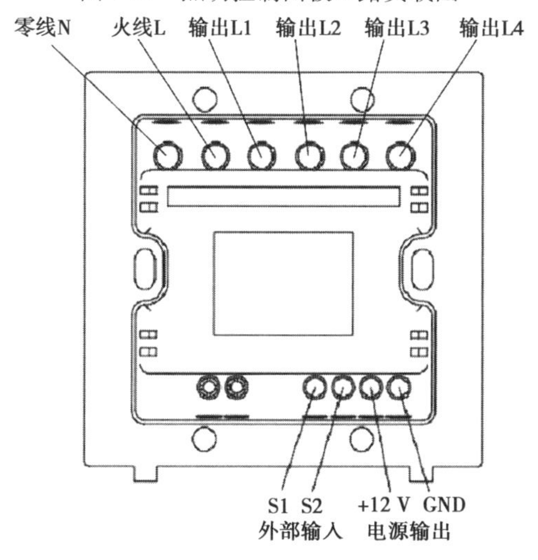

图 4-20　照明控制面板 4 路负载图

2. **开关点位图**

单联单控：一个开关控制一个电灯；

单联双控：一个电灯可以由两个开关进行控制；

双联双控：两个开关同时控制两个电灯，开关点位图如图 4-21 所示。

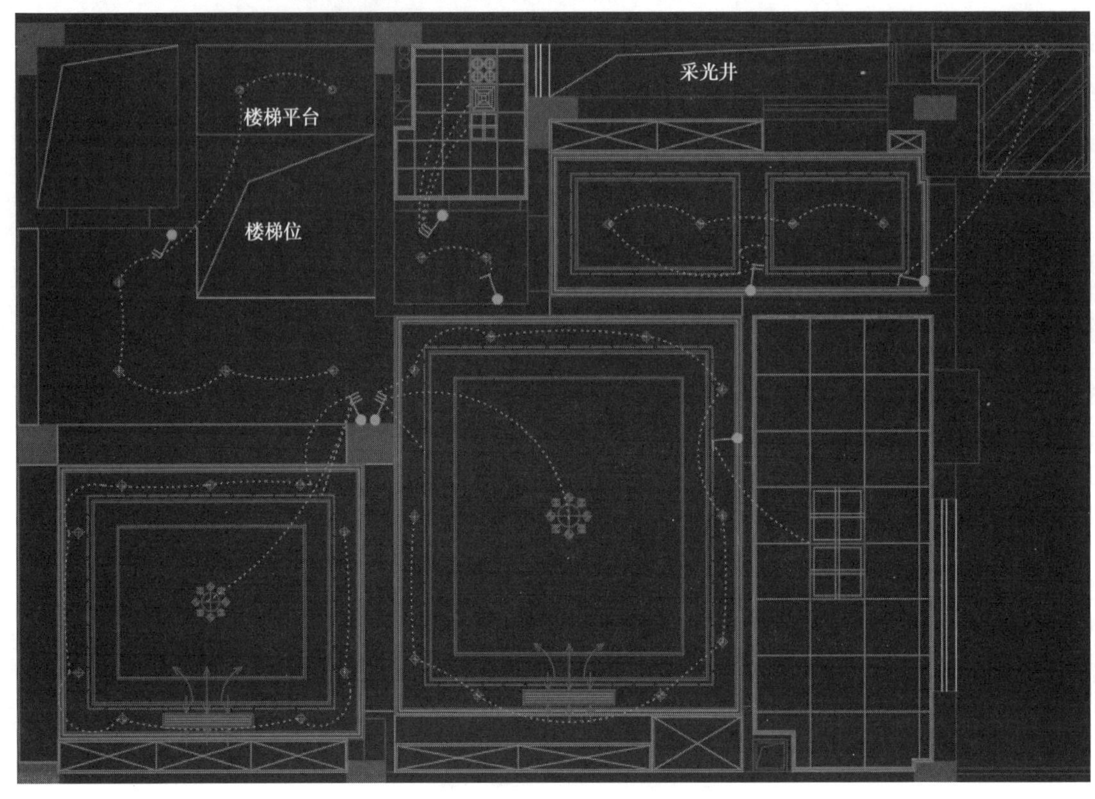

图 4-21　开关点位图

任务实施

1. **照明控制面板负载表**

能根据各点位灯光负载情况编写照明控制面板负载表，如表 4-10 所示。

表 4-10　照明控制面板负载表

某项目照明开关负载表(案例) 单元号 1　门牌号 10								
负一层网络号：1	面板号	面板型号	负载 L1	负载 L2	负载 L3	负载 L4	负载 L5	负载 L6
	1	60Q6 面板	—1F 走廊射灯	—1F 电梯射灯				
	2	36P2 面板						
	3	36P2 面板	车库灯					

续表

某项目照明开关负载表(案例) 单元号1　门牌号10								
	面板号	面板型号	负载 L1	负载 L2	负载 L3	负载 L4	负载 L5	负载 L6
负一层网络号：1	4	60P4 面板	保姆房射灯 A	保姆房主灯	保姆房外壁灯	保姆房射灯 B		
	5	36P2 面板	—1F 卫生间镜灯	—1F 卫生间筒灯				
	6	60P4 面板	—1F 楼梯射灯					
	7	36P2 面板	机房主灯					
	8	60Q6 面板	影音室射灯 C	影音室射灯 D	影音室射灯 A	影音室射灯 B	影音室射灯 E	
	9	60P4 面板						
	10	60P4 面板	影音室窗帘左		影音室窗帘右			
	11	60P4 面板	采光房射灯 A	采光房主灯	采光房壁灯	采光房射灯 B		
	12	36P2 面板						

2. 多楼层智能照明系统设计与调试

①确认每层楼的照明面板个数及对应的负载情况,编写每层楼的负载情况对应表。在每层楼中,必须有一块60Q6面板作为多楼层主机或从机。多楼层组网示意图如图4-22所示,照明控制面板负载案例如表4-11所示。

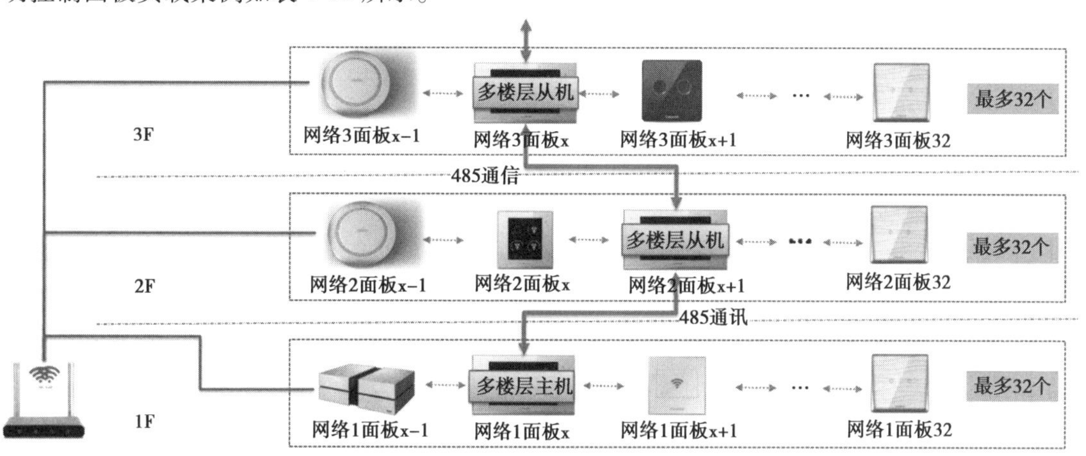

图4-22　多楼层组网示意图

表 4-11　照明控制面板负载案例

某项目照明开关负载表(案例) 单元号 1　门牌号 10								
	面板号	面板型号	负载 L1	负载 L2	负载 L3	负载 L4	负载 L5	负载 L6
负一层网络号：1	1	网关						
	2	60Q6 面板	—1F 走廊射灯	—1F 电梯射灯				
	3	36P2 面板						
	4	36P2 面板	车库灯					
	5	60P4 面板	保姆房射灯 A	保姆房主灯	保姆房外壁灯	保姆房射灯 B		
	6	36P2 面板	—1F 卫生间镜灯	—1F 卫生间筒灯				
	7	60P4 面板	—1F 楼梯射灯					
	8	36P2 面板	机房主灯					
	9	60Q6 面板	影音室射灯 C	影音室射灯 D	影音室射灯 A	影音室射灯 B	影音室射灯 E	
	10	60P4 面板						
	11	60P4 面板	影音室窗帘左		影音室窗帘右			
	12	60P4 面板	采光房射灯 A	采光房主灯	采光房壁灯	采光房射灯 B		
	13	36P2 面板						
	14	中央控制模块						
一层网络号：2	1	网关						
	2	60Q6 面板	1F 走廊射灯 C	1F 走廊射灯 A		1F 走廊射灯 B	1F 走廊主灯	1F 走廊射灯 D
	3	60P4 面板	厨房主灯	厨房射灯 A	厨房射灯 B	厨房灯带壁灯		
	4	60P4 面板	餐厅主灯	餐厅射灯	餐厅灯带	餐厅柜灯		
	5	60P4 面板	餐厅窗帘					
	6	60P4 面板						
	7	36P2 面板	1F 卫生间镜灯 A	1F 卫生间筒灯				

续表

某项目照明开关负载表(案例)
单元号 1　门牌号 10

	面板号	面板型号	负载 L1	负载 L2	负载 L3	负载 L4	负载 L5	负载 L6
一层网络号：2	8	60P4 面板	1F 楼梯壁灯					
	9	60P4 面板						
	10	60P4 面板	门厅主灯	大门外壁灯	门厅灯带	门厅射灯		
	11	60Q6 面板	客厅射灯 A	客厅射灯 B	客厅灯带	壁橱壁灯	背景壁灯	客厅主灯
	12	60P4 面板	客厅右窗帘		客厅左窗帘			
	13	60P4 面板	庭院壁灯					
	14	risco 安防模块						
二层网络号：3	1	网关						
	2	60Q6 面板	2F 电梯射灯	2F 电梯灯带				
	3	60P4 面板	2F 次卧射灯 A	2F 次卧主灯	2F 次卧射灯 B	2F 次卧射灯 C		
	4	60P4 面板	书房主灯	书房射灯 A	书房射灯 B			
	5	60P4 面板	书房窗帘					
	6	60P4 面板	2F 次卧窗帘					
	7	60P4 面板						
	8	36P2 面板	2F 卫生间筒灯	2F 卫生间镜灯				
	9	60P4 面板	2F 廊外壁灯	2F 走廊射灯	2F 楼梯壁灯			
	10	60Q6 面板	2F 主卧主灯	2F 主卧射灯 A	2F 主卧射灯 B	2F 主卧射灯 C		
	11	60P4 面板	2F 主卧窗帘					
	12	60P4 面板	主卧阳台壁灯					
	13	60P4 面板	2F 衣帽间灯带	2F 衣帽间主灯	2F 衣帽间射灯			
	14	36P2 面板	2F 主卫筒灯 A	2F 主卫筒灯 B				

续表

某项目照明开关负载表(案例) 单元号1　门牌号10								
三层网络号：4	面板号	面板型号	负载 L1	负载 L2	负载 L3	负载 L4	负载 L5	负载 L6
	1	网关						
	2	60Q6 面板	3F 电梯射灯	3F 电梯灯带				
	3	60P4 面板	楼梯主灯	3F 楼梯灯带	3F 走廊射灯			
	4	60Q6 面板	阳光房射灯 A	阳光房主灯 A	阳光房灯带	阳光房射灯 B	阳光房主灯 B	阳光房壁灯
	5	60P4 面板	阳光房窗帘					
	6	60P4 面板						
	7	60P4 面板	3F 卧室主灯	3F 卧室射灯 B	3F 卧室射灯 A	3F 卧室灯带		
	8	60P4 面板	3F 衣帽间窗帘		3F 衣帽间射灯 A	3F 衣帽间射灯 B		
	9	60P4 面板	3F 卧室窗帘					
	10	36P2 面板	3F 卫生间镜灯	3F 卫生间筒灯				

②将每层设置为多楼层主机与从机的60Q6 面板用 RVSP2 ×0.5 的信号线手拉手进行连接。485 手拉手接线示意图如图4-23 所示。

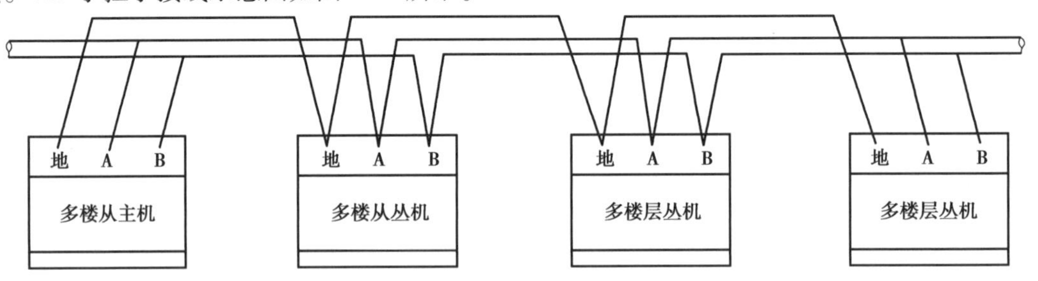

图4-23　485 手拉手接线示意图

注：若没有485 接地端口，可忽略不接。

3. 照明开关多楼层软件调试

1）网络定义

根据项目实际情况填写定义信息。照明开关多楼层软件调试界面如图4-24 所示。

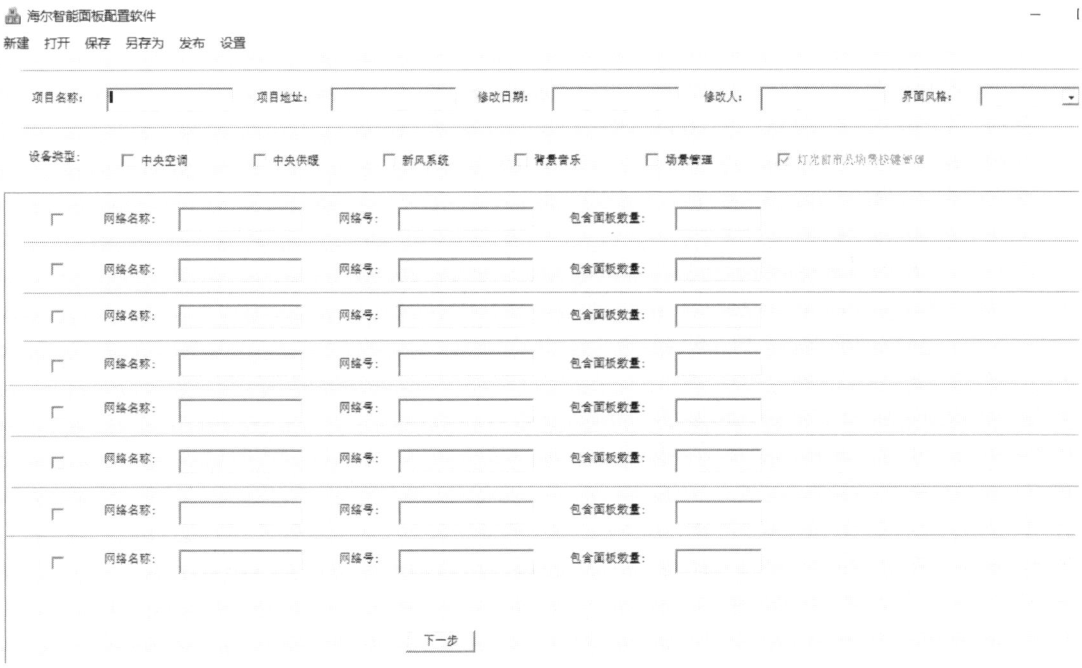

图 4-24　软件调试界面

2）设备类型

①只有勾选各“设备类型”前的单选框，才可以对相应设备进行配置。

②“灯光及场景管理”为默认勾选项。

3）网络设置

①只有勾选“网络名称”前的单选框，才可以定义网络。

②当前版本“网络号”只支持 1 ~254。

③当前版本每个网络的“包含面板数量”最多支持为 32。

④点击“下一步”按键进入负载定义界面。

4）负载定义

负载定义如图 4-25 所示。

负载是针对网络上的面板而言的，没有网络号面板号的负载无意义，所以在定义负载之前，必须先选择网络号和面板号。即：首先选择界面左侧“网络号和面板”中的待设置面板，再对右侧的设置界面进行设置。

①“面板型号说明”。

选择 HK-60P4CW 时，“E + + 模块定义”“485 接口定义”“外部信号关联亮度”和“外部信号关联延迟时间”不可设置，T1、T2 负载不可用。

②“E + + 模块定义”。

针对原智能家居平台使用 779 MHz 通信信号定制的通信模块，进行远程控制使用。现在 779 MHz 通信协议更改成 ZigBee 通信，所以此“E + + 模块定义”不用定义。

③“485 接口定义”说明。

当 485 接口定义选择“中央空调系统”或者“中央供暖系统”或者“新风系统系统”时，相应的系统会更改为“协议”类型。如果不选择，除背景音乐外，其他系统均默认为“温控器”类型。

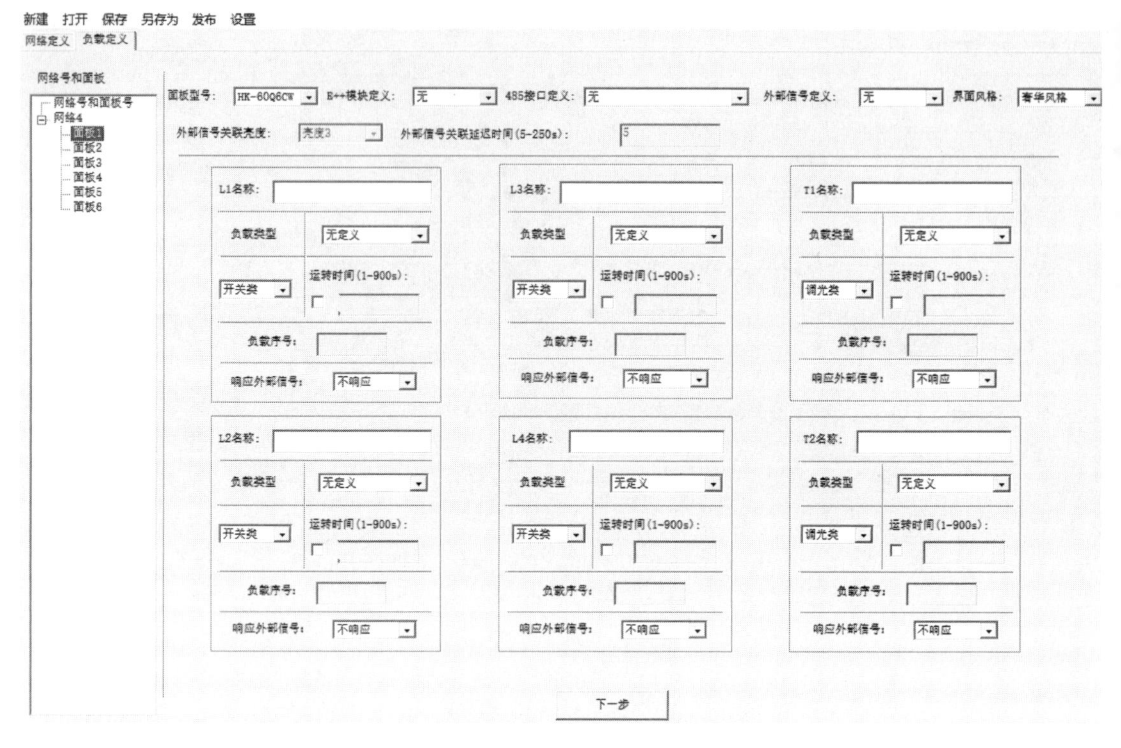

图 4-25　负载定义

④“外部信号定义”说明。

a. 选择“无”时,“外部信号关联亮度”“外部信号关联延迟时间”,负载上的“响应外部信号”,均不可用。

b. 选择“常开”或者“常闭”时,“外部信号关联亮度”“外部信号关联延迟时间”负载上的“响应外部信号”,均可用。

⑤负载“开合类”设置说明:

a. 当前版本,“窗户”“窗帘”“卷帘门”“投影幕”“自动门”为开合类负载。

b. 设置“开合类负载”时,L1、L3、T1 为主负载,L2、L4、T2 为辅助负载。即:L1、L3、T1“负载类型”选择“窗帘”时,L2 自动作为 L1 辅助负载,L4 自动作为 L3 辅助负载,T2 自动作为 T1 辅助负载;辅助负载跟主负载共用一个负载名称和一个负载序号,辅助负载的负载类型均转变为“开合类”。

c. 负载设置为“开合类”负载时,只能通过主负载 L1、L3、T1 进行设置。

d. 只有“负载类型”选择“开合类负载”时,“运行时间”前的单选框可勾选且只有勾选才能自定义运行时间。

e. 取消“开合类负载”后,需要手动改写 L2、L4、T2 的名称。

5)对各子网络中的 Q6 面板进行设置

设置网络 1 中 Q6 面板的 485 定义为多楼层主机,如图 4-26 所示。设置网络 2 中 Q6 面板的 485 定义为多楼层从机,如图 4-27 所示。设置网络 3 中 Q6 面板的 485 定义为多楼层从机,如图 4-28 所示。

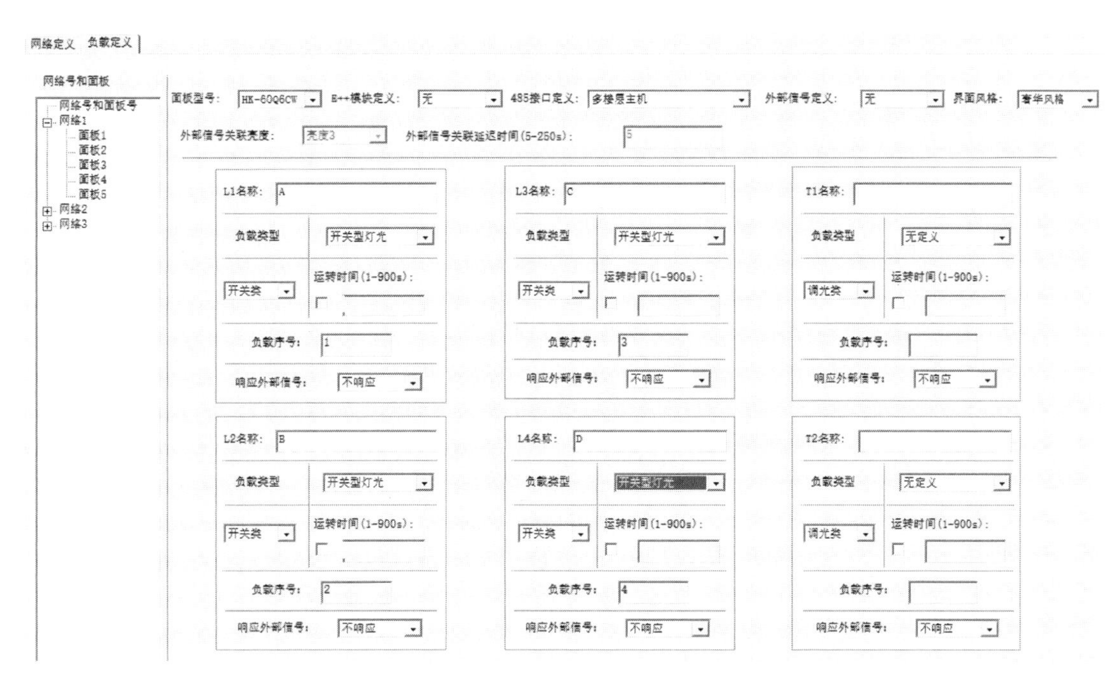

图 4-26　设置网络 1 中 Q6 面板的 485 定义为多楼层主机

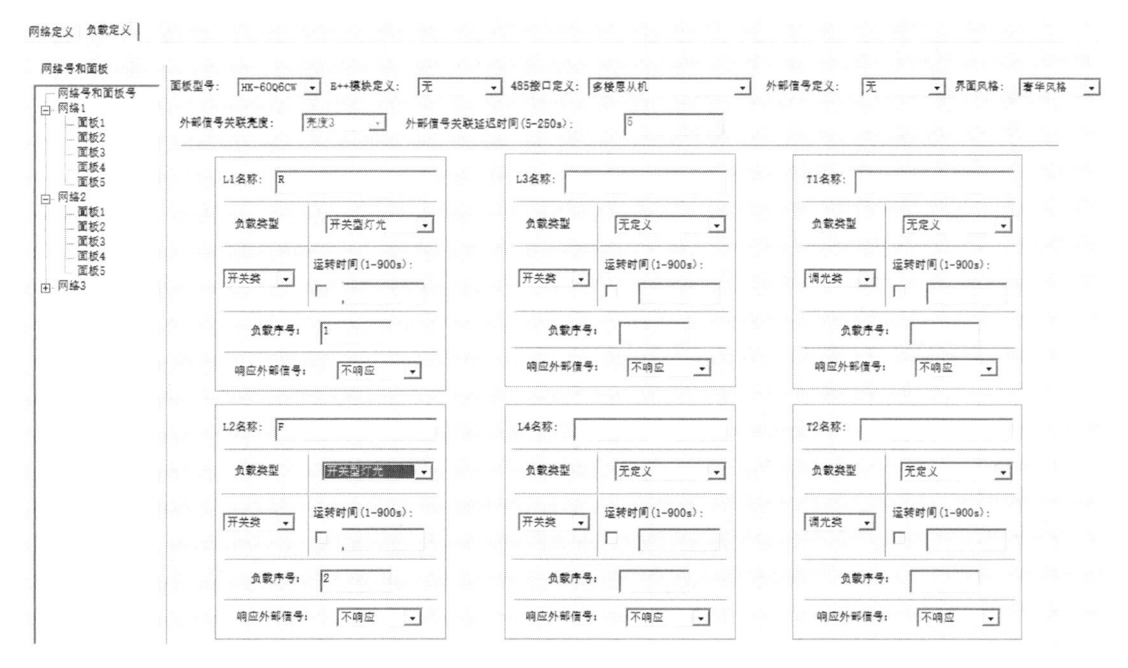

图 4-27　设置网络 2 中 Q6 面板的 485 定义为多楼层从机

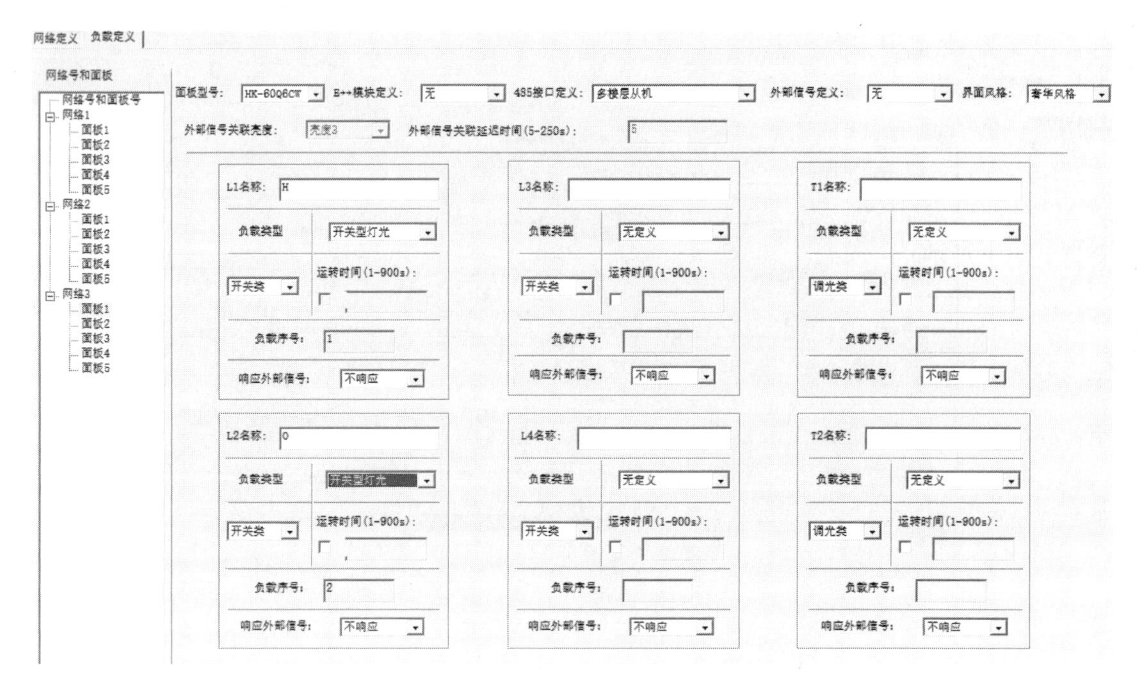

图 4-28　设置网络 3 中 Q6 面板的 485 定义为多楼层从机

6）对每个子网络中面板场景进行设置

面板场景设置如图 4-29 所示。

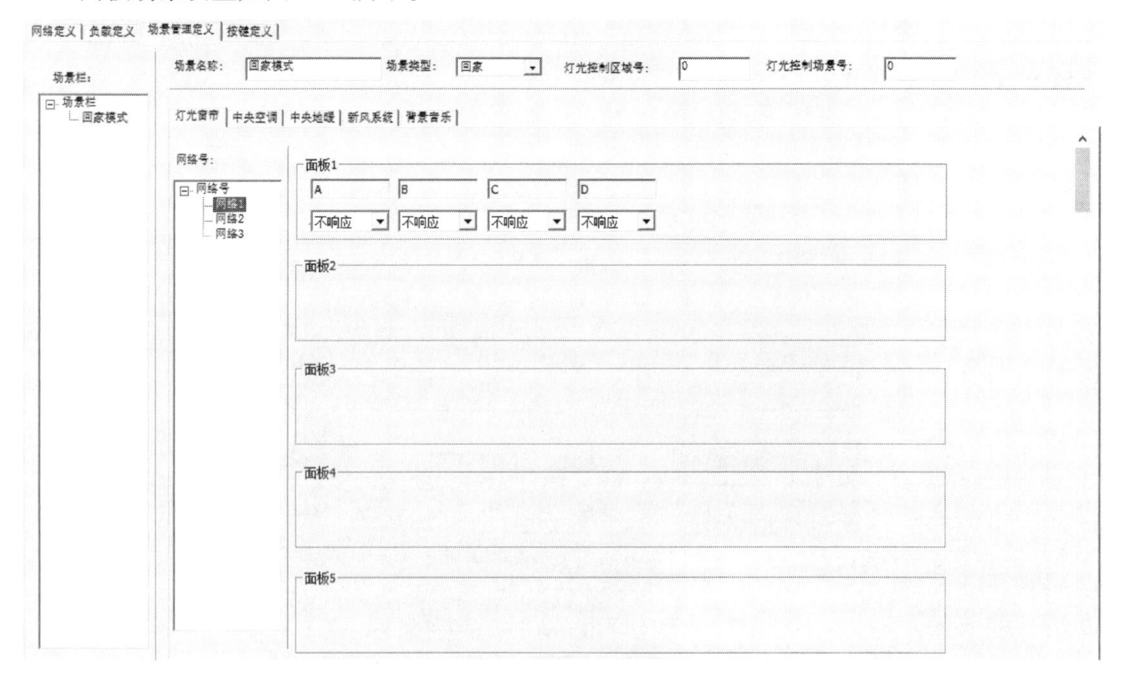

图 4-29　面板场景设置

7）对每个子网络中的面板按键进行设置

网络中面板按键定义设置如图 4-30 所示。

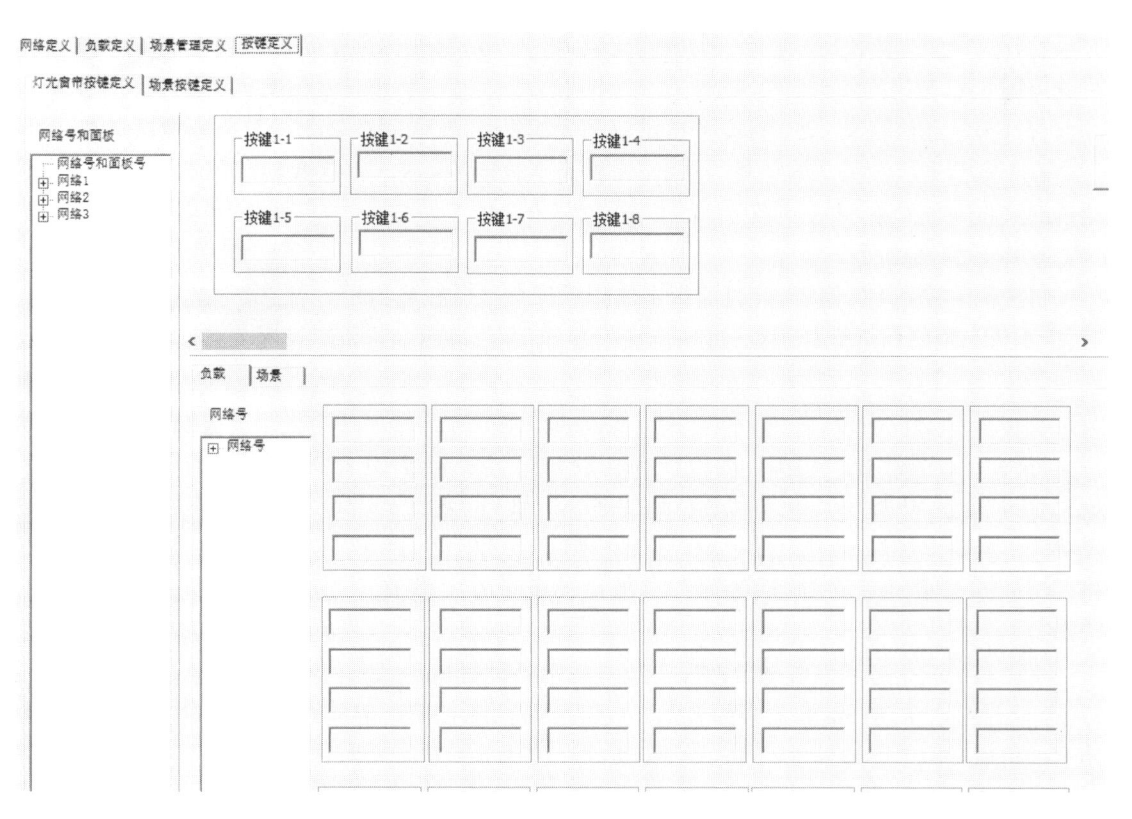

图 4-30　按键定义设置

8)设置照明面板地址

①60 系列触控面板。

滑动屏幕,进入设置菜单栏;根据负载设备表填写相应的单元号、门牌号、网络号、面板号;面板号定义设置如图 4-31 所示。

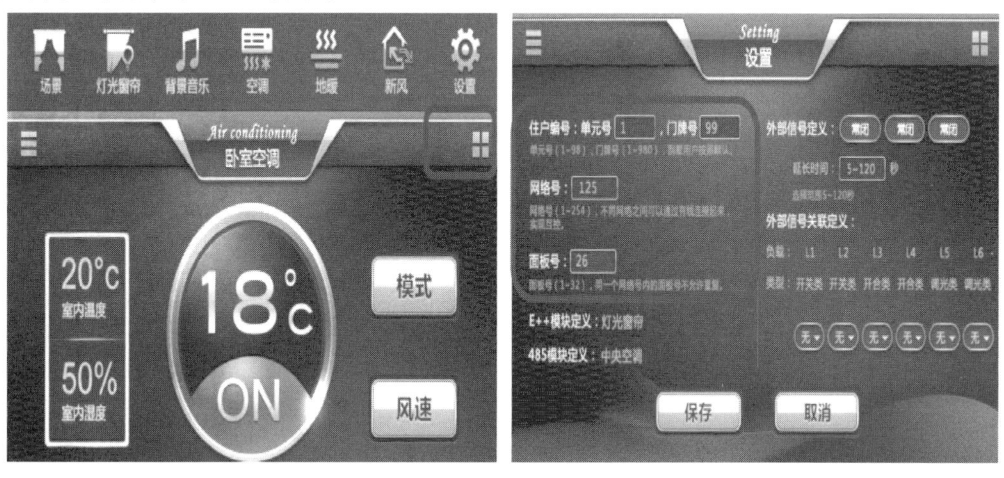

图 4-31　面板号定义设置

②37 系列触控面板。

37 开关出厂默认为灯光开关,白灯状态下长按任何按键 8 s 后松手可进入下一步。

若开关已经被定义,至少有一个按键定义为负载开关,在白色指定灯模式下长按任意一个负载按键 8 s。

若开关已经被定义,至少有 2 个按键定义为情景开关,同时按 2 个情景按键 8 s。

若 1 键开关已经定义为情景开关,正常状态下长按 8 s 进入待接收地址状态,再用上位机通过网关将地址发给 37 系列面板。

③36 系列触控面板。

将拨码 1 拨到 ON 位置,此时面板上的指示灯会呈现红色指示灯状态。按住 K1 键 5 s 松开,指示灯出现红白灯交替闪烁,进入待接收地址状态,再用上位机通过网关将地址发给 36 系列面板。

④50 系列触控面板。

将待设置面板的拨码 BM1 的 BIT1 位拨到 ON(代表兼容 60 面板模式,否则为兼容 50 面板),同时按住 50Q6 下排最左和最右侧按键(K2 和 K8)约 5 s,“滴”1 声后,同时松开,触发设置状态。此时上排灯 L1、L2、L3、L4 皆灭,下排灯 L5、L6、L7、L8 循环顺序点亮,等待接收上位机发送地址;上位机发送地址,操作与其他设备设置方式类似,当面板接收到地址以后停止闪烁。

将面板的网络号和面板地址按照上位机的定义设置成一致的;如上位机定义的网络号为 17,面板地址为 7,则 50Q6 面板的 BM1 应该设置为 10010001,BM4 的前四位应该为 0111,再用上位机通过网关将地址发给 36 系列面板。

⑤20、21、10 系列触控面板不需要通过网关发送地址,直接在 APP 上设置即可。

4. 燃气安防面板设置

1)发送燃气安防面板程序

发送燃气安防面板程序如图 4-32 所示。

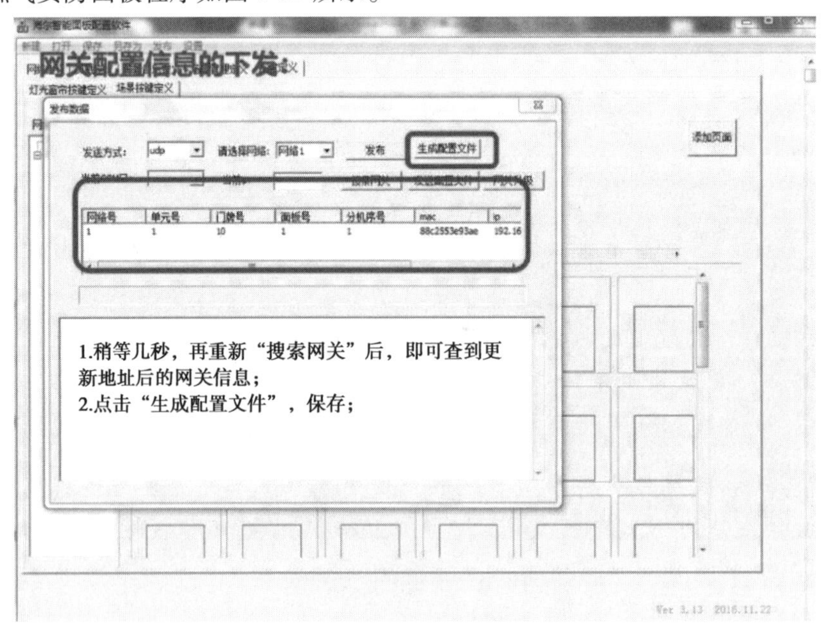

(a)发送燃气安防面板程序

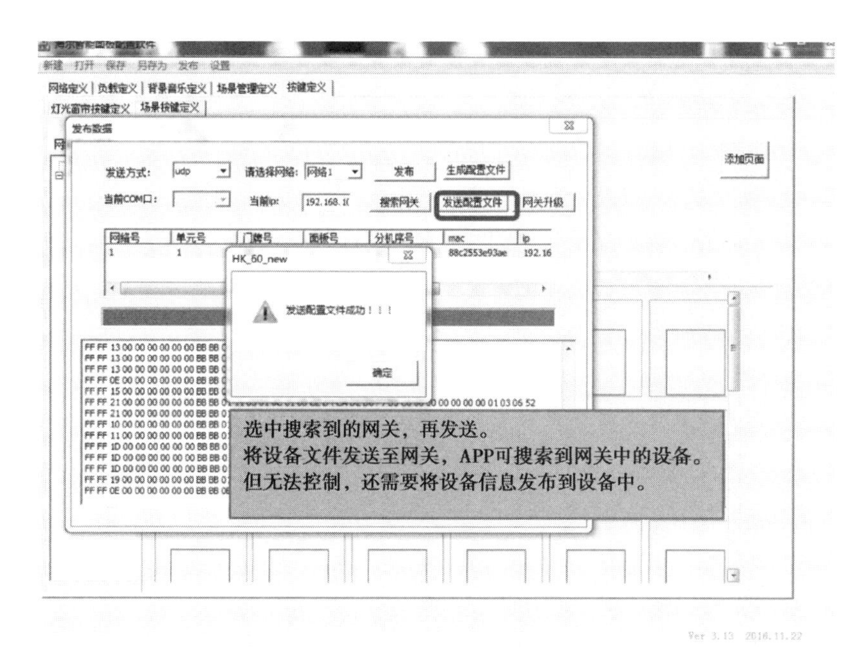

(b)发送燃气安防面板程序

图 4-32　燃气安防面板程序

发送时出现该提示“发送配置文件失败”：

①搜索网关。

②点击“检查 adb”，当提示 adb 未打开时。

③长按网关的“set”圆按钮 10 s 以上，网关自动重启。

④重新发送配置文件。

2)发布配置文件

发布配置文件界面如图 4-33 所示，失败后重新发送配置文件示意图如图 4-34 所示。

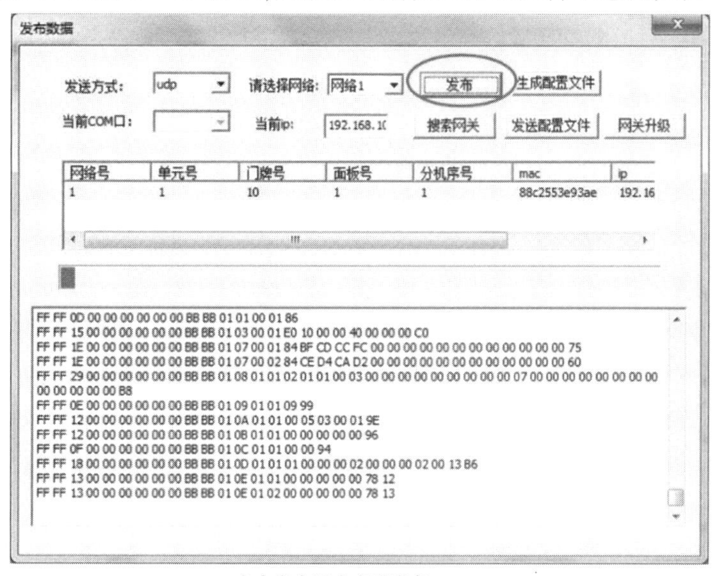

点击发布后会有进度条

图 4-33　发布配置文件界面

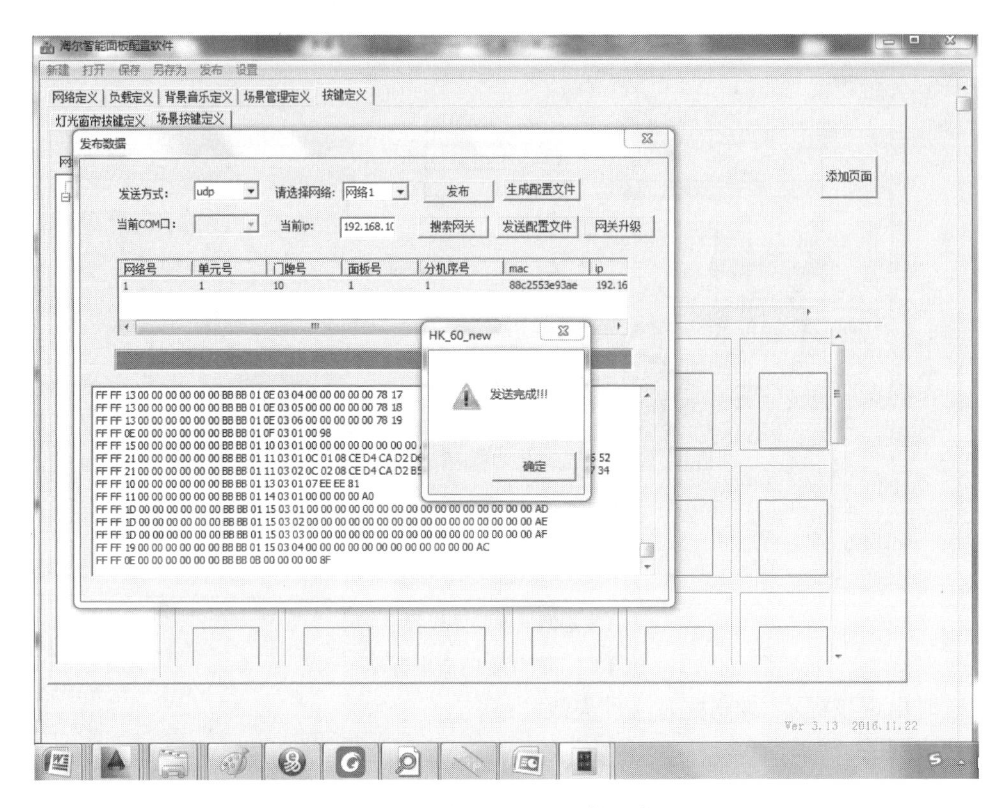

图 4-34 重新发送配置文件示意图

配置成功后,重启设备,如图 4-35 所示。

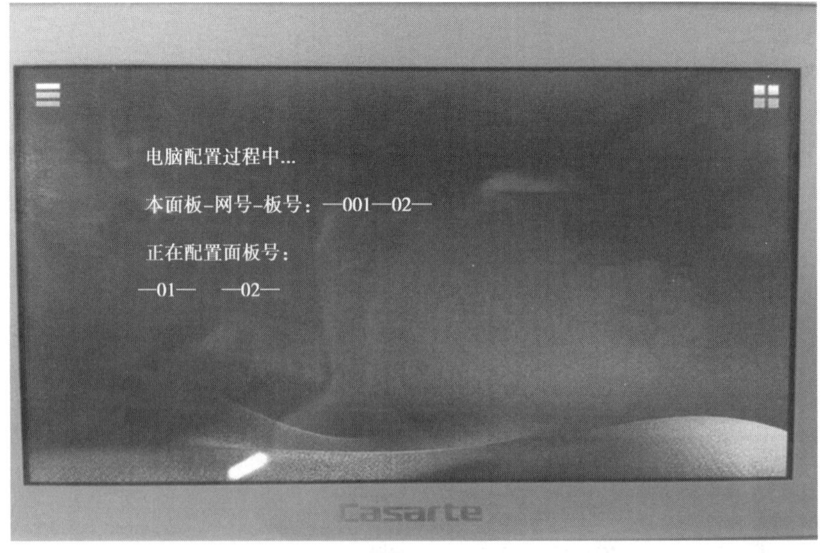

发布完毕后，面板自动出现配置界面，正常会从01一直持续到32，配置完后所有面板重新上电。

图 4-35 面板上电

5. 多楼层智能照明系统图纸设计

步骤:打开【智能家居系统图例与智慧照明系统示意图】—【根据智慧照明系统安装示意图进行设计】。

【项目四考核表】　智能照明系统的组建与配置

任务模块	模块子系统评价标准	配分/分	自我评价	教师评价
P4M1 智能照明系统的装调	了解开关面板的发展史与演变过程	6		
	了解控制面板的基本结构组成	8		
	熟悉智能触控面板的主要系列和各自的特点	12		
	能根据要求进行智能触控面板的设备选型	16		
	掌握使用电脑配置触摸面板各类参数的方法	18		
P4M2 智能照明系统的设计	熟悉照明控制面板负载数量及功能	8		
	理解 CAD 图纸中关于点位标识的方法	8		
	掌握智能照明系统的设计方法和注意事项	10		
	学会智能照明系统的设计与设备选用	8		
过程与素养	学习态度端正,搜索资料认真积极	2		
	听讲认真,按规范操作	2		
	有一定的沟通协作能力和解决问题的能力	2		
合计		100		

思考与练习

1. 概括分析智能面板的主要功能。
2. 分析概括各种型号智能开关的主要区别。
3. 归纳智能触控面板的拆装方法与步骤。
4. 如何读懂智能照明系统开关点位图?
5. 如何根据不同客户的需求选择对应开关面板?
6. 智能触控面板数目如何快速统计? 统计方法是什么?
7. 触控面板除了能够控制灯光以外,还能控制哪些家电设备?

项目五
智能家居窗帘、门窗系统的装调

项目概述

早期,汽车玻璃窗的升降一般都是手摇的。如今,随着人们生活水平的提高与科技的进步,电动窗已经变成标配,同时也加入了很多其他的功能,如防夹、一键全关等。智能家居窗帘跟汽车玻璃窗非常相似。

项目目标

✧了解智能窗帘的类型、结构与功能
✧掌握智能窗帘轨道测量方法
✧掌握智能窗帘轨道、电机的安装步骤与配置方法
✧了解智能开窗器类型、结构与功能
✧熟悉风光雨传感器的结构与功能
✧掌握智能开窗器与风光雨传感器的联动应用

任务一　智能窗帘系统的装调

任务目标

✧了解智能窗帘的类型、结构与功能
✧掌握智能窗帘轨道测量方法
✧掌握智能窗帘轨道、电机的安装步骤与配置方法

【任务描述】

根据李先生智能家居工程项目需要,曹工安排小顾一起参与李先生家的智能窗帘的测量、设计与装调。

知识链接

1. 系统拓扑图

强电控制电机拓扑图如图 5-1 所示。

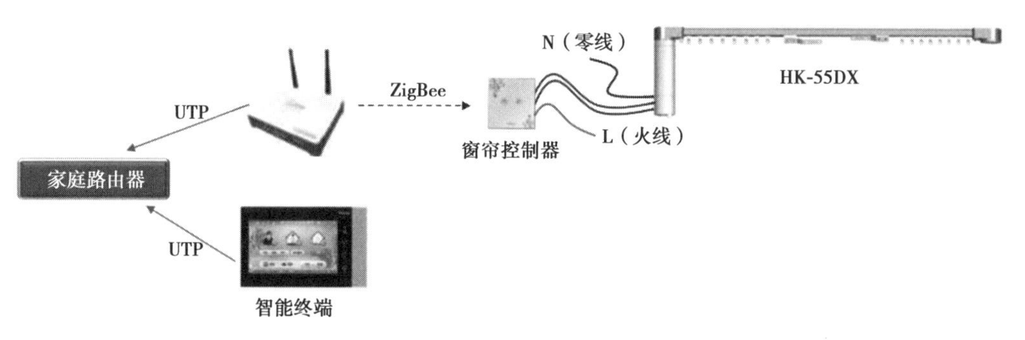

图 5-1　强电控制型电机拓扑图

弱电控制电机拓扑图如图 5-2 所示。

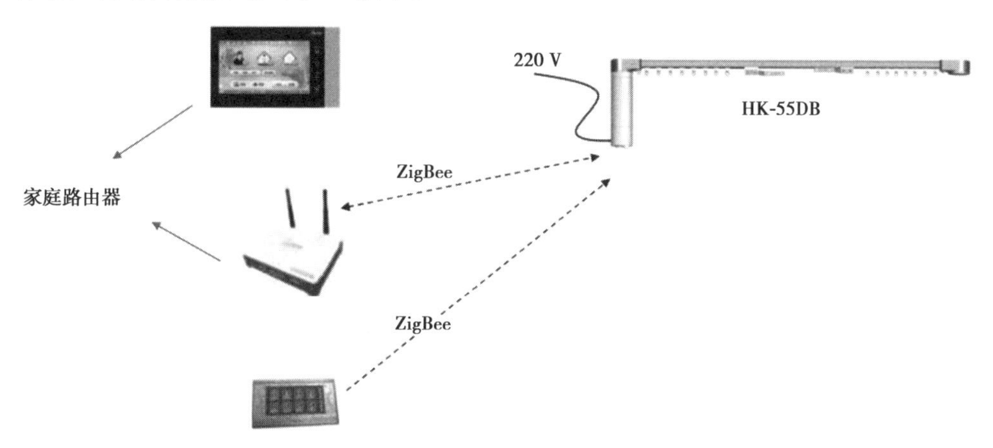

图 5-2　弱电控制电机拓扑图

2. 单品分析(协议型、强电型)

窗帘产品参数如表 5-1 所示。

表 5-1　窗帘产品参数

序号	产品名称	产品型号	图片	参数描述
1	窗帘电机	HK-60DB		1. 通信协议:无线 ZigBee;Rs485(预留); 2. 工作电压:AC110～240 V/50 Hz; 3. 电机形式:直流电机; 4. 功率:45 W; 5. 运行速度:14 cm/s; 6. 遇阻自停

续表

序号	产品名称	产品型号	图片	参数描述
2	窗帘电机	HK-55DX		1. 电子行程限位; 2. 遇阻停止功能; 3. 停电手拉功能; 4. 超静音运行设计; 5. 运行速度:20 cm/s; 6. 可连接智能窗帘控制器; 7. 轨道长 5 m 以内承重 35 kg; 8. 轨道长 12 m 以内承重 30 kg
3	风雨传感器	AW-1 图片改下		1. 功能:24DC 直流/220 V 交流,无线组网,可联动智能家居场景;测风,数据上传;测雨,数据上传,手机可查看状态; 2. 带组网按键,带开关按键;带双色指示灯,无线 ZigBee 组网,通过网关与海尔智能家居系统组网使用,也可以与 60 智能面板直接互联; 3. 材料:铝合金材料; 4. 机身:三防底盒设计; 5. 安装方式:外装; 6. 尺寸:196 mm 直径,高 84 mm
4	智能开窗器	AH-30		1. 功能:24DC 直流/220 V 交流,静音直流电机,额定 300 W,推力 100~300 N 可调节; 2. 带组网按键,带开关按键;带双色指示灯,无线 ZigBee 组网,通过网关与海尔智能家居系统组网使用,也可以与 60 智能面板直接互联;支持开合功能;60 面板支持 7 档开合度调节; 3. 离机可用:机身自带开合/复位物理按键,方便特定时候直接用手控制; 4. 上下端双电源插口,布线更方便美观; 5. 材料:链条碳钢镀镍,长度分 30 cm、50 cm 或者可以调节长度;铝合金材料; 6. 机身:6061 航空铝; 7. 安装方式:外装; 8. 尺寸:宽度 43 mm、高度 33 mm、长度 420 mm

续表

序号	产品名称	产品型号	图片	参数描述
5	窗帘轨道型材	HK-60GP		辅材配件

3. 轨道的开合方式

轨道的开合方式有单开窗帘和双开窗帘两种方式，如图 5-3 和图 5-4 所示。

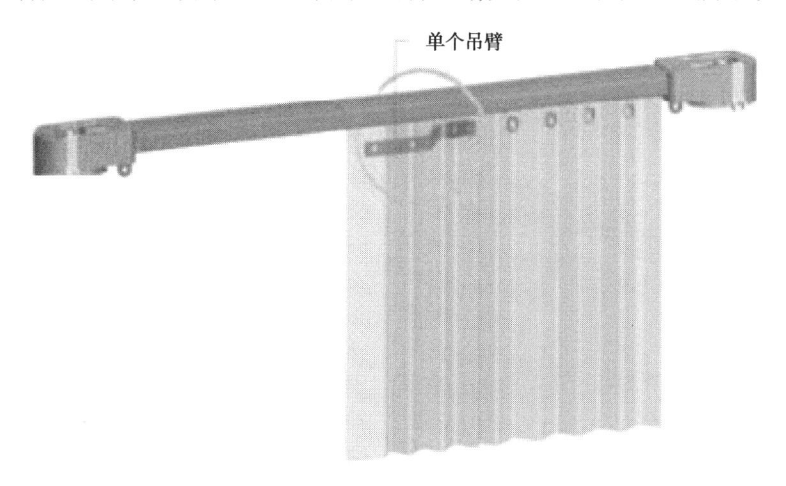

图 5-3　单开窗帘

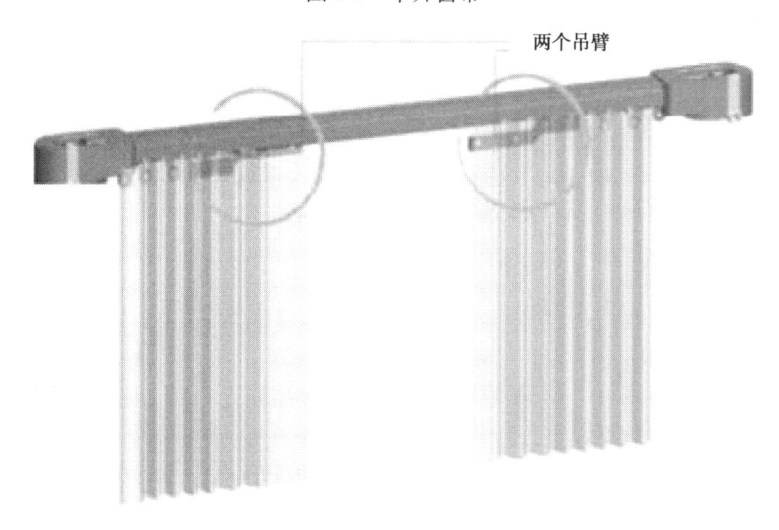

图 5-4　双开窗帘

4. 电机的类型

窗帘电机的类型如图 5-5 所示。

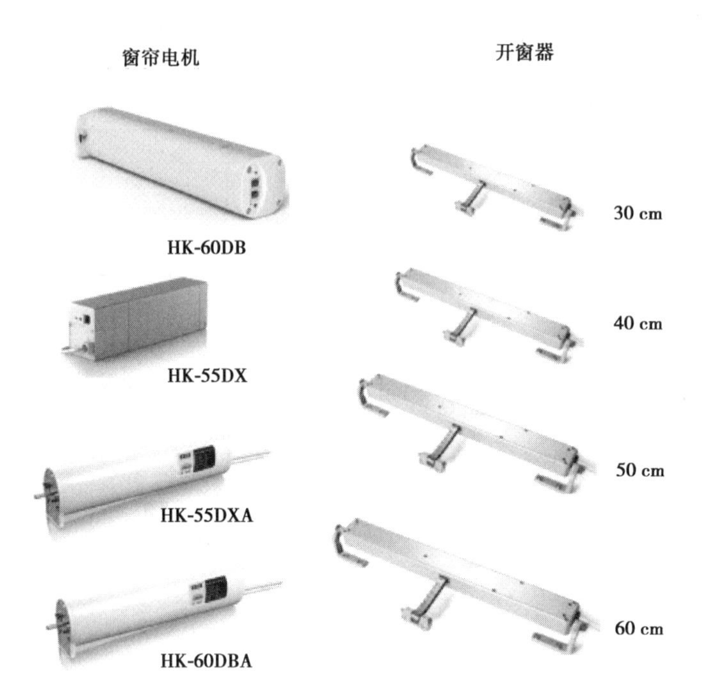

图 5-5　窗帘电机类型

任务实施

1. 轨道测量

窗帘轨道测量如图 5-6 所示。窗帘直轨道尺寸测量方法如图 5-7 所示，圆弧形窗帘轨道测量方法如图 5-8 所示，窗帘盒宽度及轨道长度如图 5-9 所示。

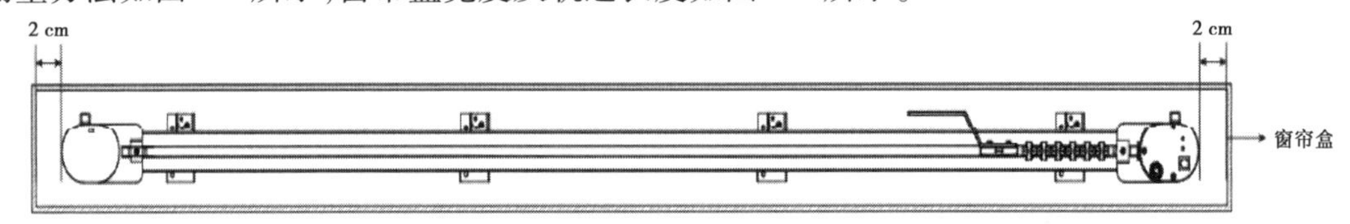

图 5-6　轨道测量图

直轨：直轨轨道长度需比实际窗帘盒长度短 4 cm。

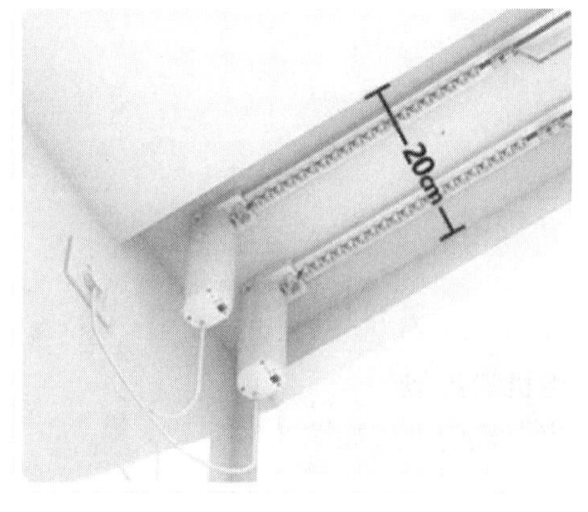

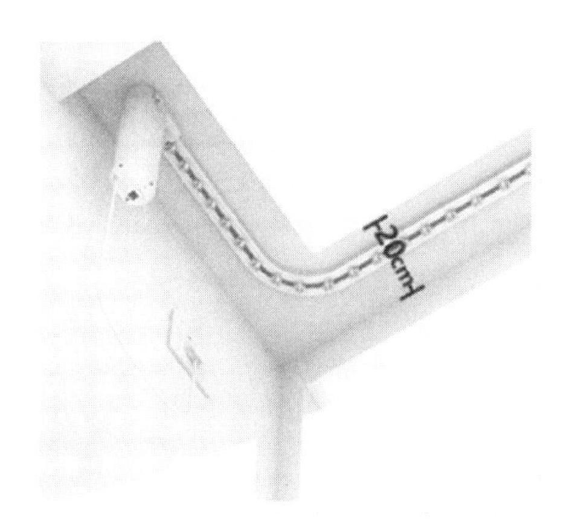

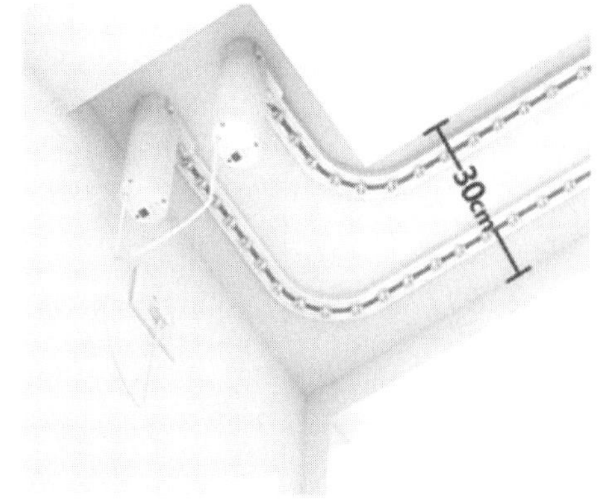

单轨弯轨窗帘
窗帘盒内径宽不低于15 cm，建议20 cm

双轨弯轨窗帘
窗帘盒内径宽不低于22 cm，建议30 cm

图 5-7　窗帘直轨道尺寸测量方法

概述

按照窗型分为大缓弧形及折角形两类。

- 大缓弧形

常见于具有弧形立面建筑中。特点是窗帘盒沿弧形墙面为等曲率弧形，弧形较缓。

- 折角形

常见于外飘窗或转角窗。特点是窗帘盒各边沿均为直线，窗帘盒中段以一定角度折为两到三段。

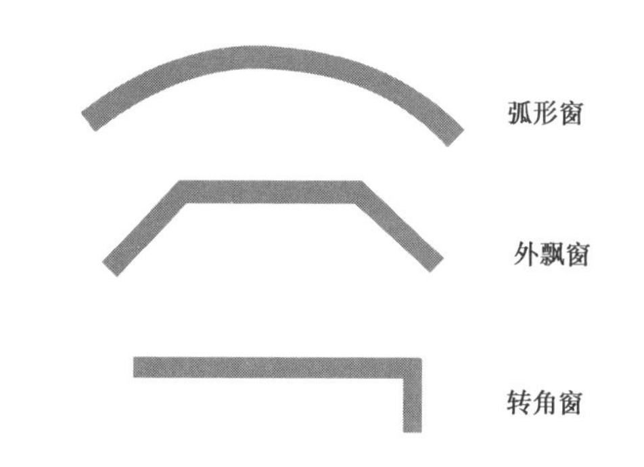

测量内容

- 大缓弧形

主要测量参数有：

（1）半径
（2）弧长
（3）弦高
（4）窗帘盒宽度。

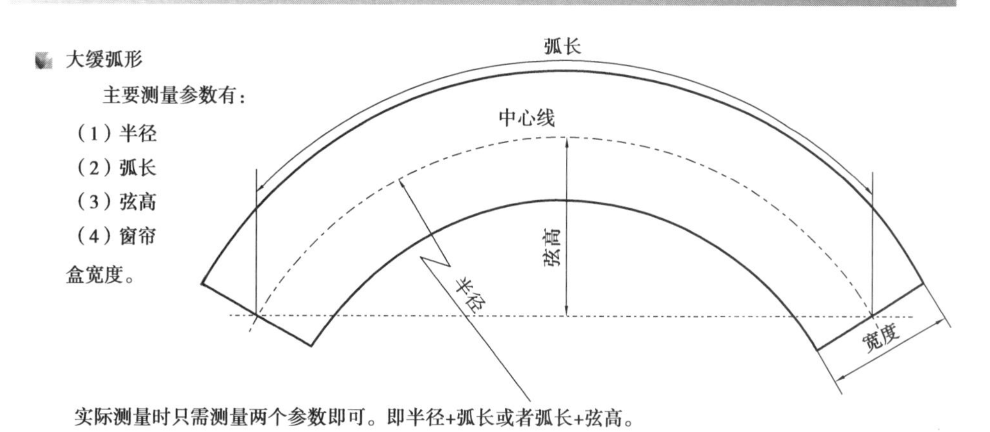

实际测量时只需测量两个参数即可。即半径+弧长或者弧长+弦高。

- 折角形

主要测量参数有：

（1）各直线段长度

（2）各直线段之间夹角

（3）窗帘盒宽度

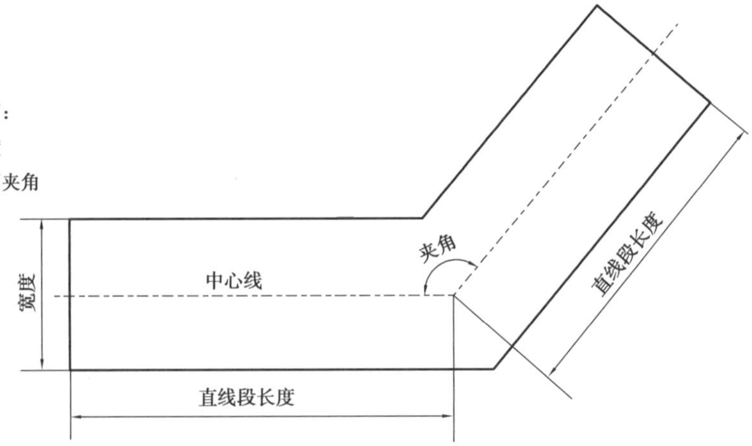

夹角

直线段长度

中心线

宽度

直线段长度

图 5-8　弧形轨道测量方法

窗帘盒宽度及轨道长度

- 窗帘盒宽度

单层轨道窗帘盒宽度应为15~20 cm。双层轨道窗帘盒宽度应为25~30 cm。当折角形窗帘盒折角角度小于120°，双层轨道窗帘盒宽度应增至35 cm以上。

- 轨道长度

大缓弧形轨道长度即弧长。折角形轨道长度应是各直线段长度与各转角弧段的长度之和。

折角形轨道

折角形轨道转角处，轨道应以曲率半径不小于30 cm均匀弯曲。对于双轨而言，内轨道以30 cm的曲率半径弯曲，而外轨应以38 cm曲率半径进行弯曲。

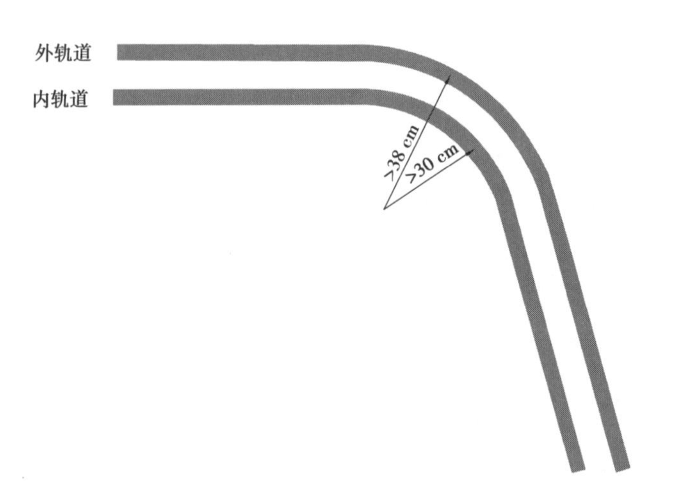

图 5-9　窗帘盒宽度及轨道长度

2. 窗帘系统安装

窗帘安装步骤如图 5-10 所示。

智能窗帘轨道安装视频

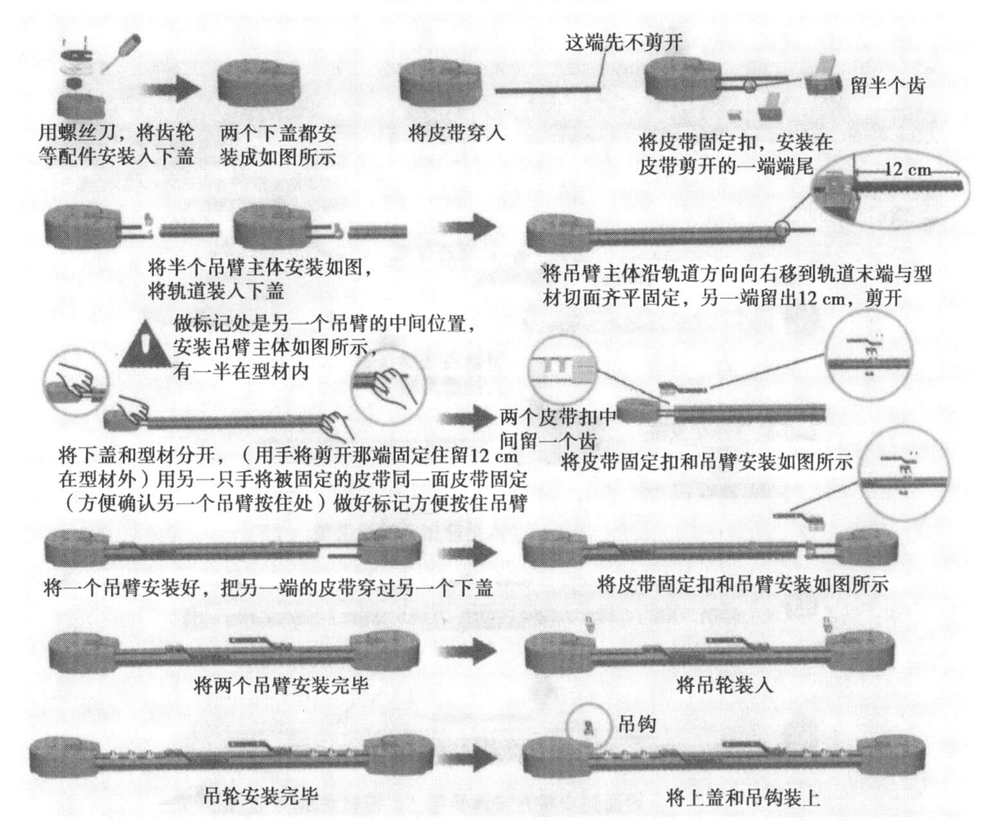

这端先不剪开
留半个齿
用螺丝刀，将齿轮等配件安装入下盖
两个下盖都安装成如图所示
将皮带穿入
将皮带固定扣，安装在皮带剪开的一端端尾
12 cm
将半个吊臂主体安装如图，将轨道装入下盖
将吊臂主体沿轨道方向向右移到轨道末端与型材切面齐平固定，另一端留出12 cm，剪开
做标记处是另一个吊臂的中间位置，安装吊臂主体如图所示，有一半在型材内
两个皮带扣中间留一个齿
将下盖和型材分开，（用手将剪开那端固定住留12 cm在型材外）用另一只手将被固定的皮带同一面皮带固定（方便确认另一个吊臂按住处）做好标记方便按住吊臂
将皮带固定扣和吊臂安装如图所示
将一个吊臂安装好，把另一端的皮带穿过另一个下盖
将皮带固定扣和吊臂安装如图所示
将两个吊臂安装完毕
将吊轮装入
吊钩
吊轮安装完毕
将上盖和吊钩装上

图 5-10　窗帘安装步骤

窗帘电机的安装如图 5-11 所示。

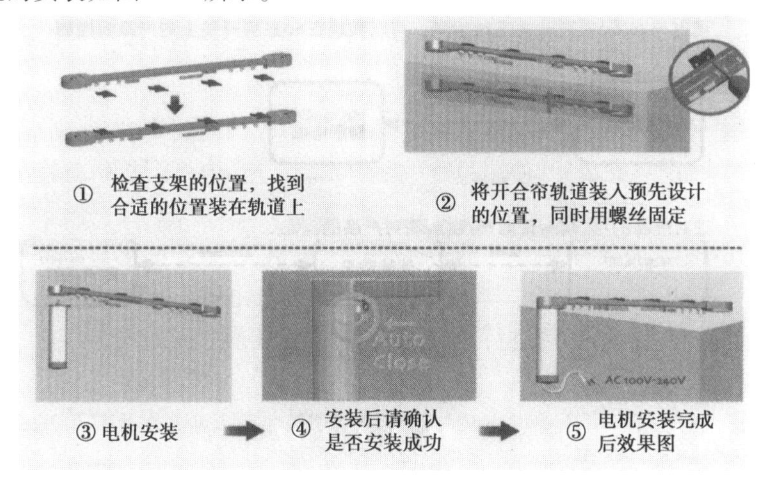

① 检查支架的位置，找到合适的位置装在轨道上
② 将开合帘轨道装入预先设计的位置，同时用螺丝固定
Auto Close
AC100V-240V
③ 电机安装
④ 安装后请确认是否安装成功
⑤ 电机安装完成后效果图

图 5-11　窗帘电机的安装

3. 入网调试

窗帘与上位机配置示意图如图 5-12 所示。

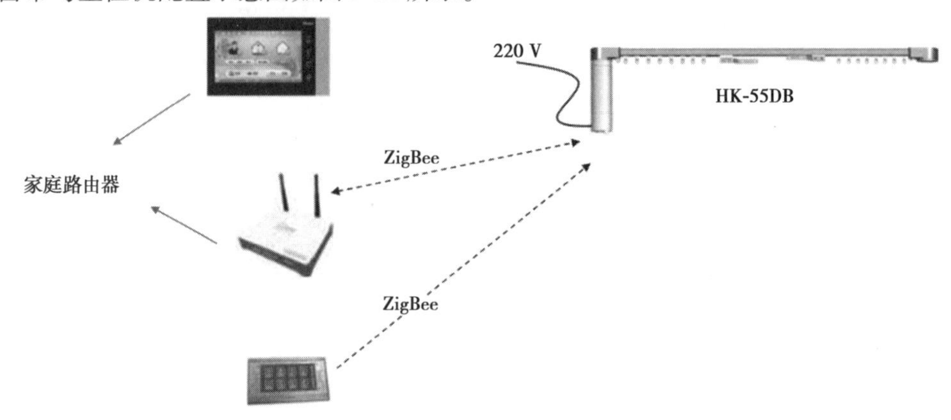

图 5-12　窗帘与上位机配置示意图

用上位机配置软件对协议电机进行 ZigBee 模块进行地址配置：

①协议型电机出厂默认网络号为 250，面板号为 31，单元号为 1，门牌号为 10。上电自动轨道自检，自检时绿灯闪烁，自检完毕后进入正常模式，灯灭。

②在正常模式下长按按键 3 s，显示电机当前网络配置(即面板号)，配置过的电机按照配置后的电机地址闪烁，并按周期循环显示；没有配置过的电机按默认网络号 250 周期循环闪烁。

③在显示面板号状态情况下：长按按键 3 s，进入配置状态，红绿灯交替闪烁，配置状态下三种操作方式选其一。

方式一：上位机下发基址，待程序下发完成，电机接收到主机发来的组网参数设置指令后，灯灭。电机自动按新网络号重新配置 ZigBee 网络，进入正常模式。再次使用上位机软件下发负载配置，在配置接收状态，红灯闪烁，接收完毕后，自动熄灭，电机自动进入自检模式(绿灯闪烁)，自检完毕，灯灭，进入正常模式。

方式二：长按按键 3 s，恢复上一次配置，并切入自检模式(绿灯闪烁)，自检完毕，灯灭，进入正常模式。

方式三，长按按键 6 s，恢复出厂设置，并切入自检模式(绿灯闪烁)，自检完毕，灯灭，进入正常模式。

<补充>以上任何状态下，断电重新上电，都可以退出当前模式，返回到正常使用状态。

<补充>当电机配置完成后，使用过程中断电重新上电，电机会重新自检。

4. 智能窗帘的 CAD 图设计

步骤一：打开智能家居系统图例与窗帘系统示意图，智能触控面板与窗帘连接示意图如图 5-13 所示。

步骤二：根据窗帘系统示意图进行设计，电动窗帘安装示意图如图 5-14 所示。

5. 调试流程

①用上位机配置软件，可以通过 R106 版本的 60Q6 或新网关对 HK-60DB 电机进行 ZigBee 模块进行地址配置；

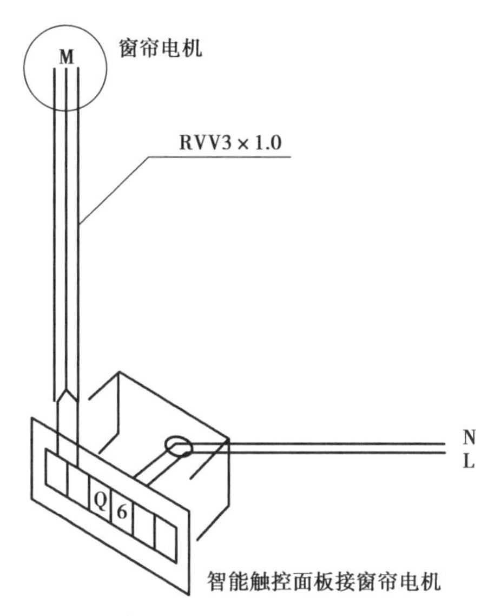

图 5-13 智能触控面板与窗帘连接示意图

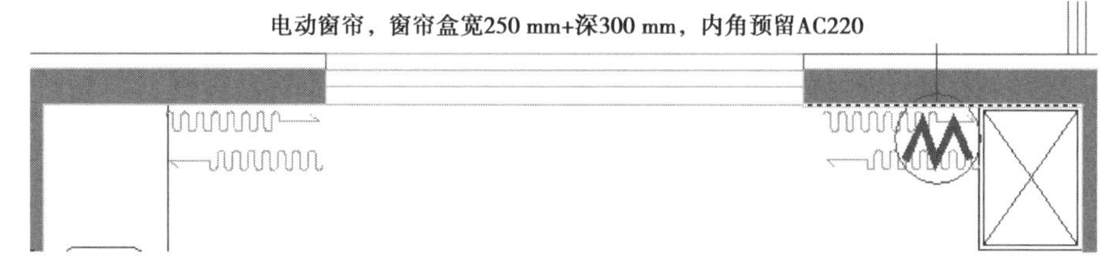

图 5-14 电动窗帘安装示意图

②协议型电机出厂默认网络号为 250，面板号为 31，单元号为 1，门牌号为 10。上电自动轨道自检，自检时绿灯闪烁，自检完毕后进入正常模式，灯灭。

③在正常模式下长按电机尾部按键 3 s，显示电机当前网络配置(即面板号)，配置过的电机按照配置后的电机地址闪烁，并按周期循环显示；没有配置过的电机按默认网络号 250 周期循环闪烁。

④在显示面板号状态情况下：长按按键 3 s，进入配置状态，红绿灯交替闪烁，配置状态下三种操作方式选其一。

方式一：上位机下发基址，待程序下发完成，电机接收到主机发来的组网参数设置指令后，灯灭。电机自动按新网络号重新配置 ZigBee 网络，进入正常模式。再次使用上位机软件下发负载配置，在配置接收状态，红灯闪烁，接收完毕后，自动熄灭，电机自动进入自检模式(绿灯闪烁)，自检完毕，灯灭，进入正常模式。

方式二：长按按键 3 s，恢复上一次配置，并切入自检模式(绿灯闪烁)，自检完毕，灯灭，进入正常模式。

方式三：长按按键 6 s，恢复出厂设置，并切入自检模式(绿灯闪烁)，自检完毕，灯灭，进入正常模式。

<补充>以上任何状态下，断电重新上电，都可以退出当前模式，返回到正常使用状态。

<补充>当电机配置完成后，使用过程中断电重新上电，电机会重新自检。

6. 窗帘面板号对码表

窗帘面板号对码表如表 5-2 所示。

①信号灯闪烁时，0.5 s 间隔，都显示完毕后熄灭 2 s 再进入下一次循环闪烁。

②双色灯都闪的时候,先闪红灯,红灯闪后再闪绿灯。

③红灯闪 1 代表数字 5,绿灯闪 1 代表数字 1,面板号等于红绿灯所代表的数字之和。

表 5-2　窗帘面板号对码表

面板号	指示灯		面板号	指示灯	
1		绿灯闪1	17	红色闪3	绿灯闪2
2		绿灯闪2	18	红色闪3	绿灯闪3
3		绿灯闪3	19	红色闪3	绿灯闪4
4		绿灯闪4	20	红色闪4	
5	红色闪1		21	红色闪4	绿灯闪1
6	红色闪1	绿灯闪1	22	红色闪4	绿灯闪2
7	红色闪1	绿灯闪2	23	红色闪4	绿灯闪3
8	红色闪1	绿灯闪3	24	红色闪4	绿灯闪4
9	红色闪1	绿灯闪4	25	红色闪5	
10	红色闪2		26	红色闪5	绿灯闪1
11	红色闪2	绿灯闪1	27	红色闪5	绿灯闪2
12	红色闪2	绿灯闪2	28	红色闪5	绿灯闪3
13	红色闪2	绿灯闪3	29	红色闪5	绿灯闪4
14	红色闪2	绿灯闪4	30	红色闪6	
15	红色闪3		31	红色闪6	绿灯闪1
16	红色闪3	绿灯闪1	32	红色闪6	绿灯闪2

7. 上位机定义设置

上位机定义界面如图 5-15 所示。面板型号选择电动窗帘,在 L1 名称中填写名称,负载类型选择窗帘。

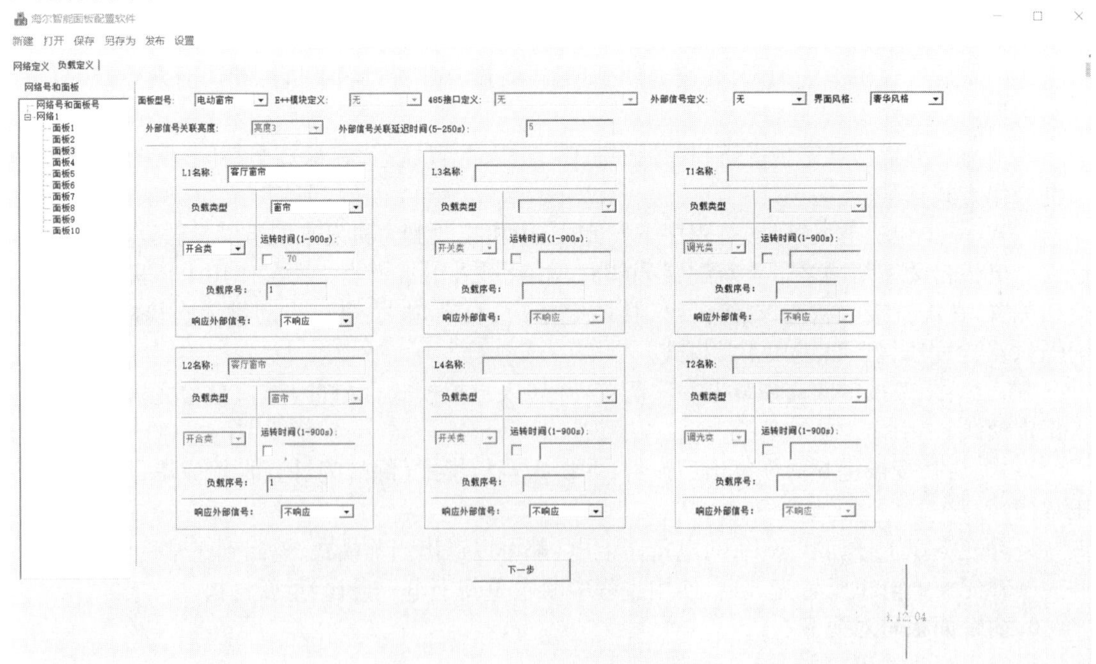

图 5-15　上位机定义界面

任务二　智能开窗器和风光雨传感器装调

任务目标

✧了解智能开窗器类型、结构与功能

✧熟悉风光雨传感器的结构与功能

✧掌握智能开窗器与风光雨传感器的联动应用

【任务描述】

夏天的早晨，天高云淡，李先生上班前打开了家里的窗户，然而夏天的天气真是变幻莫测，上午还是艳阳高照，下午就乌云密布，狂风暴雨，房间被暴风雨侵袭过后满是狼藉。恰逢新房装修，李先生要求将智能推窗器装上去，以免侵袭再次发生。

1. 安装环境

开窗器的安装环境如图5-16所示，其结构示意图如图5-17所示。

可用窗户：适用于前后推拉窗户，不适合左右滑动窗户

1.高位窗户，窗户的安装位置较高或过远，单靠人力不容易触及的窗户

2.窗户太重，开启或关闭费力，手动开关使用不便

3.对室内有恒温要求

4.楼宇自动控制，智能家居控制等

图5-16　开窗器的安装环境

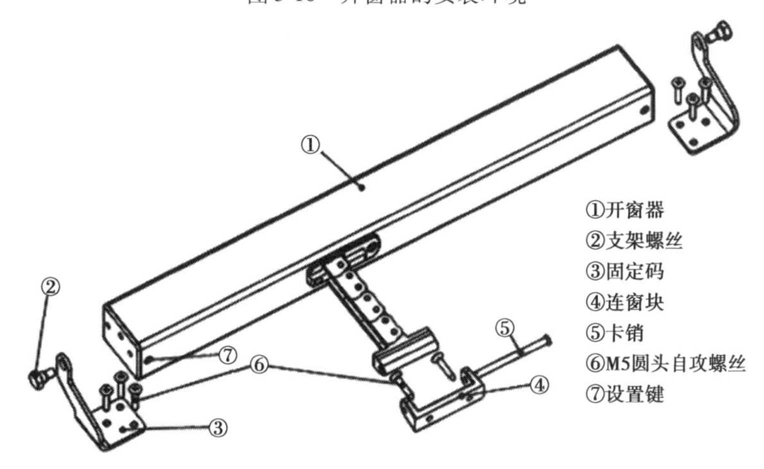

图5-17　开窗器结构图

2. **风光雨传感器的安装**

风光雨传感器的安装如图 5-18 所示。

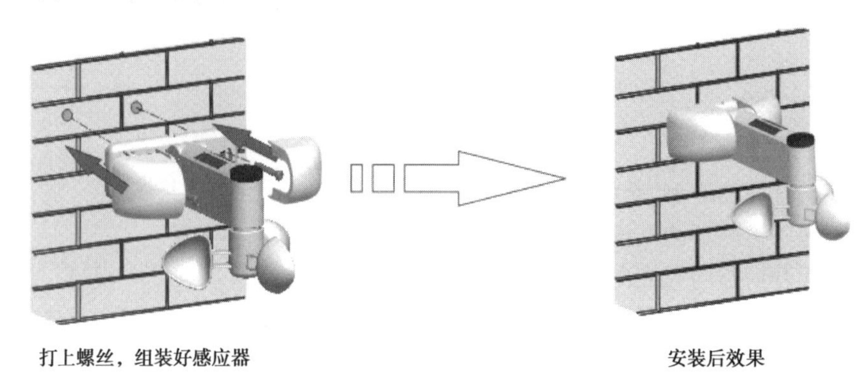
打上螺丝，组装好感应器
安装后效果

图 5-18　风光雨传感器的安装

3. **风光雨传感器**

安装注意事项，如图 5-19 所示。

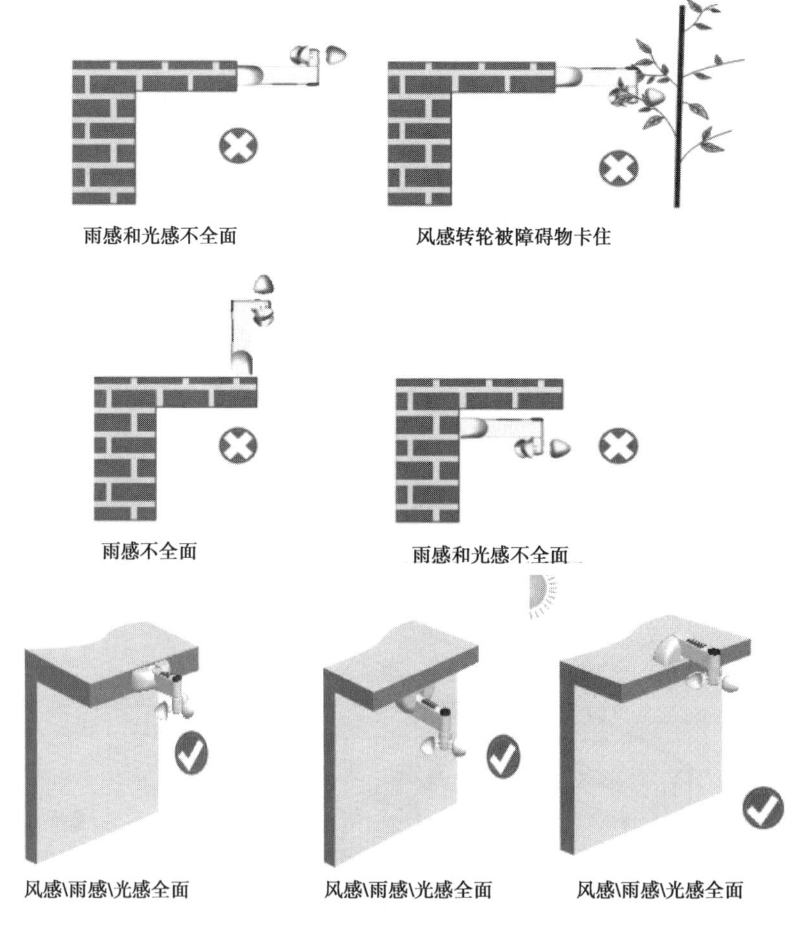
雨感和光感不全面
风感转轮被障碍物卡住
雨感不全面
雨感和光感不全面
风感\雨感\光感全面
风感\雨感\光感全面
风感\雨感\光感全面

图 5-19　风雨传感器安装注意事项

4. 接线说明

1)智能开窗器

智能开窗器外形如图 5-20 所示。

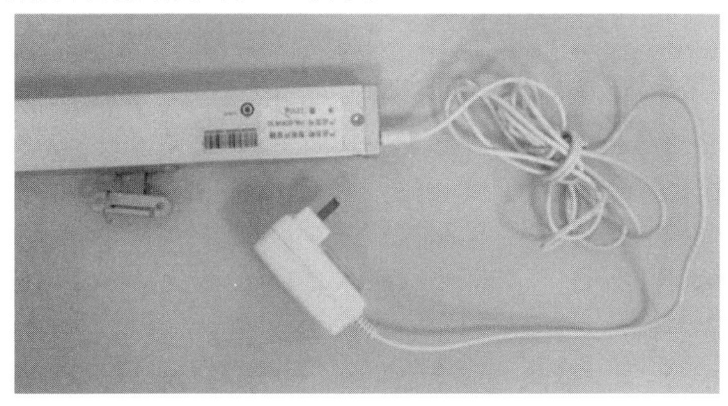

图 5-20　智能开窗器

2)风光雨传感器

风光雨传感器如图 5-21 所示。

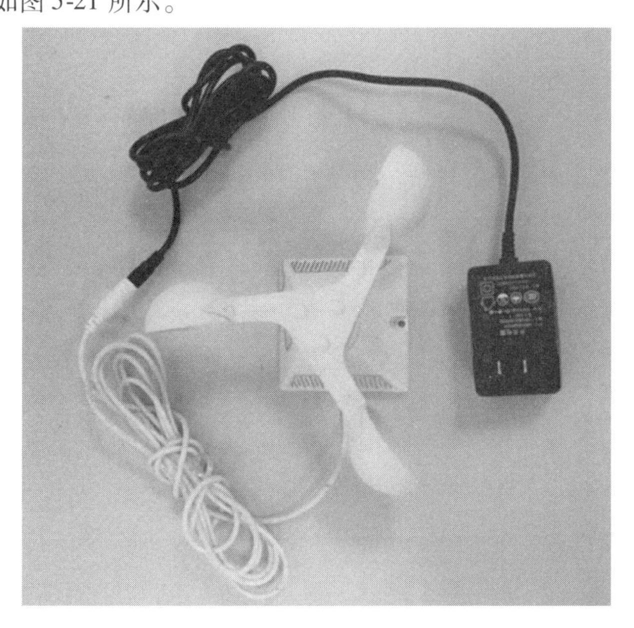

图 5-21　风光雨传感器

3)入网方法

①长按配置键 6 s,显示当前板号。

②长按配置键 6 s,红蓝指示灯交替闪烁,在上位机上发送面板号,发送完毕指示灯显示面板号。

4)移动客户端软件配置操作

①APP 软件操作如图 5-22 所示,APP 软件设置如图 5-23 所示。

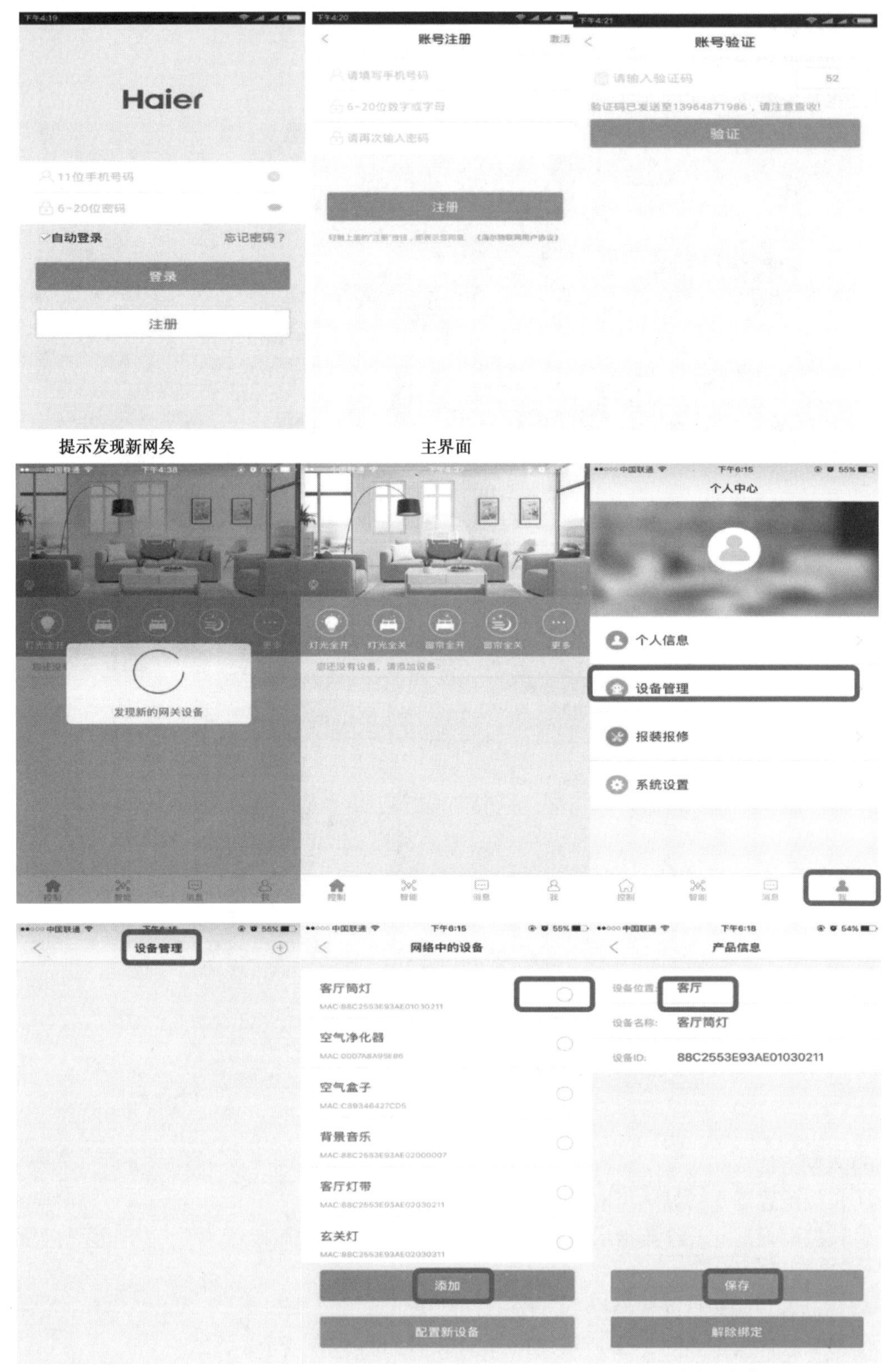
Haier
自动登录
忘记密码？
登录
注册
账号注册
激活
注册
账号验证
52
验证
提示发现新网关
主界面
发现新的网关设备
个人中心
个人信息
设备管理
报装报修
系统设置
设备管理
网络中的设备
客厅筒灯
空气净化器
空气盒子
背景音乐
客厅灯带
玄关灯
添加
配置新设备
产品信息
设备位置
客厅
设备名称
客厅筒灯
设备ID
88C2553E93AE01030211
保存
解除绑定
定义设备位置

图 5-22　APP 操作

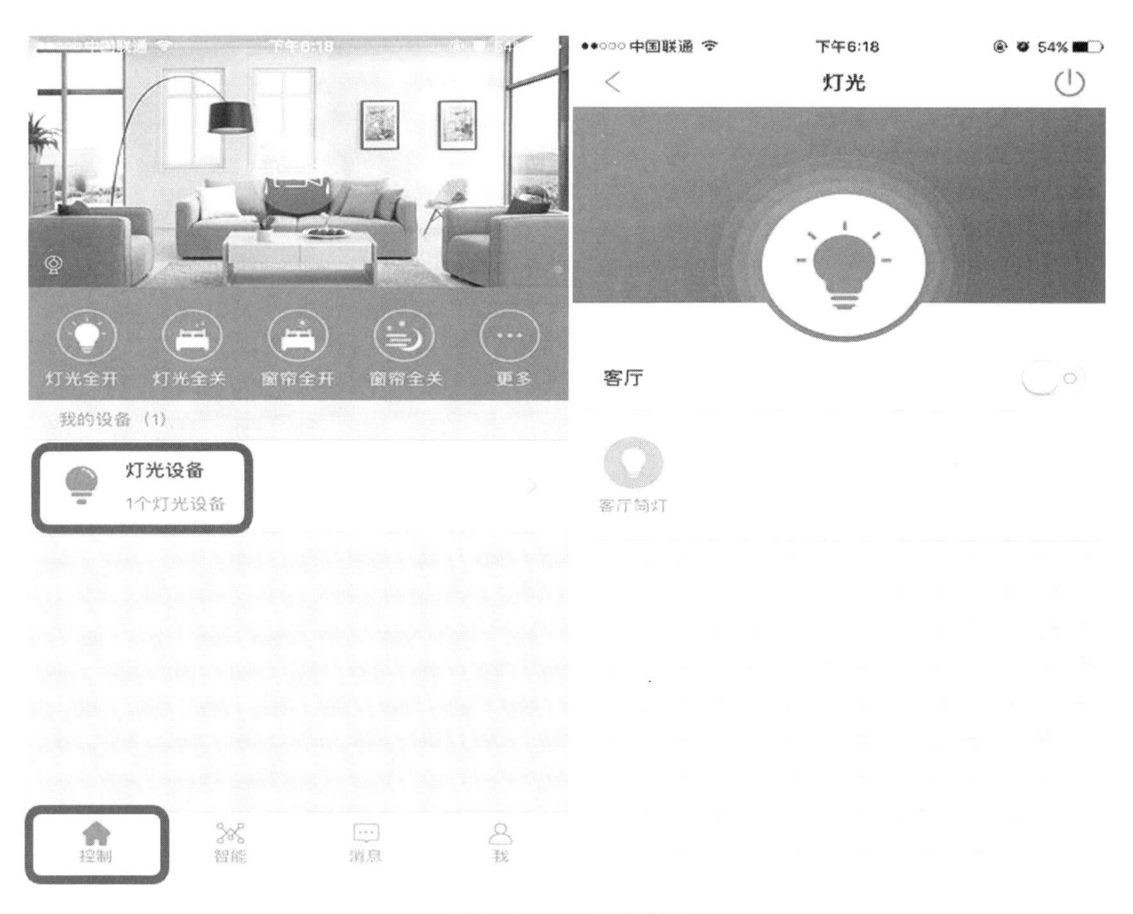

图 5-23　APP 软件设置

②APP 智能场景配置如图 5-24 所示。

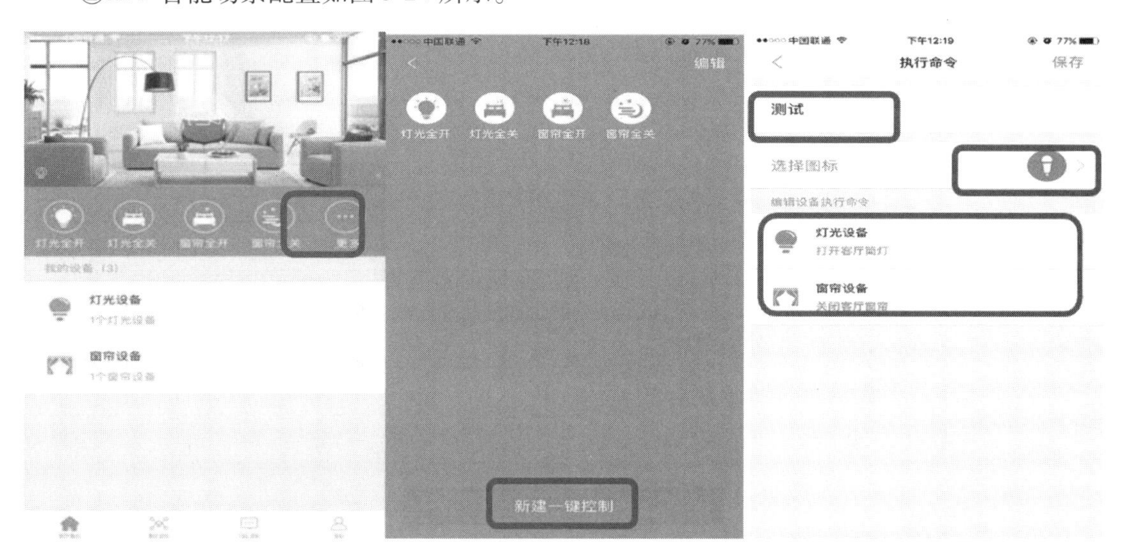

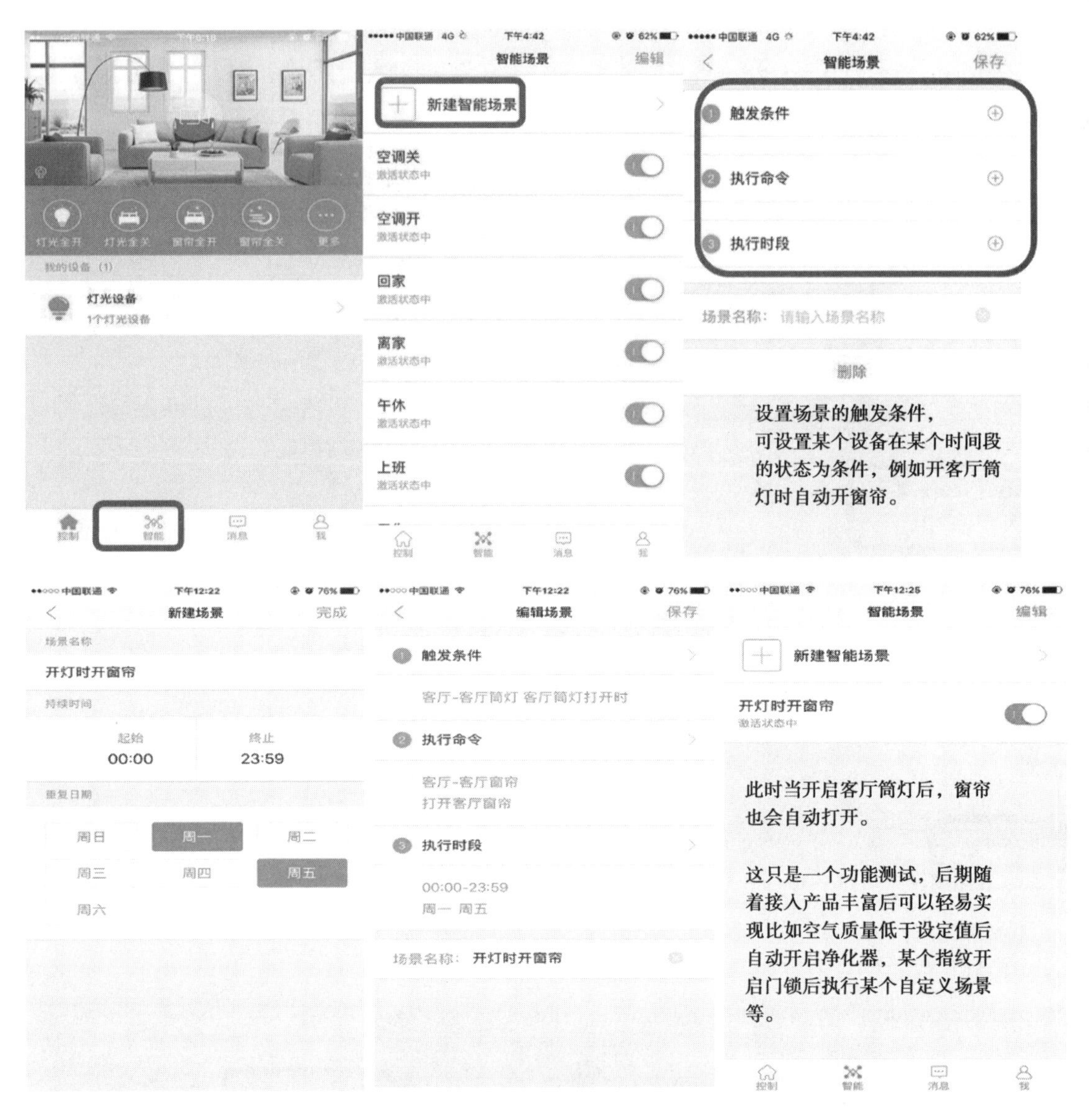

图 5-24　智能场景设置

【项目五考核表】　智能家居窗帘系统的装调

任务模块	模块子系统评价标准	配分/分	自我评价	教师评价
P5M1 智能窗帘系统的装调	了解智能窗帘的类型、结构与功能	8		
	掌握轨道测量工具的使用方法	6		
	掌握智能窗帘轨道测量方法	12		
	理解安装图纸的标识含义	4		
	掌握智能窗帘轨道、电机的安装步骤	8		
	掌握智能窗帘轨道、电机的配置方法	8		

续表

任务模块	模块子系统评价标准	配分/分	自我评价	教师评价
P5M2 智能开窗器和风光雨传感器装调	了解智能开窗器类型、结构与功能	6		
	熟悉风光雨传感器的结构与功能	8		
	掌握开窗器、风光雨传感器安装环境的要求	10		
	掌握智能风光雨传感器装调配置方法	12		
	掌握智能开窗器与风光雨传感器的联动应用	12		
过程与素养	学习态度端正,搜索资料认真积极	2		
	听讲认真,按规范操作	2		
	有一定的沟通协作能力和解决问题的能力	2		
合计		100		

思考与习题

1. 智能窗帘系统的轨道有哪些?
2. 如何测量智能窗帘轨道的数据?
3. 智能窗帘有哪几种类型? 各有什么特点?
4. 轨道测量工具有哪些? 怎么使用?
5. 智能窗帘轨道测量哪些要素? 具体方法步骤是什么?
6. 归纳智能窗帘轨道、电机的安装步骤。
7. 归纳智能窗帘轨道、电机的配置方法。
8. 归纳智能开窗器类型、结构与功能。
9. 风光雨传感器的主要结构是由哪几部分组成?
10. 开窗器、风光雨传感器安装环境的要求有哪些?
11. 归纳智能风光雨传感器装调配置方法。
12. 简述智能开窗器与风光雨传感器的联动应用。

项目六
智能影音系统的组建与配置

项目概述

对于家庭的背景音乐系统,陈先生跟小顾描述了以下情境:清晨,随着美妙的轻音乐响起,窗帘徐徐打开,一缕阳光洒向床头,将您从睡梦中叫醒。背景音乐逐渐增强,直至稳定在设定的音量,没有闹钟那急促的吵闹;工作劳累了一天,一打开家门,美妙的轻音乐就回荡耳畔多好啊;子女喜欢流行音乐,父母喜欢戏曲综艺,而我喜欢了解时事政治与经济,每个房间要是能播放不同的节目就好了;生日宴会、朋友聚会,美妙的音乐烘托氛围,岂不乐哉;工作压力大,来点音乐缓解疲劳,心情烦躁,来点音乐舒缓情绪;背景音乐能够根据人所处位置打开对应位置的背景音乐,其他空房间则无需打开。

陈先生也是一个电影爱好者,由于工作的原因,很多大片没赶上趟就下线了,要是在家也能有电影院的高清视觉、高保真音响体验,那就好了;很多经典口碑大片续篇已经出第八部了,想在家重温一下前几部情节;家庭影院如果也能看3D,感受身临其境的真实效果,那是非常美妙的事情;控制越简单越好,不需要调节太多的设备,最好能一键开关设置所有的影院设备。

项目目标

✧了解背景音乐主机型号的命名规则
✧掌握背景音乐点位图的识别方法
✧了解主机的接口规格和线缆型号
✧学会背景音乐系统的设计、安装与调试
✧熟悉家庭智能影院设备型号与主要参数
✧掌握家庭影院设备接线方法与布线要求
✧学会家庭影院设备的调试方法
✧掌握投影机电动升降支架的安装与调试
✧学会智能影音的系统集成

任务一　背景音乐系统的搭建

任务目标

✧了解背景音乐主机型号的命名规则

✧掌握设备点位图的识别方法

✧了解主机的接口规格和线缆型号

✧学会背景音乐系统的设计、安装与调试

【任务描述】

根据李先生的背景音乐需求,小顾在中央背景音乐、单体背景音乐、吊顶音乐主机方案中采用中央背景音乐主机方案,实现分区独立控制、手机控制、场景联动、语音播报等,另外增加音乐跟随联动。

知识链接

1. 系统拓扑图

中央背景音乐系统拓扑图如图 6-1 所示,一体机背景音乐系统拓扑图如图 6-2 所示。

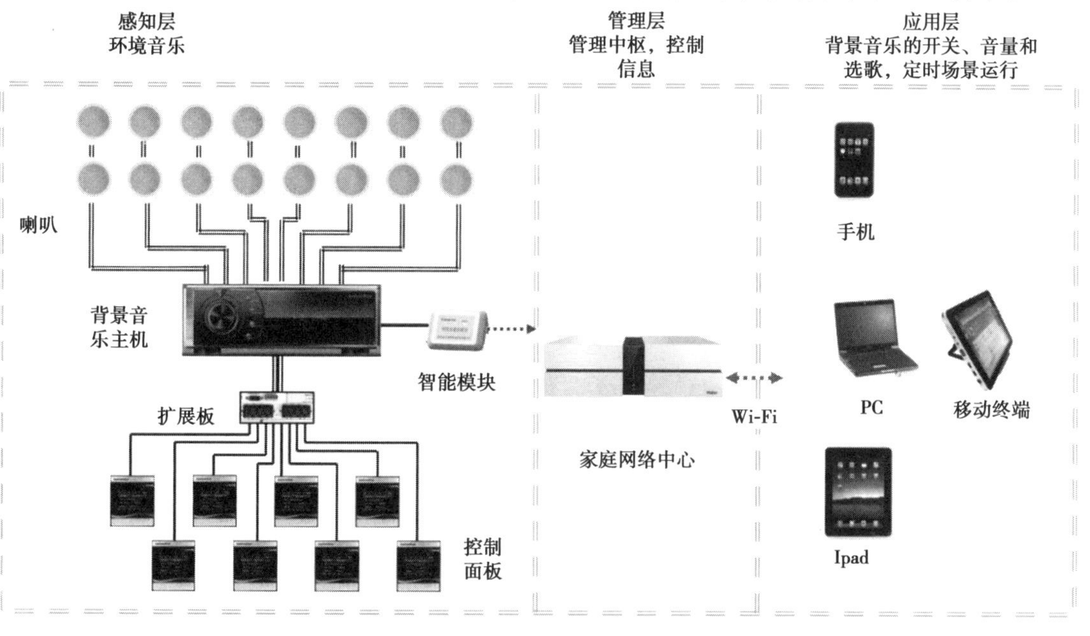

图 6-1　中央型背景音乐系统拓扑图

2. 背景音乐系统单品功能描述

背景音乐系统单品功能介绍如表 6-1 所示。

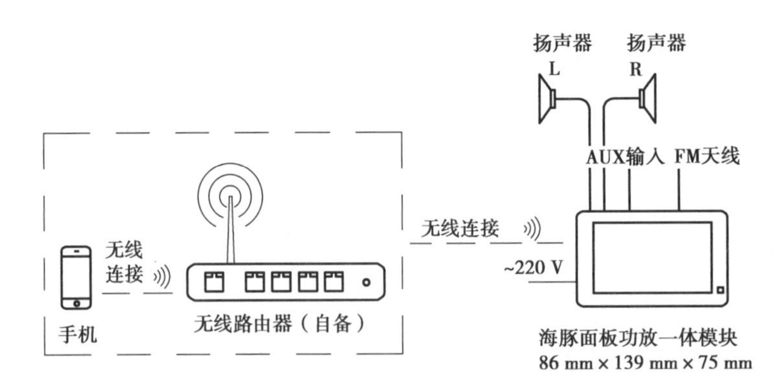

图 6-2 一体机背景音乐系统拓扑图

表 6-1 背景音乐系统单品介绍

中央型背景音乐主机				
序号	产品名称	产品型号	图片	参数描述
1	中央智能主机	BA-E69-8		
参数描述		1. 系统提供 7 个可同时使用的音源选择； 2. 高保真立体声，Hi-Fi 音效，每路总功率最低 50 W； 3. 具备音质 EQ 调节模式，可根据喜好调节高低音； 4. 各通道独立控制，音源独立控制，32 级音量控制； 5. 2 个 USB 接口，支持外接 U 盘/移动硬盘、iPhone 等音频设备； 6. 2 路内置高灵敏调频收音模块，FM 电台自动搜索存储； 7. 2 路外接音源，支持 DVD/VCD/TV/电脑等外部音源输入； 8. 1 路网络电台音源，各通道均可收听不同的网络电台； 9. MP3 音源支持每个房间同时独立选择不同音乐； 10. 含红外输出口，可通过学习红外命令来控制 DVD/CD 等外接音源； 11. 含 LAN 口，主机接到路由器，可获取网络音源和自动升级系统； 12. Wi-Fi 无线控制功能，可以通过 iphone/ipad 自由控制所有通道； 13. RS-232/485 和 TCP/IP 协议全面开放，可实现与中控系统联动； 14. 定时控制多样化，可定时播放指定专辑或歌曲等； 15. 智能防干扰，电话接入自动静音功能； 16. 面板有一键 PARTY 功能，可实现整宅即刻播放同一首歌曲		

续表

中央型背景音乐主机				
序号	产品名称	产品型号	图片	参数描述
2	背景音乐触控面板	BA-E68TDS		1. 外观尺寸:86 mm(W)×96 mm(H)(86 底盒式安装); 2. 质量<200 g; 3. 按键使用寿命超过 4 万次; 4. 面板厚度:9 mm; 5. 工作温度范围:5 ℃~40 ℃,如果在卫生间使用,请加盖防水罩; 6. 工作电压:DC 5~12 V,使用主机电源,不需要外接电源; 7. 控制距离:控制面板和主机之间的最远距离 200 m
3	扬声器	实际尺寸以现场为主		定阻吸顶喇叭,阻值 8 Ω,功率 25 W,高低音同轴分频
4	网络背景音乐模块	HR-03BJ		1. 智能家居控制平台连接的独立模块,可通过网关(智能遥控器)对背景音乐主机进行功能控制; 2. 工作电压:DC5 V; 3. 待机电流:1 mA; 4. 无线通信频率:ZigBee、Wi-Fi 协议
一体机型背景音乐主机				
5	单体式背景音乐主机	E7		1. 独具匠心的散热系统设计; 2. 深度开发的封闭式安卓系统; 3. APP 仿主流音乐播放器功能设计; 4. 实现语音智能控制的一体机; 5. APS 专用屏引入; 6. 实测功率 50 W; 7. 双声道立体声音效; 8. 支持解码所有主流无损音乐格式

3. 背景音乐系统单品安装介绍

1)背景音乐主机

背景音乐主机背面板接线图如图 6-3 所示。

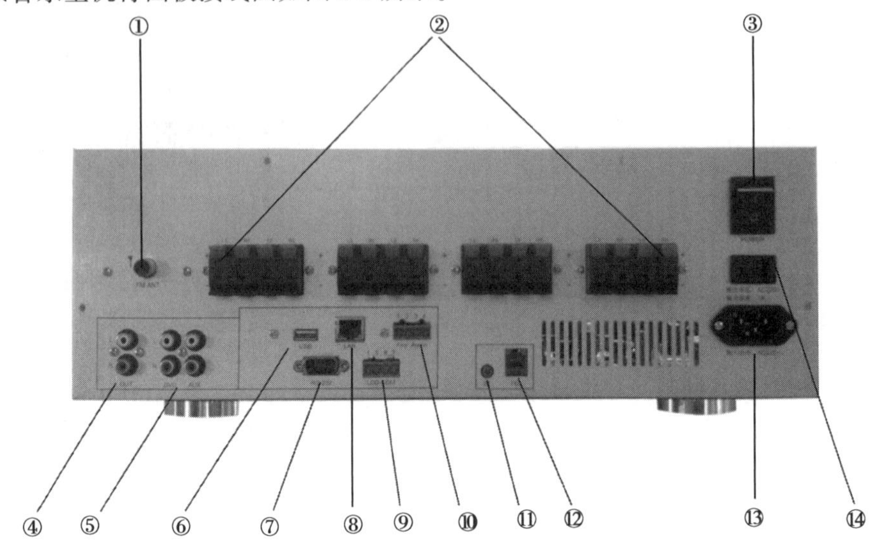

图 6-3　背景音乐主机背面板接线图

①FM 天线接口。

②SPK OUTPUTS 扬声器输出:连接 4 Ω 或 8 Ω 的定阻喇叭或音箱。分为左右声道。

③电源总开关。

④SOURSE OUTPUTS 音源输出接口:将系统第一路音源同时输出,可以外接定压功放,方便系统的扩展。

⑤音源输入:外接 DVD、AUX,可以接入自己喜欢的音源(如可接入 2 路 DVD,或是一路 DVD,一路 TV 等,也可接入其他音源,可以通过学习红外遥控命令来通过面板控制 DVD)。

⑥USB 接口:此接口用来连接 U 盘或移动硬盘(U 盘和移动硬盘的文件系统格式需为 FAD32 和 NTFS)。

⑦RS-232:此接口为标准 RS-232 通信口,可以外接中控或其他设备来控制主机。

⑧LAN 口接网线到路由器。

⑨LCD-COM:液晶触控面板供电接口(供电电压 DC24 V)。

⑩FIREALARM 接口:直接将提供的火警线接入此接口即可。

⑪IR:红外输出口。

⑫TEL:电话线接口,做电话静音用。

⑬220 W 输入:接入市电。

⑭220 W 输出:主要是给 DVD 供电,将 DVD 电源置为常开,然后接入此接口。这样就能通过主机控制其电源。

2)背景音乐触控面板

液晶触控面板接线图如图 6-4 所示,墙面预留 86 底盒,安装高度 1 300 mm,将背景音乐触控面板底座用“一”字螺丝刀取下,固定于底盒上。

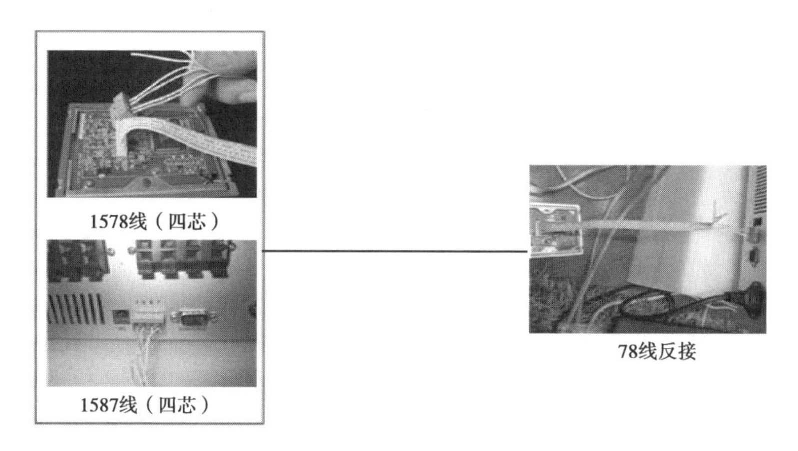

图 6-4　液晶触控面板接线图

3)扬声器

背景音乐扬声器接线图如图 6-5 所示。吸顶安装在天花板上,开孔尺寸以实际为准。

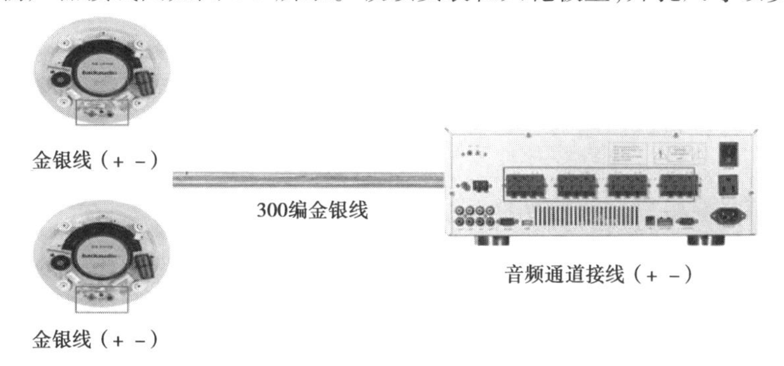

图 6-5　背景音扬声器接线图

注意扬声器为定阻还是定压规格;扬声器不能并联接入功放(并联电阻变小,容易烧毁功放)。

4)背景音乐控制模块

第一步:将模块的 RS232 插头插到背景音乐主机背面的 RS-232 通信口上。背景音乐扬声器接线图如图 6-6 所示。

图 6-6　背景音扬声器接线图

第二步:电源插头插到模块的电源插座上,如图 6-7 所示。

图 6-7　背景音扬声器接线图

5）单体式背景音乐主机

将单体式背景音乐主机安装进提前预埋好的专用背景音乐主机底盒。

任务实施

1. 中央型背景音乐主机布线说明

1）主机与面板位置：确定主机与面板安装位置

①电源线：需要给主机供电的三孔电源插座，导线截面积不小于 2.5 mm^2。

②电话线：房间需要电话静音功能的需预留电话线至主机位置。

③面板线：每个面板需布两根网线到主机与交换机的位置，如交换机与主机不在同一位置，一根网线布到交换机位置，另一根网线布到主机位置，主机与面板最远距离不要超过 50 m，否则会因为面板供电不足导致面板白屏或连不上主机。

④RJ45 网络线：接网线到路由器或交换机，通过网络获取云音乐，苹果/安卓手机 APP 通过网络控制我们的主机。

⑤音源输入线：DVD/AUX 外接音源输入，双莲花座音频线。

⑥音源输出线：外接定压功放，莲花座屏蔽线，无屏蔽线可能会出现杂音。

⑦FM 天线：可接配套的黑色导线，地下室和收音信号差的地方请预埋有线电视电缆 75-5 线至室外。

⑧音响线：要求音箱线 2 ×150 芯以上。每个通道分左右声道，需布两根音响线到主机位置，标配是接 2 个喇叭，接 4 个喇叭会有烧功放的隐患！

比如 8 路主机，需要布（2 ×8）16 根音箱线。

⑨Fire Alarm 接口线：直接将提供的火警线接入此接口即可。

2）各型号喇叭开孔尺寸（表 6-2）

表 6-2　各型号喇叭开孔尺寸一览表

喇叭型号	开孔直径/mm	喇叭直径/mm	喇叭高度/cm
V4108	147	184	6.5
C5108	185	215	8
V6508	204	230	9.5

3）所需工具

万用表、十字起、小一字起、斜口钳/剪刀、电胶布/热缩套管、网线钳。

4）背景音乐系统连接图（图 6-8）

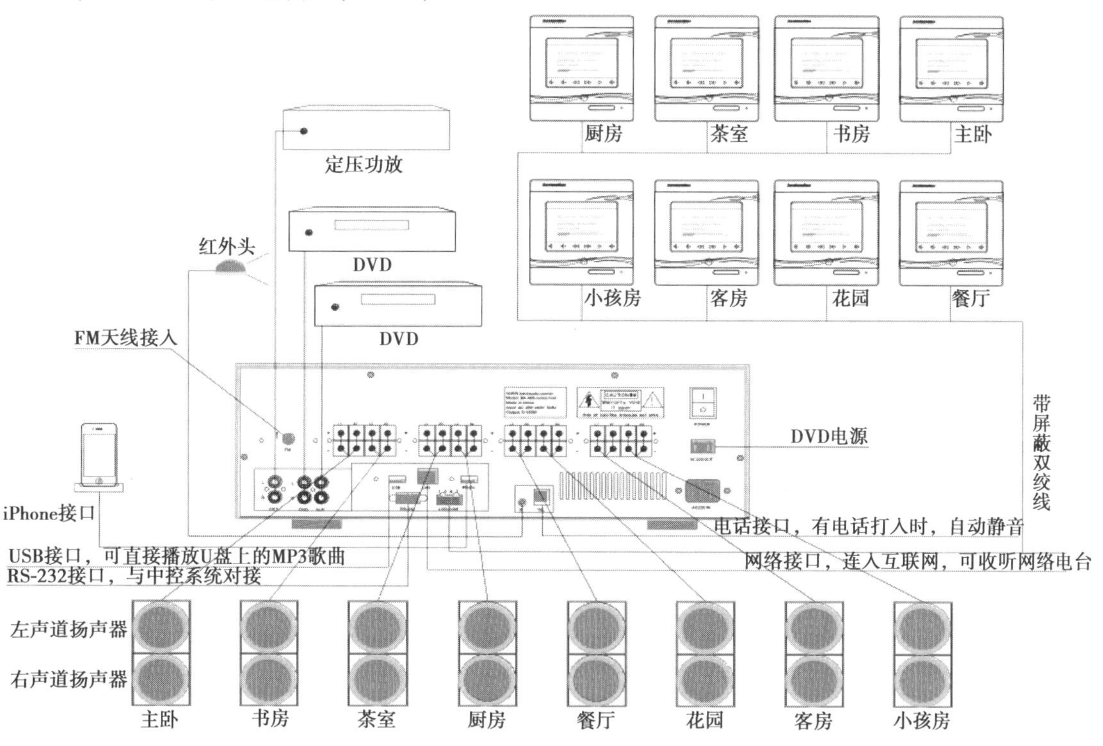

图 6-8　背景音乐系统连接图

5）主机接线图（图 6-9）

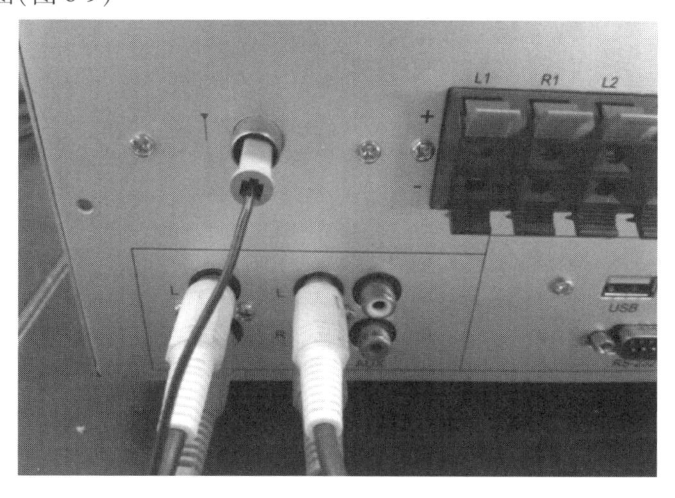

图 6-9　主机接线图

FM 天线：可直接插入配件中的黑色导线，将线拉直，增加 FM 信号接收强度。信号弱的环境，用配件包中的金色头子接有线电视电缆 75-5 至室外，室外末端去掉屏蔽层，留 2～3 m 主轴芯到室外。

音频输出:只有1路音源输出,由第1通道控制。用莲花插头连接定压功放,需要用3芯屏蔽线,不然电压功放输出会有杂音。

DVD输入:将DVD音频信号输入至DVD接口。AUX接口可接入TV音源。

喇叭接线说明:E69主机通道有4路、6路、8路。

比如6路主机,后面4个接线夹是空的。

每个通道分为L/R声道,比如第6路,2根音响线分别接在L6和R6上,喇叭正极音箱线接红色接线夹,负极接黑色接线夹。

每个通道输出功率是2×25 W,标配是接两个喇叭。如果房间比较大,需要接四个喇叭,需要将音量调小,不然会有烧功放的隐患。比如8路主机,最多2个通道可以接四个喇叭,要将主机音量调小。

6)面板供电接线法

E69面板供电接口只需接1、4脚给面板供电,RJ45网口需插根网线与交换机连接。(必须是与主机连接同一局域网的交换机,以保证主机与面板的通信,2、3脚不接),背景音乐系统连接如图6-10所示。

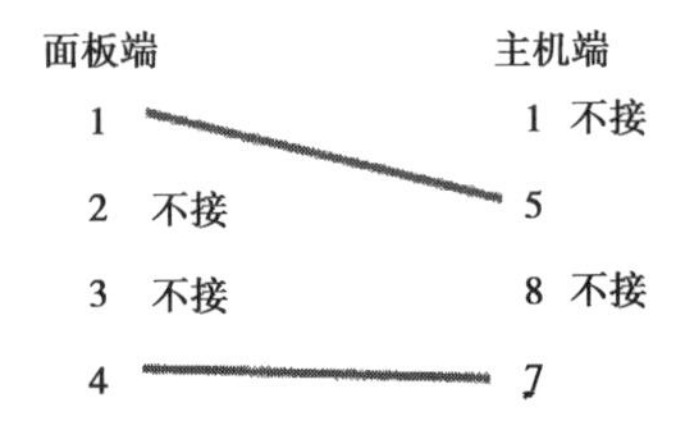

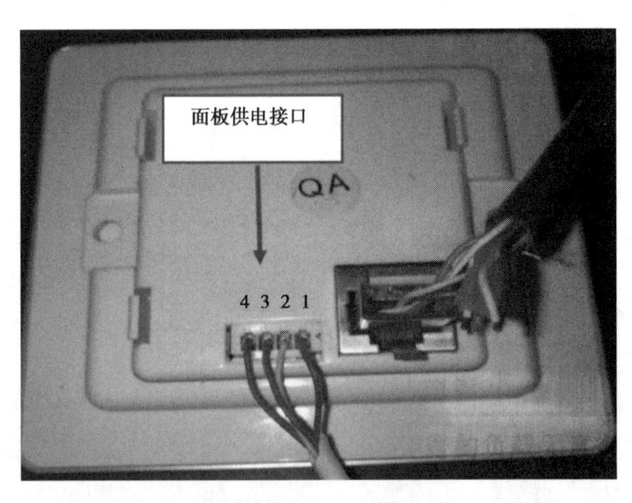

图6-10 背景音乐系统连接图

7)水晶头的制作方法(T568B标准)

背景音乐系统连接图如图6-11所示,做水晶头时可以只将1、2、3、6脚夹在水晶头上,另外4芯用做面板供电,2芯并作1芯用。此方法适用前期面板已布好一根网线,但要想更换为E69产品的用户。还未布线的还请按照要求从面板处布2根超5类网线到主机与交换机的位置,以免后期出现线路问题难以解决。

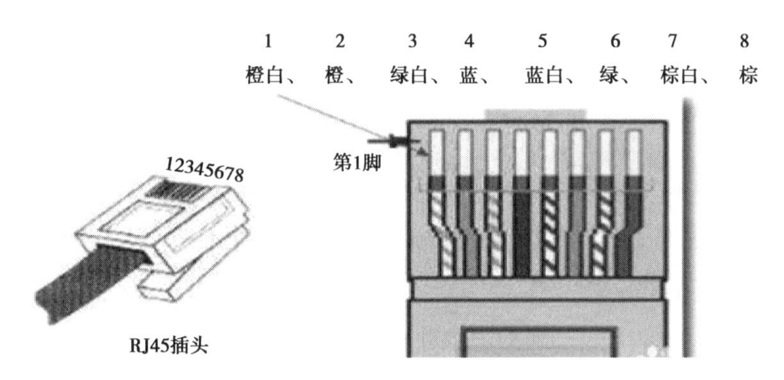

图 6-11　背景音乐系统连接图

2. 单体式背景音乐主机布线

1)先确定好主机与喇叭安装位置

①电源线:需要给主机供电的电源线,导线截面积不小于 2.5 mm^2。

②音源输入线:预埋 3 芯带屏蔽线至外部设备处(如电视机)。

③FM 天线:请预埋有线电视电缆 75-5 线至室外。

④音响线:要求音箱线 2×100 芯以上。喇叭正极接 L+,负极接 L-。从喇叭位置布 2 根或 4 根音响线到主机位置。

⑤Fire Alarm 接口线:直接将提供的火警线接入此接口即可。

2)主机接口说明

背景音乐系统主机接口说明如图 6-12 所示。

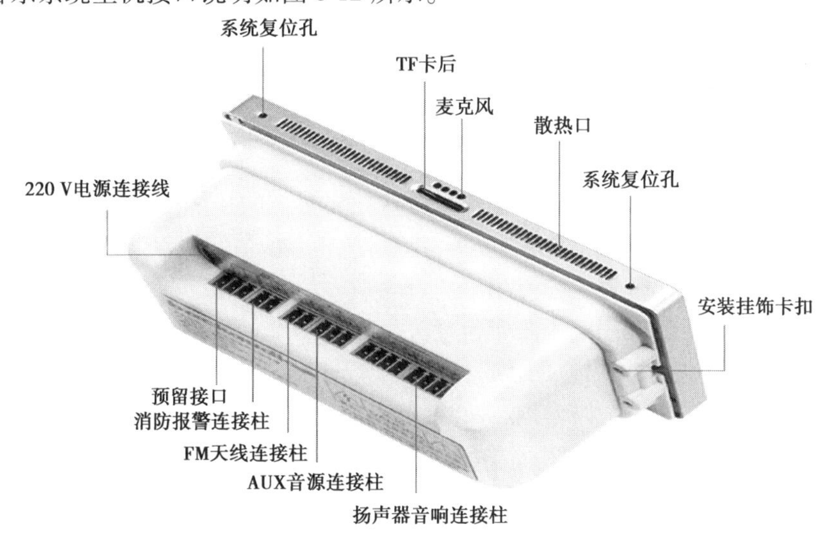

图 6-12　主机接口图

最后将模块电源上电即可,进行程序设置配对控制,电源与模块连接如图 6-13 所示。

3. 背景音乐主机调试

背景音乐主机调试框图如图 6-14 所示。

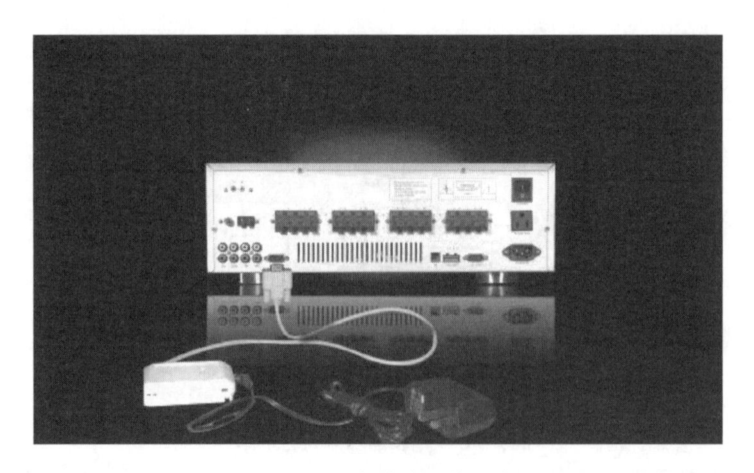

图 6-13　电源与模块连接示意图

1）中央型背景音乐主机

①插上 U 盘、网线、FM 天线；

②接好喇叭线；

③比如第 6 通道，接的是 L6 和 R6 接线夹；

④接好面板供电线与网线；

⑤主机通电；

⑥接面板。

先在第一通道房间接入面板，其他房间先不接面板。插上排线后看面板灯/屏是否亮，如不亮请立刻拔掉排线，检查连接线是否接错。

打开面板，选择 MP3 音源，看房间喇叭是否有音乐。如喇叭不响，可能接的不是对应通道接线夹或者是喇叭线路有问题。继续去其他房间调试，面板出厂时默认是 1 通道，改通道查看功能说明。

2）单体式背景音乐主机

①将音响线、FM 天线、AUX 线、火警信号线接在相对应的接线柱上，并将螺丝拧紧。（所有线束只留 20 cm 左右的长度）

②安装装饰卡扣，用螺丝固定在专用暗盒上。

③供电线与主机连接，并用电工胶布包好。

④将各接线柱插入主机相对应的接口。

⑤整理好线束，将主机塞入暗盒内，并将装饰卡扣与主机面板扣紧。

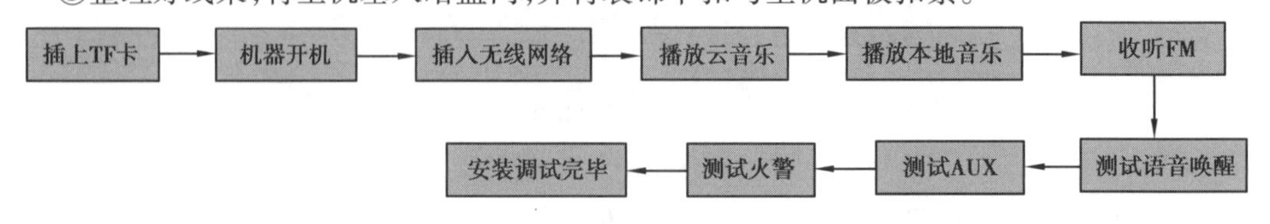

图 6-14　调试步骤框图

4. 背景音乐控制系统的 CAD 设计

步骤 1：打开背景音乐系统图例。

步骤 2：根据背景音乐系统图例在空白项目图纸中进行设计，如图 6-15 所示。

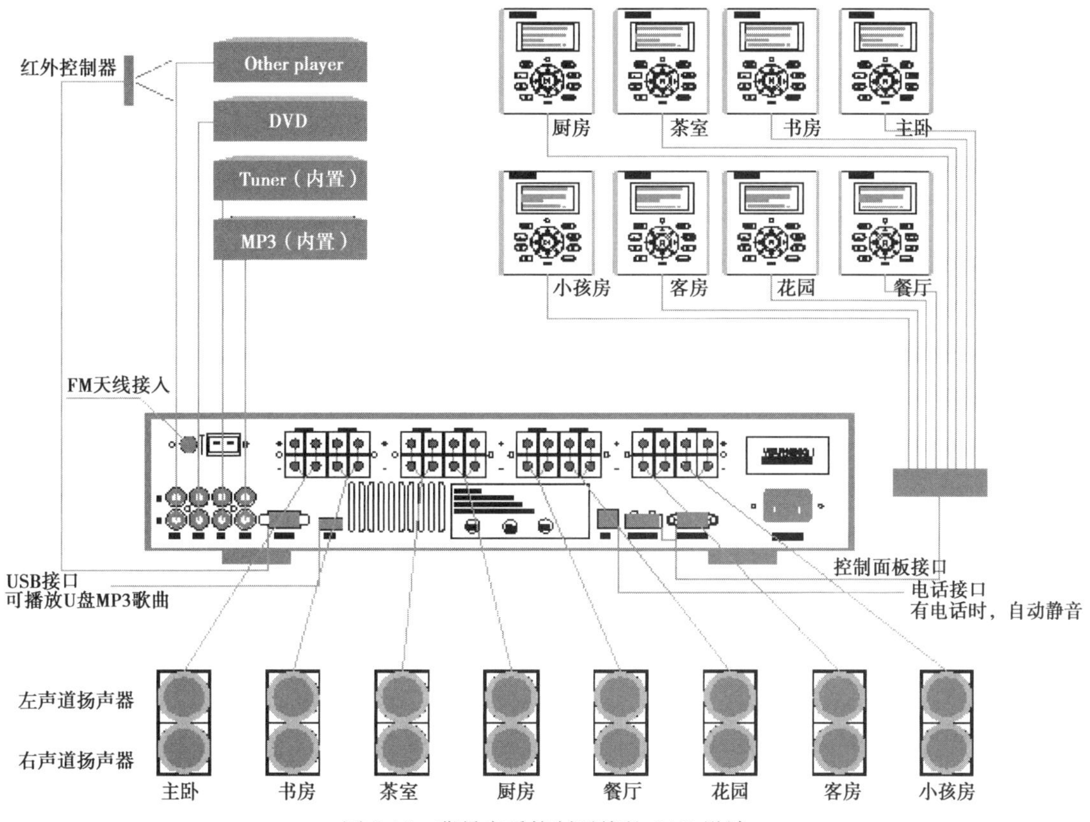

图 6-15　背景音乐控制系统的 CAD 设计

知识与能力拓展

音乐线型规格示意图如图 6-16 所示。YXB 型铜芯聚氯乙烯绝缘工程音响专用连接线。

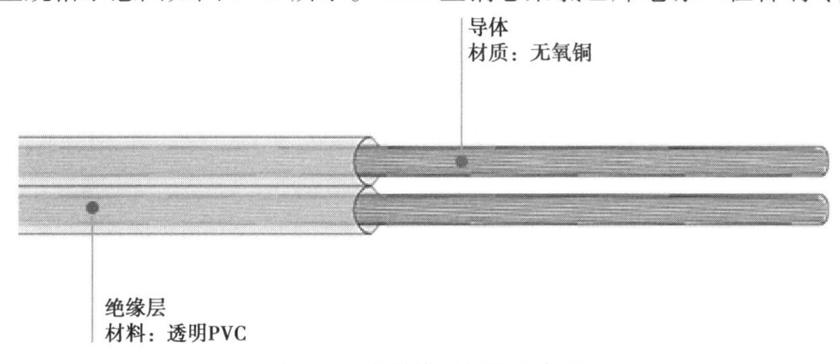

图 6-16　音乐线型规格示意图

任务二　家庭影院系统的搭建

任务目标

✧熟悉家庭智能影院设备型号与主要参数

✧掌握家庭影院设备接线方法与布线要求

✧学会家庭影院设备的调试方法

✧掌握投影机电动升降支架的安装与调试

【任务描述】

根据李先生的背景音乐需求,小顾在中央背景音乐、单体背景音乐、吊顶音乐主机方案中采用中央背景音乐主机方案,实现分区独立控制、手机控制、场景联动、语音播报等,另外增加音乐跟随联动。

知识链接

1. 系统拓扑图

家庭影院系统拓扑图如图 6-17 所示。

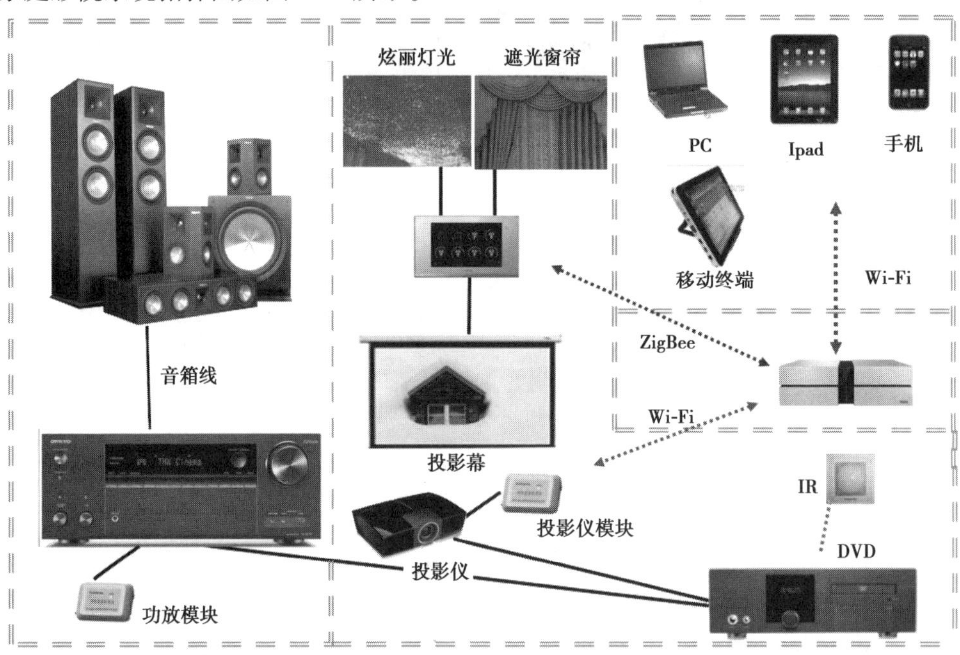

图 6-17　家庭影院系统拓扑图

2. 家庭影院系统单品功能描述

家庭影院系统单品如表 6-3 所示。

表 6-3　家庭影院系统单品介绍

1	网络功放模块	HR-03BJ		1. 智能家居控制平台连接的独立模块,可通过网关(智能遥控器)对功放主机进行功能控制; 2. 工作电压:DC5 V; 3. 待机电流:1 mA; 4. 无线通信频率:Wi-Fi 协议

续表

2	落地式音响	RP-250F		1. 2×5.25 陶瓷铝低音单元; 2. 钛制 LTS 高音单元; 3. 90°×90°Tractrix® 号角; 4. 频率响应:35~24 kHz +/-3 dB; 5. 灵敏度:97 dB@2.83 V/1 m; 6. 功率:125 W/500 W
3	中置音箱	RP-250C		1. 2×5.25 陶瓷铝低音单元; 2. 1 钛制 LTS 高音单元; 3. 90°×90°Tractrix® 号角; 4. 频率响应:67~24 kHz +/-3 dB; 5. 灵敏度:96 dB@2.83 V/1 m; 6. 功率:125 W/500 W
4	环绕音响	RP-240S		1. 2×4 陶瓷铝低音单元; 2. 2×1 钛制 LTS 高音单元; 3. 90°×90°Tractrix® 号角; 4. 频率响应:62~24 kHz +/-3 dB; 5. 灵敏度:93 dB@2.83 V/1 m; 6. 功率:75 W/300 W
5	低音炮	R-12SW		1. 低音单元; 2. 一体成型的石墨加旋铜外观; 3. 频率响应:29~120 Hz +/-3 dB; 4. 功率:200 W/400 W; 5. 最大声压级:116 dB
6	AV 功放	定制型号		1. THX® Select™认证的参考级声音; 2. 每声道 215 W,动态音频放大技术,实现 5~100 kHz 频响范围,每个声道均具备 VLSC™(矢量线性修正电路)技术,带来低底噪音频; 3. 支持 5.2.2 声道杜比全景声和 DTS:X™; 4. HDMI 7 进(1 前置*1)/主输出/2 区输出,支持 Dolby Vision™,HDR10,HLG,和 4 K/60 p 直通以及 HDCP2.2 协议; 5. 可升级 DTS Play-Fi® *2 技术支持 5 GHz/2.4 GHz 双频 Wi-Fi,AirPlay,TuneIn *3,Fire-Connect™ *4; 6. 无线多房间音频,2 区音频功率输出; 7. 2/3 区音频信号输出,及 7.2 声道信号输出

3. 家庭影院系统单品安装介绍

1)功放主机

功放主机放置于专业音响机柜或专业立式影音柜中,需预留强电插座。

2)家庭影院音箱摆放位置

①前置音箱摆放。前置音响摆放示意图如图6-18所示。

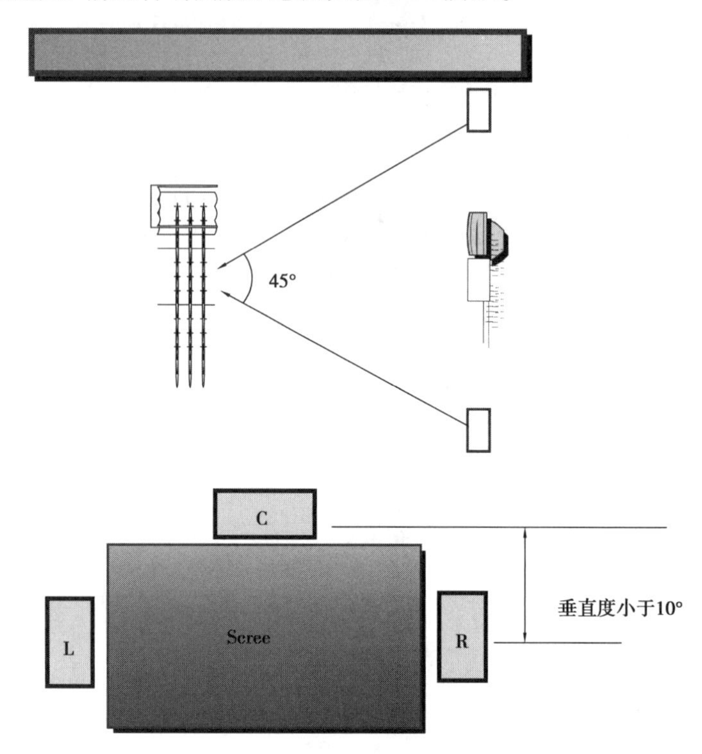

图6-18 前置音响摆放示意图

左前置和右前置对着聆听位置形成45°夹角;

如果内扣就靠拢小屏幕不要贴附在小屏幕的边上;

摆放L/R前置在屏幕两侧的中间位置;

保持L/C/R的高度彼此小于10°;

越接近水平位置越好。

②低音炮摆放。

在前方区域放一个低音炮;几个低音炮连接用MONO OUT,使用一个总的低音信号。

③环绕音箱摆放。

家庭影院音响摆放位置介绍如图6-20所示。

3)家庭影院幕布位置及尺寸

家庭影院幕布位置布局图如图6-19所示,家庭影院音响接线如图6-21所示。

4)功放控制模块

将功放控制模块232母头接口直接接入主机232公头端口。

5)投影机

投影仪示意图如图6-22所示。

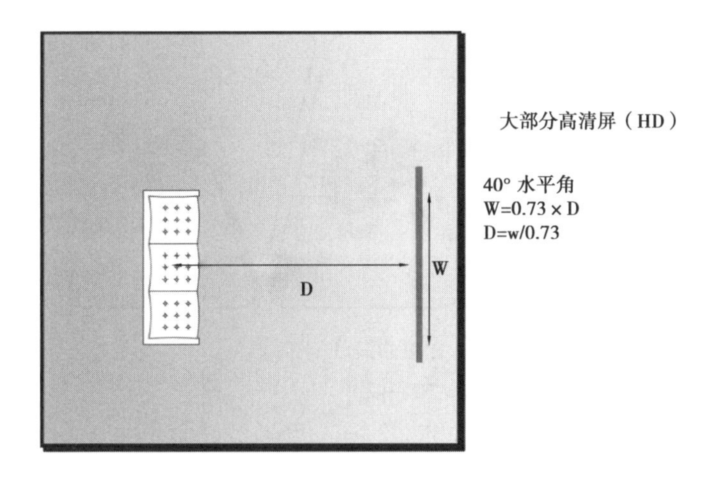

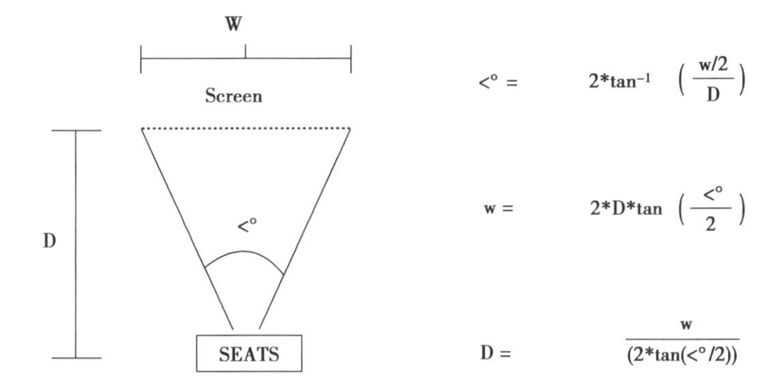

图 6-19　家庭影院幕布位置布局图

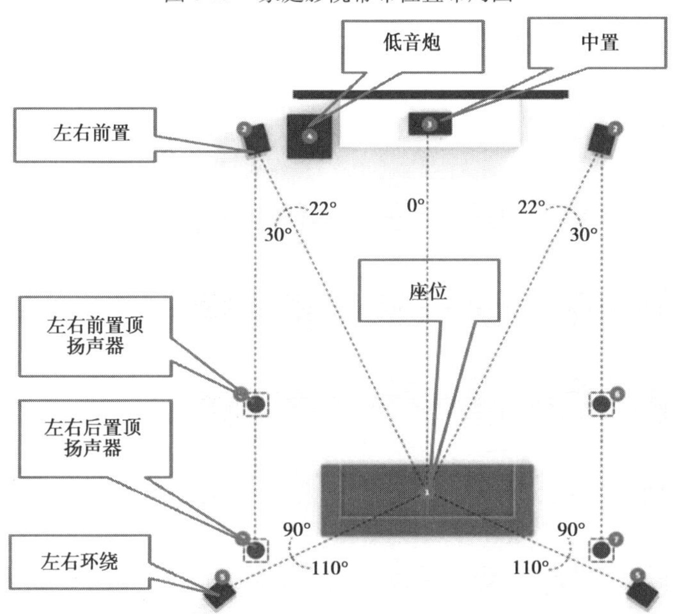

图 6-20　家庭影院音响摆放位置介绍

①连接端口。投影仪的连接端口如图 6-23 所示。

②连接投影机，如图 6-24 所示。

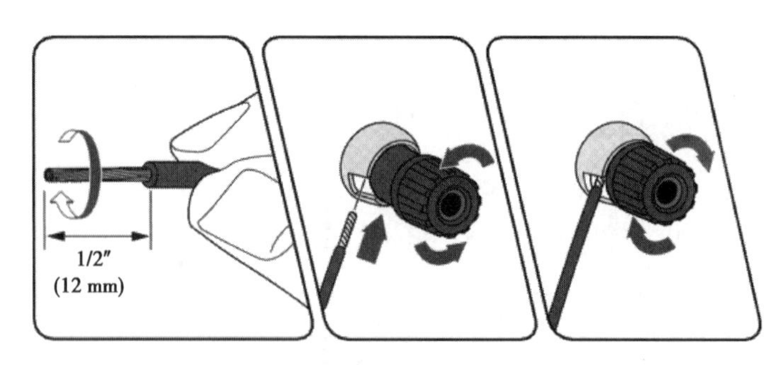

图 6-21　家庭影院音响接线

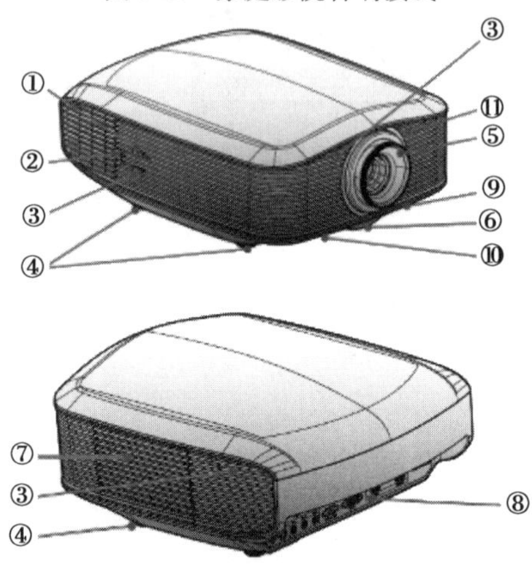

图 6-22　投影仪示意图

1—电源按钮;2—LED 指示灯;3—红外线接收器;4—倾斜度调整底脚;5—焦距;
6—缩放比例;7—灯泡更换盖;8—连接端口;9—镜头垂直位置调整;
10—镜头水平位置调整;11—配合电动屏幕使用的 IR 发射器连接端口

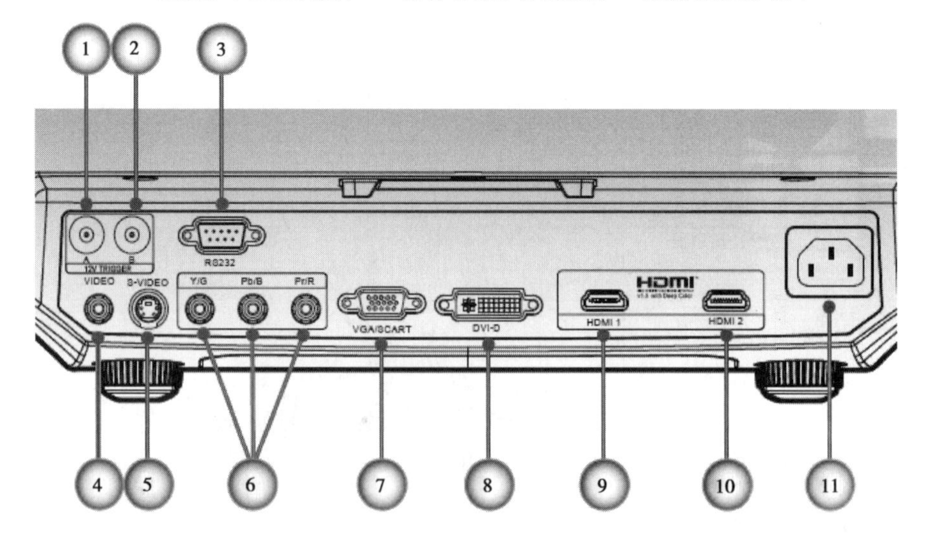

图 6-23　投影仪的连接端口

1—12 V 继电器 A;2—12 V 继电器 B;3—RS232;4—复合视频;5—S-Video;6—分量视频;
7—VGA 输入;8—DVI-D 输入(PC 数字和 DVI-HDCP);9—HDMI 1;10—HDMI 2;11—电源插口

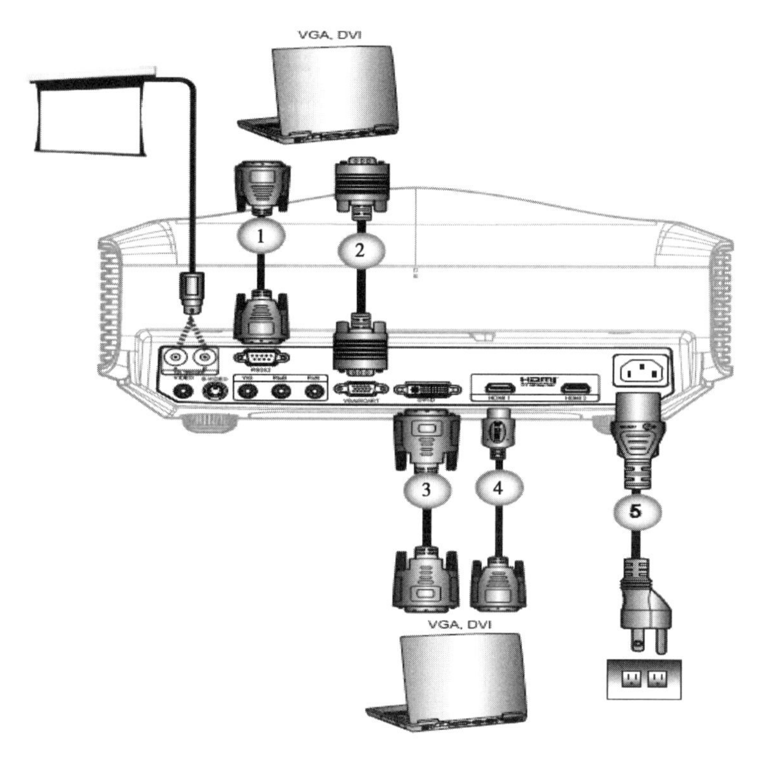

图 6-24　投影仪的连接

任务实施

1. 家庭影院系统安装接线

1)音响位置分布图

音响位置分布图如图 6-25 所示。

2)音响的安装

①前置左右主扬声器产生基本的声场。根据房间位置落地式摆放。

②中置扬声器产生丰富的声场效果,并可增强声音的移动感。一般摆放在功放的上方。

③环绕左右扬声器添加三维声音移动感,并可为各种场景带来背景音响效果充足的环境气氛。这是欣赏 Dolby Digital 和 DTS 音响所需求的,有助于加强家庭影院声音效果,改善声音的品质和真实感。

a. 环绕音箱可安装在墙上或架子上,音箱高于人耳 60 ~ 90 cm,环绕音箱安装示意图如图 6-26 所示。

b. 把螺丝固定在墙上确保螺丝及墙体能承重 20 kg,确保螺帽与墙体之间有 4 mm 距离。音响安装如图 6-27 所示。

c. 使音响后面的沟槽与螺丝对应,安装好音箱。

④低音扬声器产生强劲和丰厚的低音,加强声音感染力。

3)音响的连接

连接扬声器,必须使用正确规格的扬声器缆线。剥除约 10 mm 的电线绝缘体。将电线线芯紧紧扭绞一起。注意扬声器缆线上信号流的标向,如图 6-28 所示。

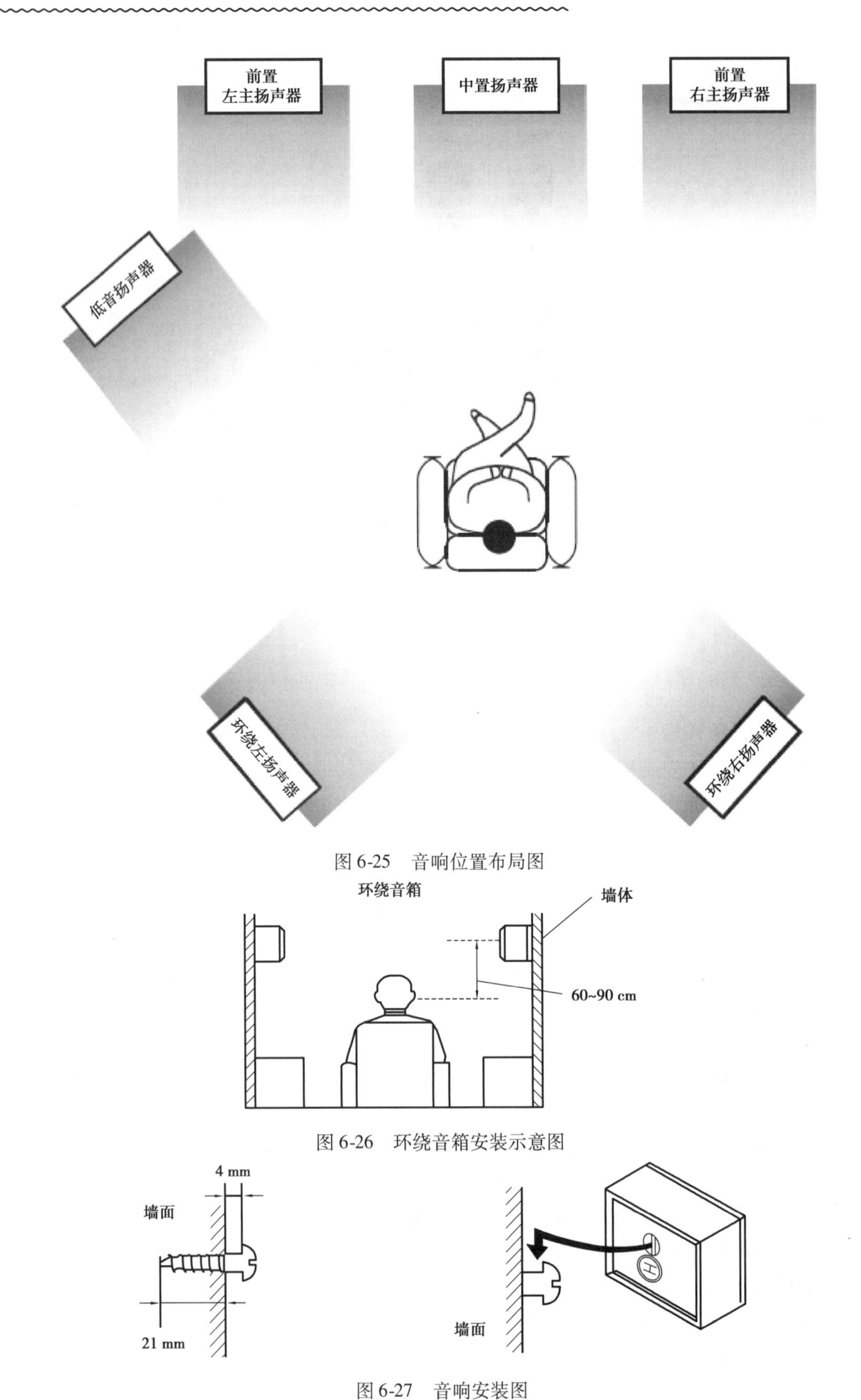

图 6-25　音响位置布局图

图 6-26　环绕音箱安装示意图

图 6-27　音响安装图

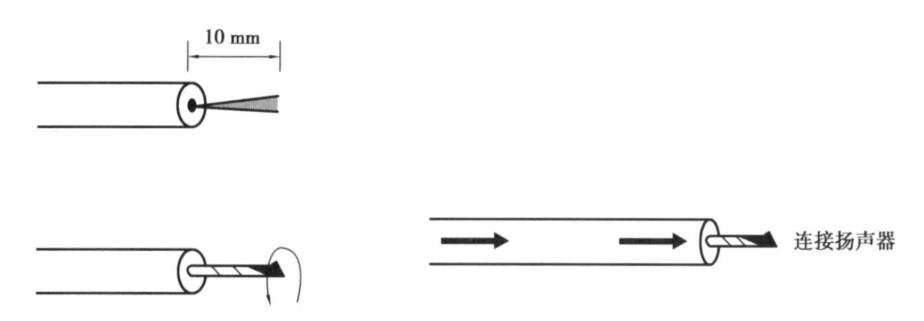

图 6-28　扬声器线缆信号流向

为防止损坏电路,切勿让正极(+)和负极(-)扬声器缆线发生短路。切勿交叠!! 如图 6-29 所示。

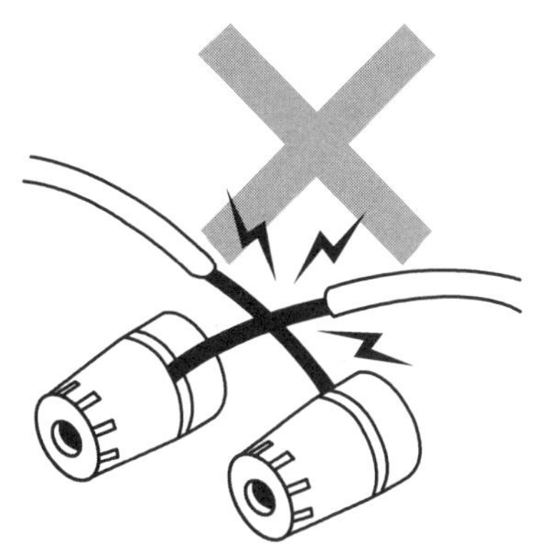

图 6-29　线缆连接注意事项

①主音箱缆线连接。把主置音箱线连在主机后面端子请使用阻抗大于等于 4 Ω 的音箱,若小于 4 Ω 会损害主机。把黑线连接于负极(-)端,红线连接于正极(+)端,如图 6-30 所示。

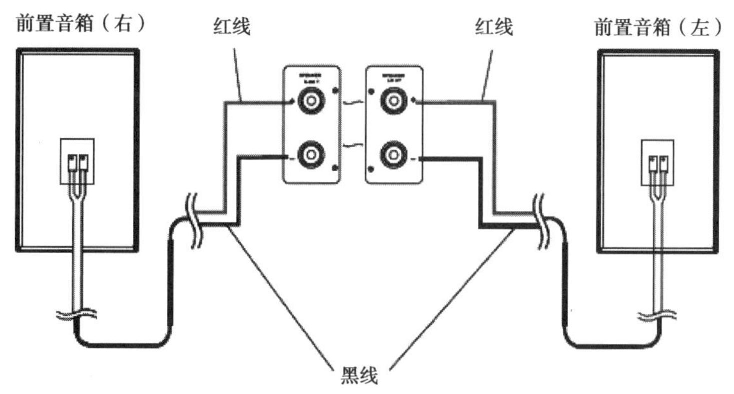

图 6-30　主音箱缆线连接

②中置音箱缆线连接。中置音箱连接,勿使用阻抗小于 4 Ω 的音箱。把黑线连接于负极(-)端,红线连接于正极(+)端,如图 6-31 所示。

③环绕音箱缆线连接。环绕音箱连接,使用阻抗不小于 4 Ω 的音箱。把黑线连接于负极(-)端,红线连接于正极(+)端,如图 6-32 所示。

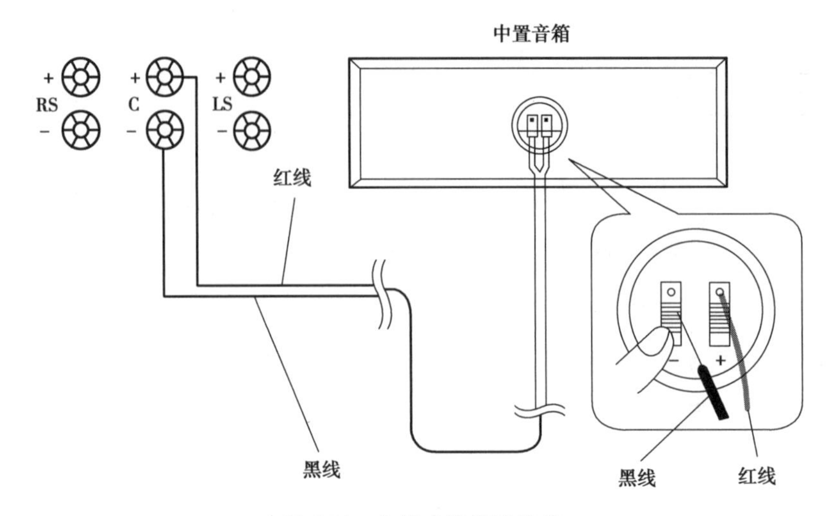

图 6-31　中置音箱缆线连接

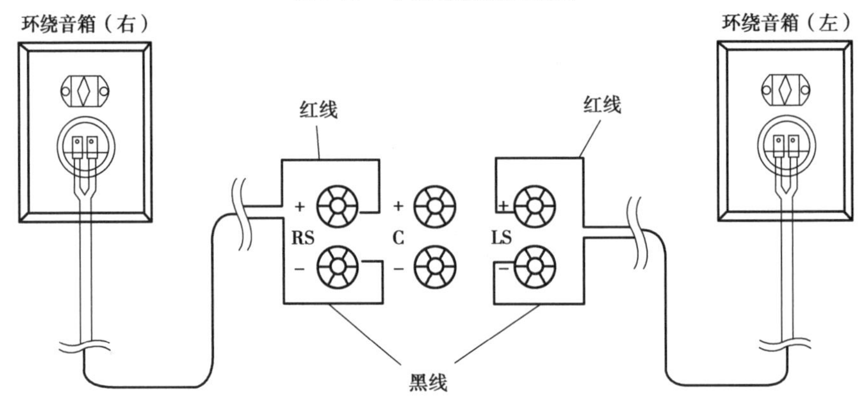

图 6-32　环绕音箱缆线连接

④有源重低音音箱缆线连接。有源重低音音箱连接，使用阻抗不小于 4 Ω 的音箱，如图 6-33 所示。

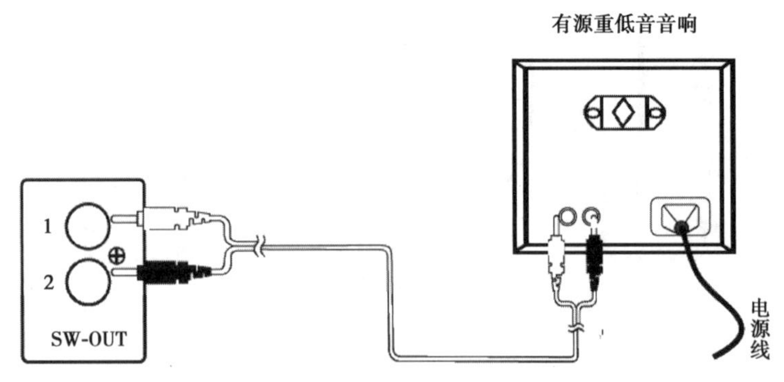

图 6-33　有源重低音音箱缆线连接

4）功放主机控制模块设置

第一步：将模块的 RS232 插头插到功放主机背面的 RS-232 通信口上。

第二步：电源插头插到模块的电源插座上，如图 6-34 所示。

图 6-34　电源与模块的连接

第三步:最后将模块电源上电即可。进行程序设置配对控制,功放主机控制模块与电源插头的连接示意图如图 6-35 所示。

图 6-35　功放主机控制模块与电源插头的连接

5)投影机装调

①投影机吊顶安装,如图 6-36 所示。

注意:

a. 若从其他公司购买吊装架,请务必使用正确大小的螺丝。螺丝大小因装配架不同而异,其取决于装配板厚度。

b. 务必在天花板和投影机底部之间留出至少 10 cm 间隙。

c. 不要将投影机安装在热源附近。

d. 产品初次调试。

②打开投影机电源。投影仪的电源打开示意图如图 6-37 所示。

③调整投影图像。

a. 调整投影机高度,如图 6-38 所示。

倾斜度调整:投影机配有升降支脚,用于调整图像高度。

升高图像:使用支脚螺丝将投影机升高到需要的显示角度和微调显示角度。

降低图像:使用支脚螺丝将投影机降低到需要的显示角度和微调显示角度。

b. 使用 PureShift 调整投影图像位置。

PureShift 是一个独特的系统,它可以在保持比传统镜头位置调整系统更高的 ANSI 对比度情况下提供调整功能。PureShift 提供了镜头位置调整功能,可以在指定的范围内水平或垂直调整投影图像的位置,如图 6-39 所示。

c. 调整垂直图像位置。最小垂直图像位移固定为图像高度高出投影机镜头中心 5%。这是不能更改的。垂直图像高度可以在图像高度的 5% ~30% 调整。注意,最大垂直图像高度调整可能受限于水平图像位置。例如,如果水平图像处于最高位置,则不可能取得最高垂直图像位置。请查看下面的 PureShift 范围图表以了解详情,如图 6-40 所示。

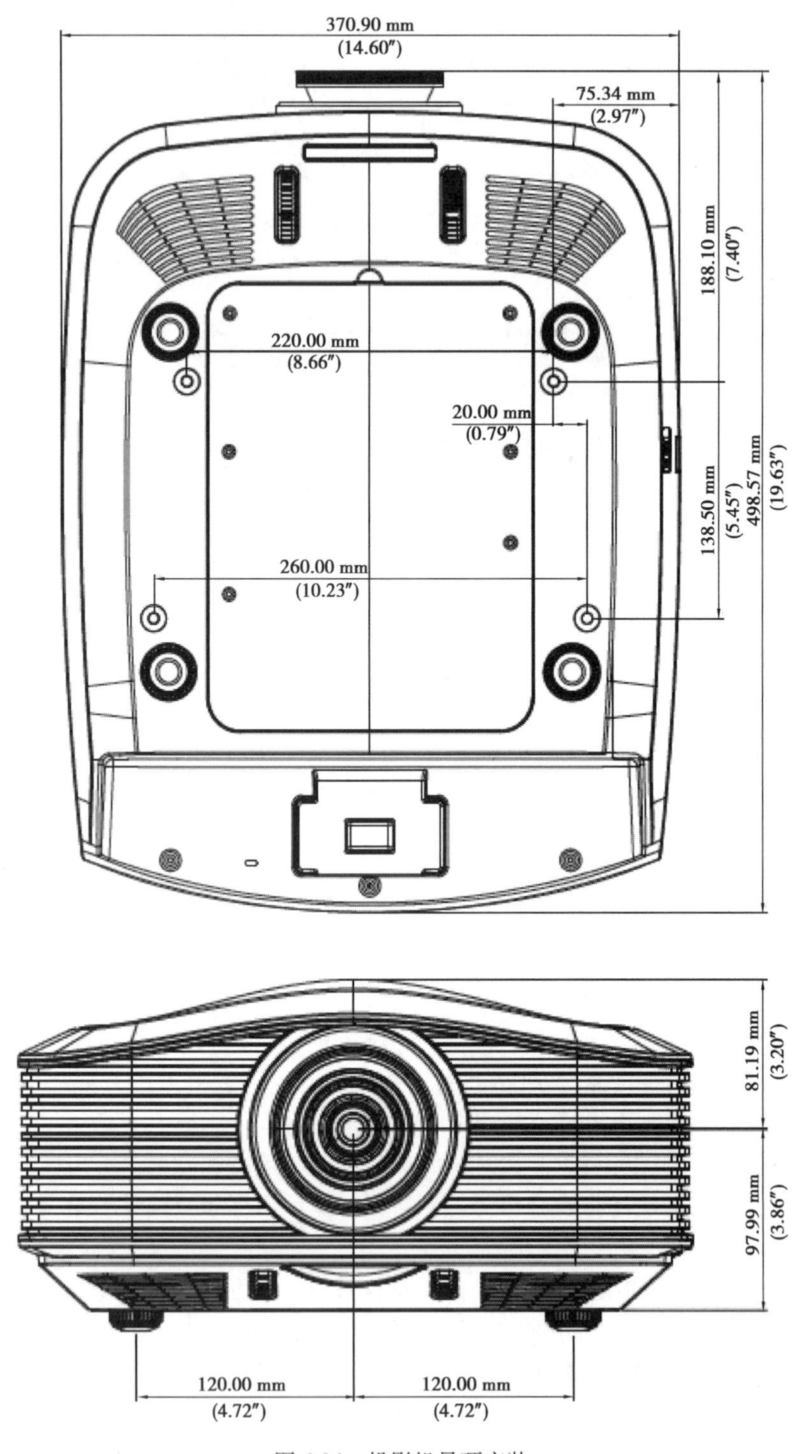

图 6-36 投影机吊顶安装

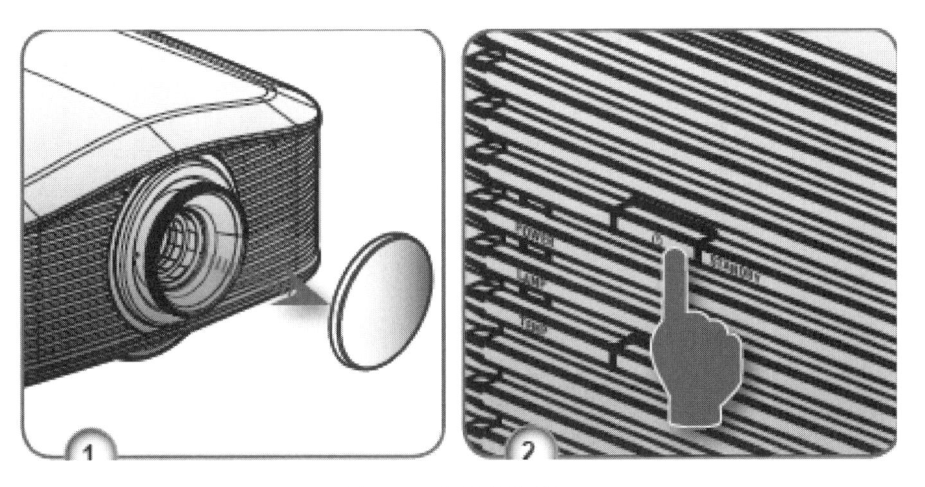

图 6-37　投影仪的使用

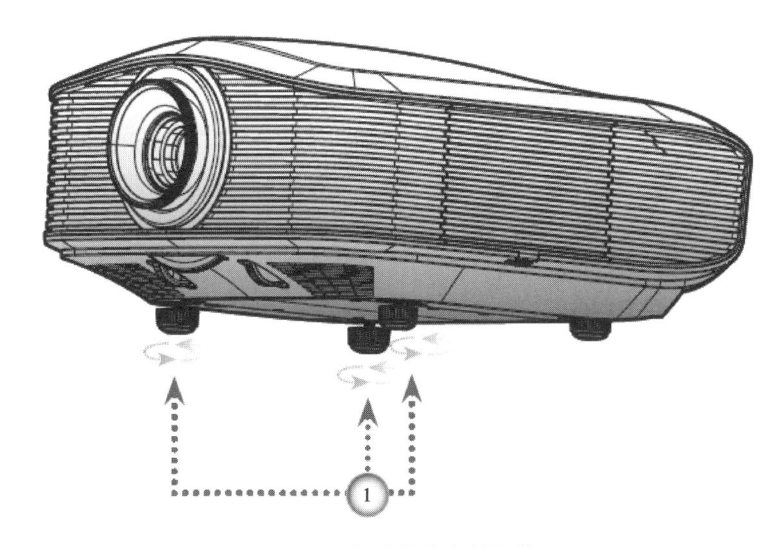

图 6-38　投影仪高度的调节

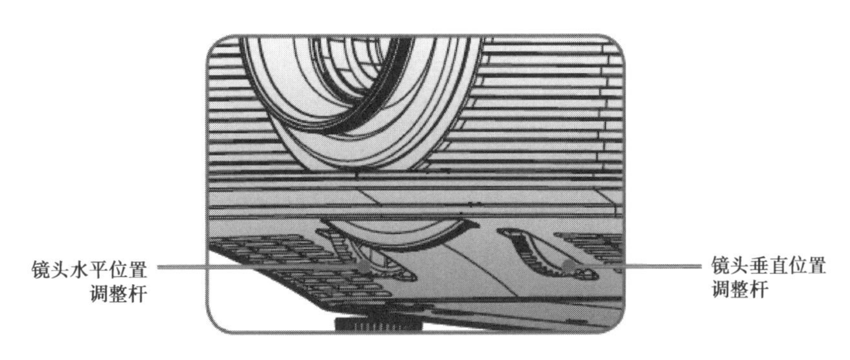

图 6-39　调整投影图像位置

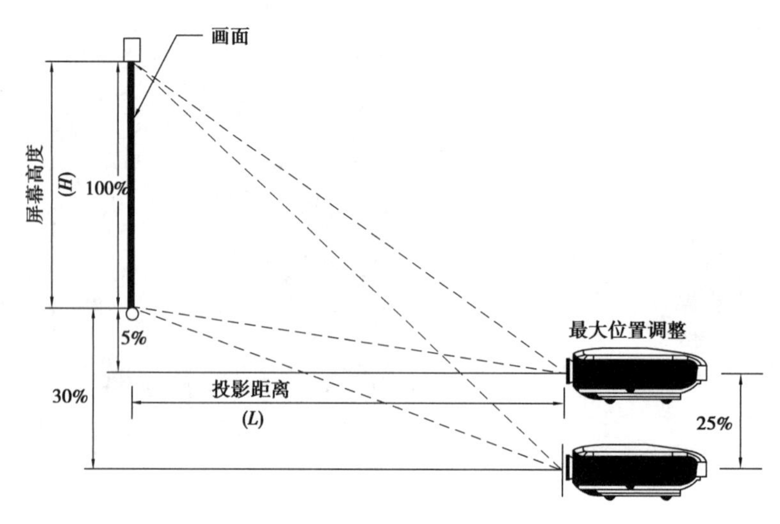

图 6-40　垂直图像位置的调节

d. 调整水平图像位置。当镜头处于中心位置时，可以将水平图像位置左右最大调整为图像宽度的 15%。注意，最大水平图像高度调整可能受限于垂直图像位置。例如，如果垂直图像处于最高位置，则不可能取得最高水平图像位置。请查看下面的 PureShift 范围图表以了解详情，如图 6-41 所示。

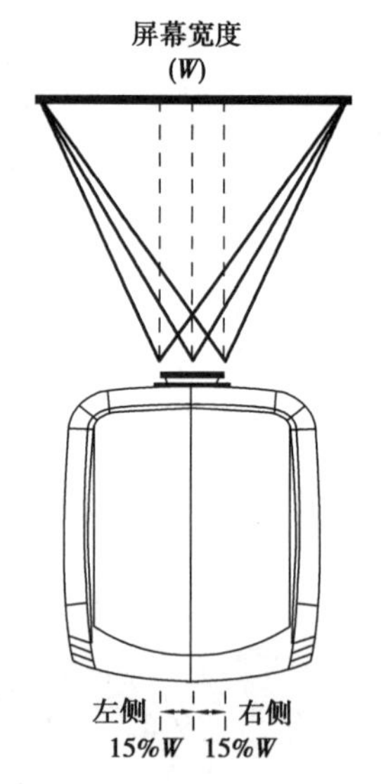

图 6-41　水平图像位置的调节

e. PureShift 范围图表，如图 6-42 所示。

④调整投影图像尺寸关系表，如表 6-4 所示。

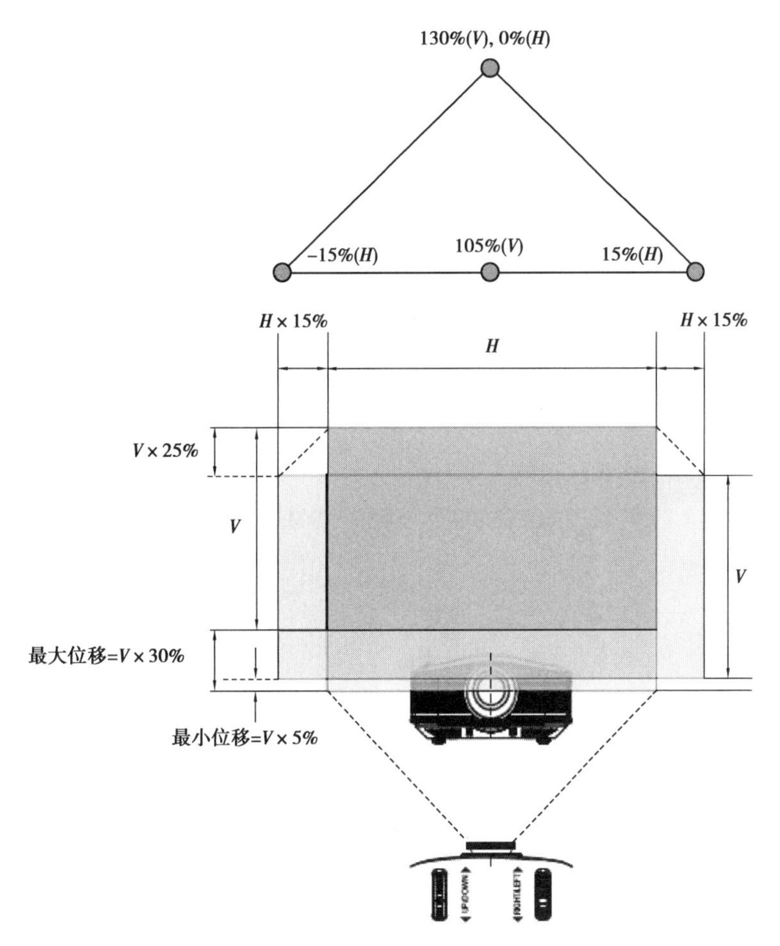

图 6-42　PureShift 范围图表

表 6-4　投影仪屏幕尺寸与投影距离关系表

对角线16:9屏幕的长度/in	屏幕尺寸 $W\times H$(16:9)				投影距离(D)				偏移(Hd)	
	(m)		ft		(m)		ft			
	宽度	高度	宽度	高度	广角	远焦	广角	远焦	m	ft
30	0.66	0.37	2.18	1.23	—	1.51	—	4.97	0.11	0.37
45	1.00	0.56	3.27	1.84	1.49	2.27	4.88	7.45	0.17	0.55
50	1.11	0.62	3.63	2.04	1.65	2.52	5.43	8.28	0.19	0.61
60	1.33	0.75	4.36	2.45	1.98	3.03	6.51	9.93	0.22	0.74
70	1.55	0.87	5.08	2.86	2.32	3.53	7.60	11.59	0.26	0.86
80	1.77	1.00	5.81	3.27	2.65	4.04	8.68	13.24	0.30	0.98
90	1.99	1.12	6.54	3.68	2.98	4.54	9.77	14.90	0.34	1.10
100	2.21	1.25	7.26	4.09	3.31	5.05	10.85	16.55	0.37	1.23

续表

对角线16:9屏幕的长度/in	屏幕尺寸 $W \times H$(16:9)				投影距离(D)				偏移(Hd)	
	(m)		ft		(m)		ft			
	宽度	高度	宽度	高度	广角	远焦	广角	远焦	m	ft
120	2.66	1.49	8.72	4.90	3.97	6.05	13.02	19.86	0.45	1.47
150	3.32	1.87	10.89	6.13	4.96	7.57	16.28	24.83	0.56	1.84
200	4.43	2.49	14.53	8.17	6.61	10.09	21.70	33.11	0.75	2.45
300	6.64	3.74	21.79	12.26	9.92	15.14	32.55	49.66	1.12	3.68

⑤关闭投影机电源,如图6-43所示。

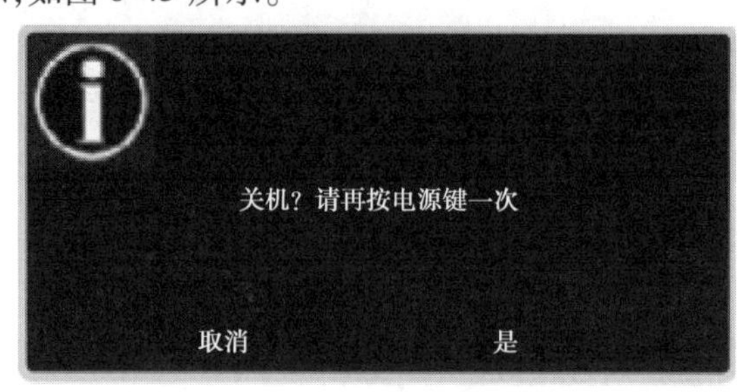

图6-43　投影仪的开关机

⑥投影幕的安装调试。投影幕应安装在观众最佳视角的位置。当幕布完全展开时,其底部应高于观众的头部。正确安装和使用会延长投影幕的寿命。

a. 内置挂环投影幕安装方法:投影幕布有灵活的安装方法,它既可以固定在墙壁上,也可以吊装在天花板上。若需安装在墙壁上时,务必使幕布与墙壁保持平衡,如图6-44所示。

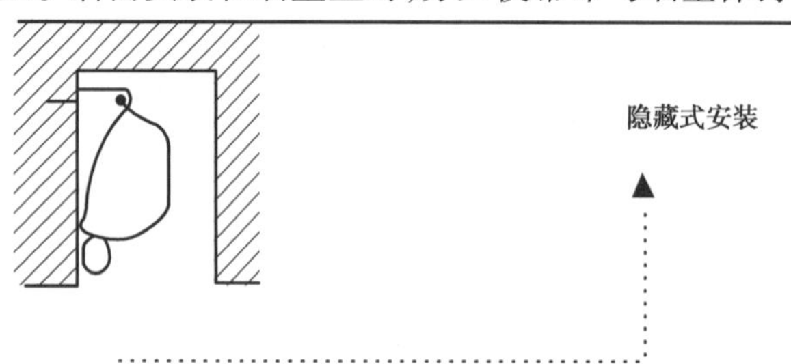

图6-44　内置挂环投影幕安装方法

b. 壁挂式投影幕安装:在投影幕两端的托架上有一匙孔形挂环,当需将投影幕挂在墙壁上时,应先在墙壁相应位置钉上铁钉或安装螺丝钉,然后挂上即可,如图6-45所示。

图6-45　壁挂式投影幕安装

c. 天花板式投影幕安装：需安装在天花板上时，应先在天花板相应位置安装两只挂钩，然后扣上投影幕两端的“D”型圆环即可，如图 6-46 所示。

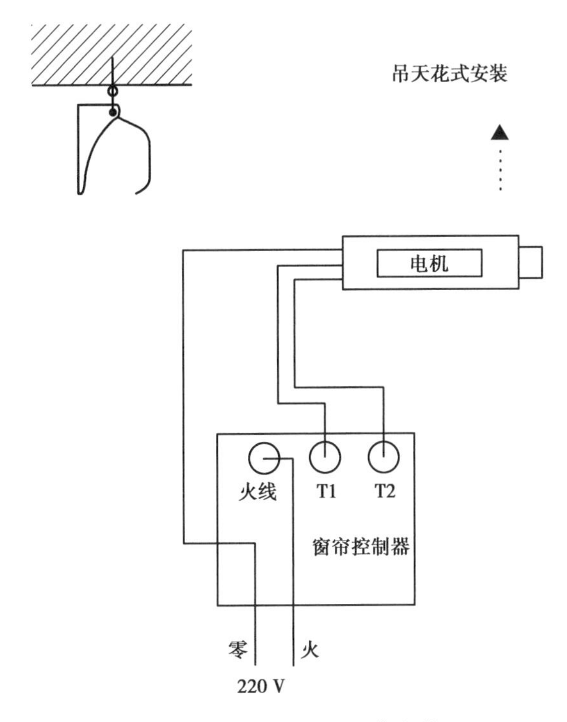

图 6-46　天花板式投影幕安装

2. 家庭影院控制系统的 CAD 设计

步骤 1：打开家庭影院系统图例。

步骤 2：根据家庭影院图例对空白图例进行设计。

知识与能力拓展

1. 音响为什么选用号角技术

(1) 实验：用厚纸板卷成圆锥状，然后把嘴靠在纸筒的锥部讲话。

(2) 日常生活：呼喊很远处的人，一定会很自然地把双手合拢靠在嘴巴上，因为这样可以让对街的人可以听得更清楚。利用这个简单的原理，不但可以让声音传得更远，而且也可以让声音投射的地区声音更集中、音量更大些，这就是号角的好处。

(3) 实物：爱迪生的留声机，用竹针从腊筒的刻纹上拾取声音信号，传到小小的发声振膜，没有加装号角的情况下，只能把耳朵靠在振膜旁听到叽叽喳喳的微小声音。这时如果在发声振膜外面套上一个号角时，音量突然增大数十倍，不但扩大了响应的频宽，也可以让整个房间充满音乐的声音。

2. 高效能/低失真

1) 音箱的效能

音箱的效能是指它将输入的(电子信号)转换成声音(输出)的能力。一个精心设计的号角加载音箱大约有 30% 的效率，而一个非号角加载音箱只有 1% ~2% 的效率。

2)宽动态范围

音箱的动态范围是指能重现最响亮和最轻柔的通道;具有同等的细节和清晰度。

3)受控制的指向性

音箱的指向性是指它在房间中扩散声音的模式。

3. 为什么要控制指向性?

1)平滑的频率响应

平滑的频率响应是指音箱所再生的所有频率具有一致性——从低端到高端没有加重,反之亦然。

2)Tractrix® 号角技术

Tractrix®(n):喇叭的圆形喉咙和正方形喇叭嘴之间的角壁的曲率,使得声波得到最有效的释放,以获得最干净、最自然的声音。

3)线性移动悬架

Reference 系列音箱总是使用一个钛膜压缩驱动器(高音),最专业的号角负载音箱使用相同的材质。钛是非常坚硬的,但却非常轻,具有最清晰的高频响应,带有最小的失真。线性移动悬架结构将失真和相位不连贯降到最低以带来富有细节且清晰的高频。LTS 高音是 Reference 系列的一个标志,杰士 Palladium 系列将它作为世界上最好的音箱的核心组件。

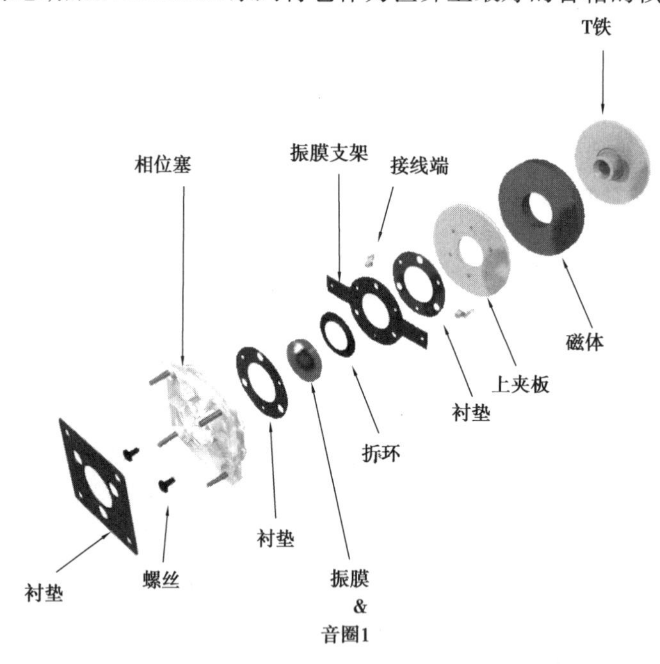

图 6-47 Reference 系列音箱

4)Cerametallic™陶瓷铝低音单元

Ceremetallic™(n):一个铝金属低音锥盆,在每一面上都电镀一层薄薄的陶瓷层;铝材非常轻盈、坚硬,能重现非常紧凑、悦耳的低频,而陶瓷对锥盆有阻尼作用。

Cerametallic 陶瓷铝低音单元是为 Reference Mk II 而开发,具有一个改良的一体化防尘帽。全新折叠的边缘额外提供了锥盆的强度,甚至获得更紧凑的低频;而新型的防尘帽不仅看上去比较干净,而且还有助于音圈散热来增加稳定性。

图 6-48　Cerametallic™陶瓷铝低音单元

【项目六考核表】　智能影音系统的组建与配置

任务模块	模块子系统评价标准	配分/分	自我评价	教师评价
P6M1 背景音乐系统的搭建	了解背景音乐主机的主要类型	4		
	熟悉背景音乐系统的拓扑图	6		
	熟悉背景音乐设备的参数与端口	6		
	掌握背景音乐点位图的识别与设计方法	10		
	了解主机的接口规格和线缆型号	6		
	学会背景音乐系统的安装与调试	10		
P6M2 家庭智能影院系统的搭建	了解智能影院的主要类型	4		
	熟悉智能影院设备主要参数与端口	6		
	熟悉智能影院系统的拓扑图	12		
	掌握智能影院系统 CAD 图的设计方法与步骤	8		
	掌握家庭影院设备接线方法与布线要求	8		
	学会家庭影院设备集成的调试方法	12		
	掌握投影机电动升降支架的安装与调试	4		
过程与素养	学习态度端正,搜索资料认真积极	2		
	听讲认真,按规范操作	2		
	有一定的沟通协作能力和解决问题的能力	2		
合计		100		

思考与练习

1. 智能背景音乐系统主要有哪几种形式？各有什么优缺点？
2. 背景音乐系统中喇叭如何做好阻抗匹配？有哪些注意事项？

3. 背景音乐系统中主要的接口有哪些?
4. 背景音乐系统中主要采用什么线材? 为什么?
5. 背景音乐系统通过什么方法可以做到音乐跟随?
6. 背景音乐系统的安装方式有哪些?
7. 智能影院主要有哪些系列?
8. 如何解释5.1.2声道音响系统中的数字含义?
9. 总结智能影院设备主要参数与端口。
10. 归纳分析智能影院系统的投影类型,各有什么优缺点。
11. 归纳智能影院系统CAD图的设计方法与步骤。
12. 家庭影院投影设备后主要有哪些接口?
13. 分辨率是指什么? 怎么解释4k高清?
14. 什么是投射比? 主要影响哪些参数?
15. 归纳家庭影院设备集成的调试方法与步骤。
16. 投影机电动升降支架怎么安装与调试?

项目七
智能家电、能源控制系统的组建与配置

项目概述

一、客户装修和生活品质改善过程中会遇到的烦心事

①客户看好了海尔智能家居系统的强大功能，但习惯了使用大金中央空调；

②客户喜欢海尔智能家居系统的时尚外观，但家里已经安装了莱胜斯地暖系统，显然客户不会选择换掉；

③鑫源地暖的代理商看上了海尔智能家居系列产品，当然还要使用鑫源地暖系统，两个系统能兼容么？

这些第三方的设备控制终端五花八门，能将控制系统放到海尔控制面板里来么？

二、客户需求分析

海尔智能家居并不想剥夺用户选择自己喜欢的产品、品牌的权力，于是海尔为市面上只要愿意开放控制协议的绝大多数产品提供了接口，尤其是具备一定市场占有力的品牌，绝大多数是兼容的。

海尔智能家居系统为保护客户利益，最大限度地保留客户原有电器的投资，为主流电器产品，尤其是空调、地暖、新风系统提供了便利的接口协议，避免浪费和重复投资。

项目目标

✧熟悉红外转发器学习红外命令

✧了解设置红外转发器地址的方法

✧学会第三方电器红外命令的学习方法

✧掌握红外转发器的连接与设置技巧

任务一 红外智能家电控制系统的构建

任务目标

✧熟悉红外智能家电控制系统的拓扑图
✧了解红外遥控的基本知识
✧了解智能家电控制模块单品功能与参数
✧理解施工图纸中家电控制模块安装位置的标注规则
✧掌握红外智能家电控制系统 CAD 设计方法
✧掌握家电模块的安装与调试方法

【任务描述】

通过对本章节的学习,能主动动手搭建学习与自学习设备控制环境。

知识链接

1. 系统拓扑图

智慧家电系统拓扑图如图 7-1 所示。

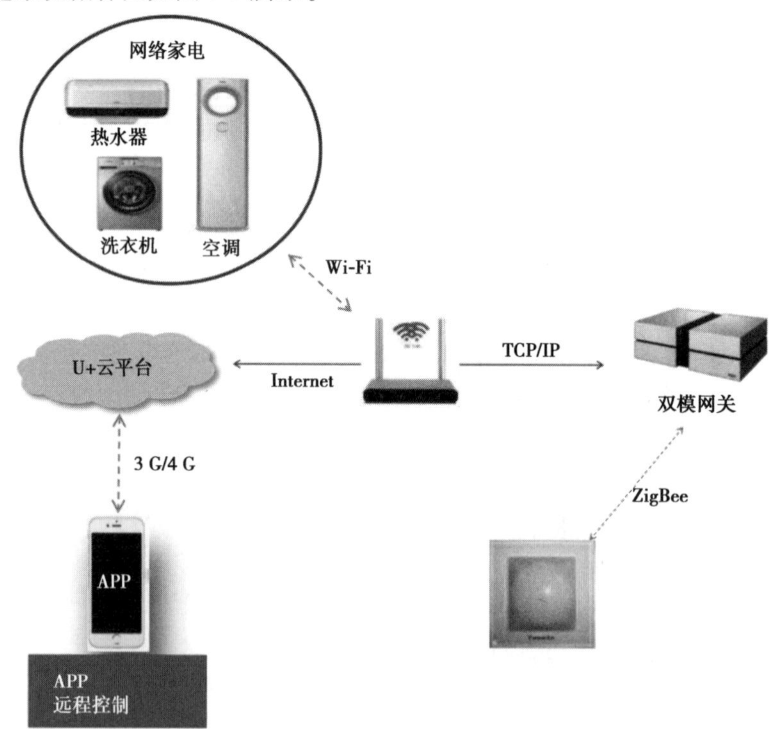

图 7-1 智慧家电系统拓扑图

2. 智慧家电控制模块介绍

智慧家电设备清单功能参数表如表 7-1 所示。

表 7-1 设备清单功能参数表

序号	产品名称	产品型号	图片	参数描述
1	红外转发器	HR-03AW		电源输入:AC176 ~ 264 V; 工作温度:0 ℃ ~ 40 ℃; 工作湿度:10% ~ 93%(非凝结); 通信方式:无线 ZigBee,红外; 通信距离:RF 室内 30 m,红外法线 8 m; 外观尺寸:86 mm × 86 mm × 48 mm; 国标 86 底盒墙式安装;底盒尺寸: 86 mm × 86 mm × 65 mm(W × H × D)
2	家电 Wi-Fi 控制板	定制		工作频率:2.4 GHz; 发射功率:20 dBm; 通信距离:300 m; 接口类型:UART I/O

3. 红外遥控简介

红外线的光谱位于红色光光谱之外，波长是 0.76 ~ 1.5 μm,比红光的波长还长,为不可见光,对人体无害。红外遥控是利用红外线进行传递信息的一种控制方式。红外遥控具有抗干扰,电路简单,容易编码和解码,功耗小,成本低等优点。1993 年,由 20 多个大厂商发起成立了红外数据协会(IrDA),统一了红外通信的标准,这就是目前被广泛使用的 IrDA 红外数据通信协议及规范。红外遥控几乎适用于所有家电的控制。

红外遥控系统结构分为:调制、发射和接收三部分。

4.485 总线通信协议

通信协议的作用主要是实现两个设备之间的数据交换功能。通信协议分硬件层协议和软件层协议。硬件层协议决定数据如何传输问题,典型的串行通信标准是 RS232 和 RS485,它们定义了电压,阻抗等,但不对软件协议给予定义。RS485 总线的特性包括:RS-485 的电气特性:逻辑“1”以两线间的电压差为 +(2—6)V 表示;逻辑“0”以两线间的电压差为 -(2—6)V 表示。接口信号电平比 RS-232-C 降低了,就不易损坏接口电路的芯片，且该电平与 TTL 电平兼容,可方便与 TTL 电路连接。

因 RS-485 接口具有良好的抗噪声干扰性,长的传输距离和多站能力等上述优点就使其成为首选的串行接口。因为 RS485 接口组成的半双工网络一般只需二根连线,所以 RS485 接口均采用屏蔽双绞线传输。RS485 接口连接器采用 DB-9 的 9 芯插头座,与智能终端 RS485 接口采用 DB-9(孔)。

5. Lonworks/BACnet 协议

随着信息技术与信息产业的发展,楼宇自动化正向集成化、智能化和网络化方向发展。LonWorks 和 BAcnet 是楼宇自控系统中应用最广泛的两种总线技术。现在大部分的楼宇自控系统都是基于这两种技术单独构建的。Lionworks 和 BAcnet 技术是现在楼宇自控系统领域方面为实现不同的系统互联而制定的,着眼于全局范围的楼宇自动化,用于解决不同网络间数据传输量较大系统间的集成。特别是 BAcnet 技术所特有的 BACneL/IP 协议,成功实现了 BAS

与 Intemet 的无缝集成,使建立功能更加强大和分布更加广泛的 BAS 网络成为可能,也为建筑设备自动化系统与数据通信网络的集成在体系结构上提供了保证。

任务实施

1. **智慧家电控制模块安装**

1)红外转发器拆壳安装说明

步骤 1:使用"一"字螺丝刀轻轻撬开面板,与主体分离。安装示意图如图 7-2 所示。

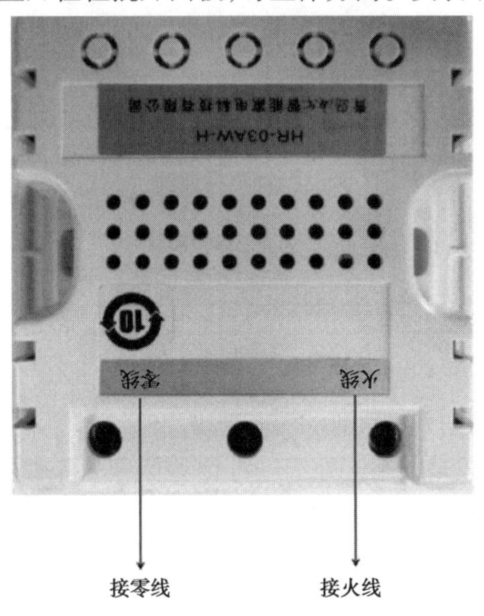

图 7-2　红外转发器拆壳安装

步骤 2:接线时,使用"十"字螺丝刀拧开接线柱螺丝,"N"接零线,"L"接火线,接线时不能有裸露铜线漏出,如图 7-3 所示。

图 7-3　红外转发器接线

步骤3:用附件包里的螺丝将红外转发器固定在预埋盒内中,再将红外转发器前面板扣回主体上。红外转发器固定如图7-4所示。

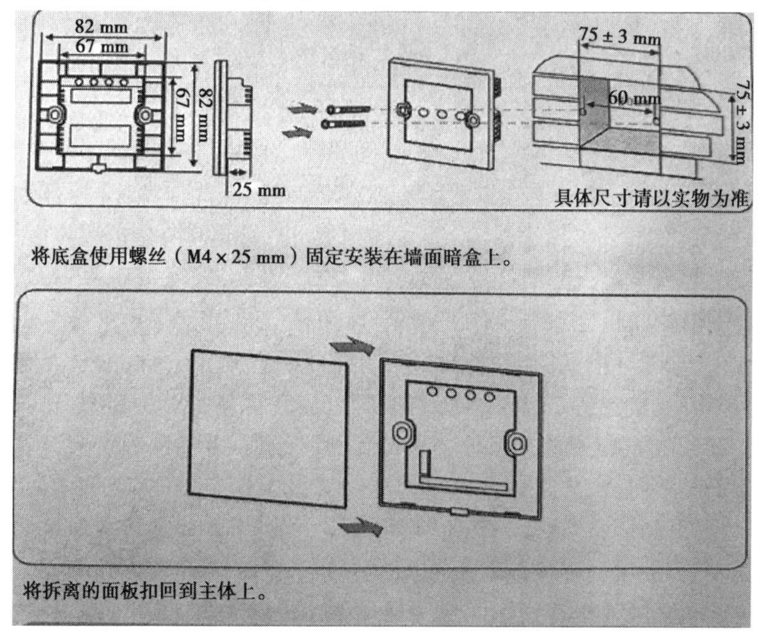

图7-4　红外转发器固定

2)家电控制模块安装说明

所有上市家电的控制板都集成到家电内部中,非专业人员禁止拆卸。使用人员会调试使用即可。

2. CAD **设计依据**

设计时尽量远离吊灯等比较大的吊顶设备,以免挡住红外发射信号,影响控制灵敏度,安装高度不低于1.8 m。

知识拓展

红外转发器与网关之间采用ZigBee通信模式,与红外家电之间采用红外通信方式。

任务二　家庭能源系统控制配置

任务目标

✧了解中央空调系统的控制类型

✧掌握协议型海尔三菱重工家用中央空调接线

✧掌握温控型地暖系统的接线预配置

✧掌握中央新风系统的接线预配置

✧学会用上位机将家庭能源系统集成配置

【任务描述】

新风、地暖、中央空调等每套系统都有一个控制面板,装在一起既不方便,又不美观,并且缺乏远程控制与情景联动,体验感比较差。

知识链接

1. **中央空调系统**

中央空调控制可由 PC 配置软件设置为温控器型或协议对接型:温控器型中央空调网络示意图。(任一只 60 面板都可以通过 PC 端配置软件,设置成空调分机温控面板)

如设置成温控器型空调,任一只 60 面板都可以通过 PC 端配置软件,设置成温控器型中央空调的一只分机温控面板。

某 60 面板被设置成分机温控器面板时,同时需要设置此 60 面板负载 1 至负载 5,高风只能由面板负载 1(C1)设置,中风只能由负载 2(C2)设置,低风只能由负载 3(L1)设置,电磁阀 1 只能由负载 4(L2)设置,电磁阀 2 只能由负载 5(T1)设置。

配置时温控器面板时,需要根据客户空调类型来设置用负载 4(L2)和负载 5(T1)。如空调类型为二管制,那只需要把负载 4 设置成电磁阀 1,负载 5 不能设置成电磁阀 2;如空调类型为四管制,那需要把负载 4 设置成电磁阀 1,作为冷阀,负载 5 设置成电磁阀 2,作为热阀。

二管制和四管制温控面板接线图示意图请见图 7-5,温控器型二管制温控器接线如图 7-6 所示。

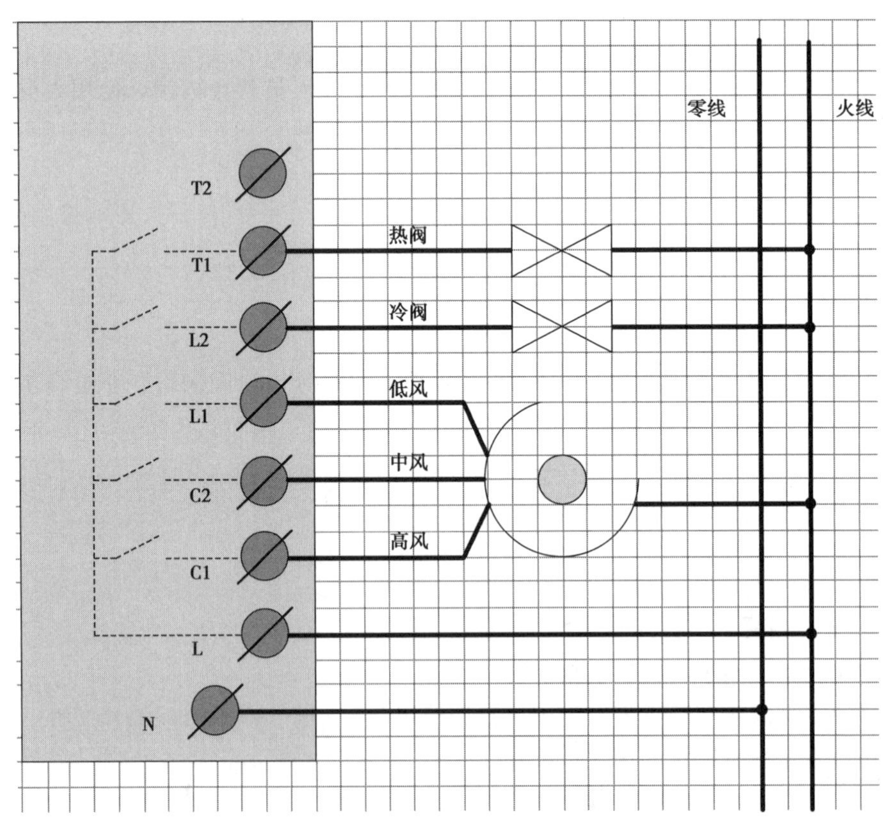

图 7-5　温控器型四管制温控器接线

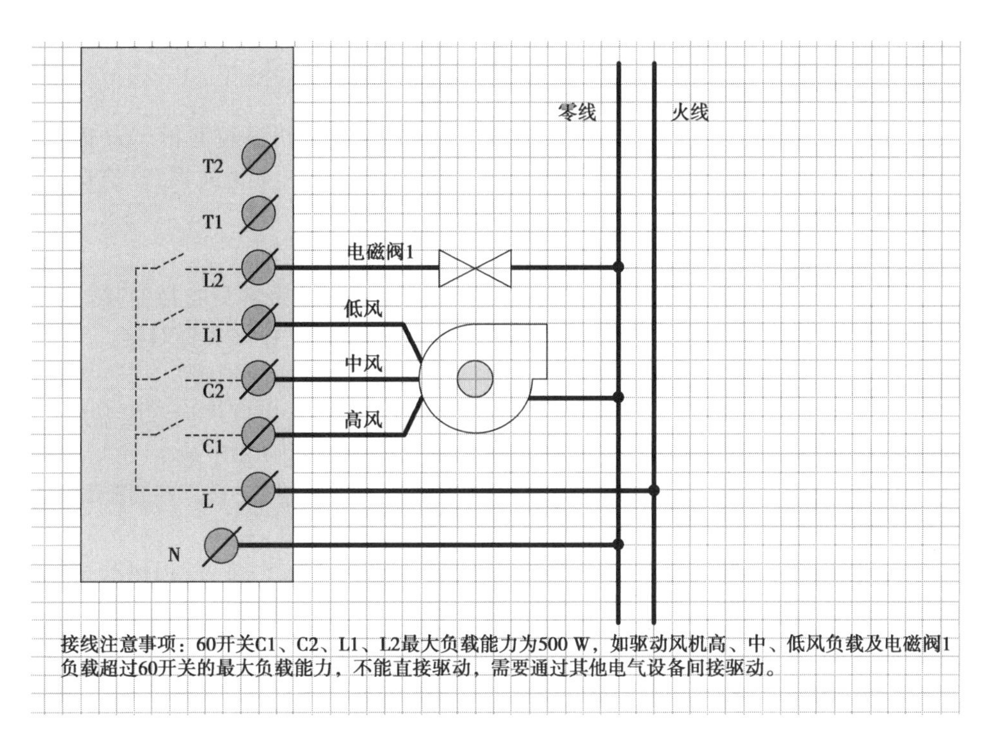

图 7-6　温控器型二管制温控器接线

系统内空调分机总数由 PC 配置软件进行设置，总数不能超过 32 台，分机序号是连续的。比如：系统设定分机总数为 10，那相应的分机为分机 1 至分机 10；每个面板监控内机的数量及监控。

内机由 PC 配置软件进行设置，数量不能超过 12 台。监控分机序号无需连续，可以任意设置，只要在设定分机总数范围内即可；空调名称由 PC 配置软件进行设置，名称不能超过 7 个汉字。协议型海尔三菱重工家用中央空调接线如图 7-7 所示。

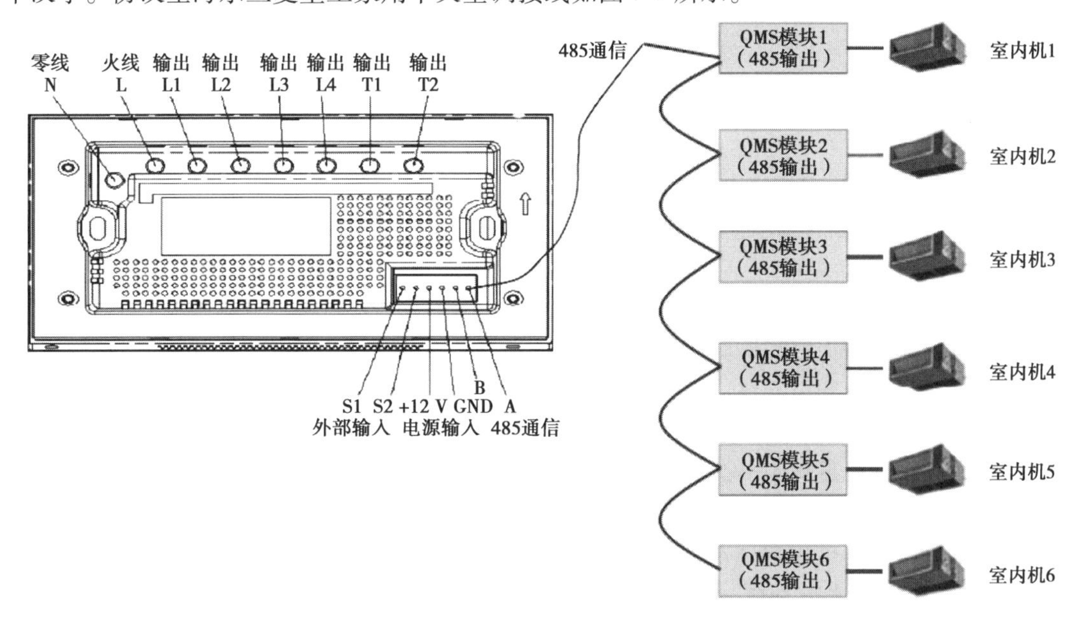

图 7-7　协议型海尔三菱重工家用中央空调接线

2. 中央地暖系统

中央地暖分为两类:温控型与协议型。

任一只60面板都可以通过上位机配置软件,设置成地暖分机温控面板。60面板控制协议对接型中央地暖网络中只能设定一只Q6面板来负责对接第三方地暖系统,连接方式通过485通信。

地暖时每路均必须安装原地暖控制面板,否则60面板无法控制地暖。

如设置成协议对接型地暖,还需要选择对接地暖的品牌,此版本只支持对接一种品牌地暖:曼瑞德地暖,协议对接型中央地暖网络中只能设定一只Q6面板来负责对接。配置文件设置并下载到面板后,通过面板设置界面可以看到"485模块定义:中央地暖"。

如设置成温控器型地暖,任一只60面板都可以通过上位机配置软件设置成温控器型中央地暖的一只分机,此地暖分机需占用此面板一路负载,接线图如图7-8所示。

系统内地暖分机总数由PC配置软件进行设置,总数不能超过32台,分机序号是连续的。比如:系统设定分机总数为10,那相应的分机为分机1至分机10。

每个面板监控内机的数量及监控哪些内机由PC配置软件进行设置,内机数量不能超过16台,监控分机序号无需连续,可以任意设置,只要在设定分机总数范围内即可。

地暖名称由PC配置软件进行设置,名称不能超过7个汉字。

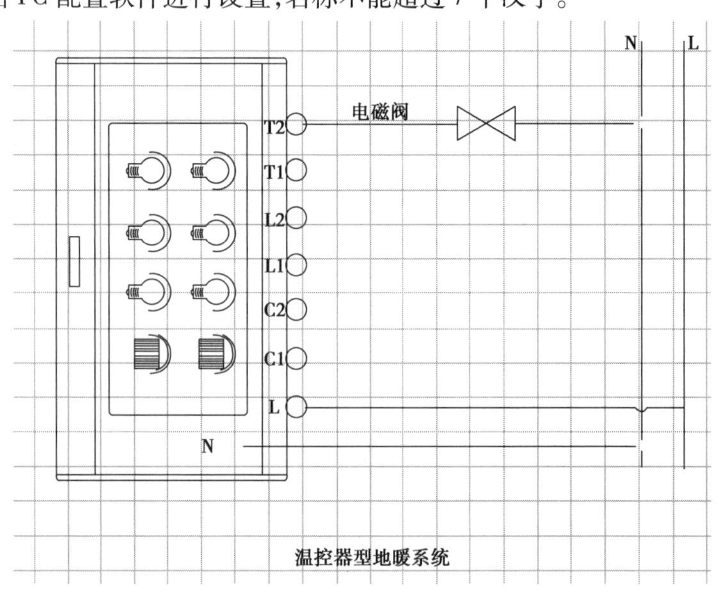

图7-8 温控器型地暖系统

3. 中央新风系统

中央新风系统分为温控型与协议型。

协议对接型中央新风网络中只能设定一只Q6面板来负责对接第三方新风系统,连接方式通过485通信。

系统内新风分机总数由PC配置软件进行设置,总数不能超过32台,分机序号是连续的,比如:系统有设定分机总数为10,那相应的分机为分机1至分机10。

每个面板监控内机的数量及监控哪些内机由PC配置软件进行设置,内机数量不能超过16台,监控分机序号无需连续,可以任意设置,只要在设定分机总数范围内即可。

新风名称由PC配置软件进行设置,名称不能超过7个汉字。

面板监控新风接线图如图 7-9 所示。

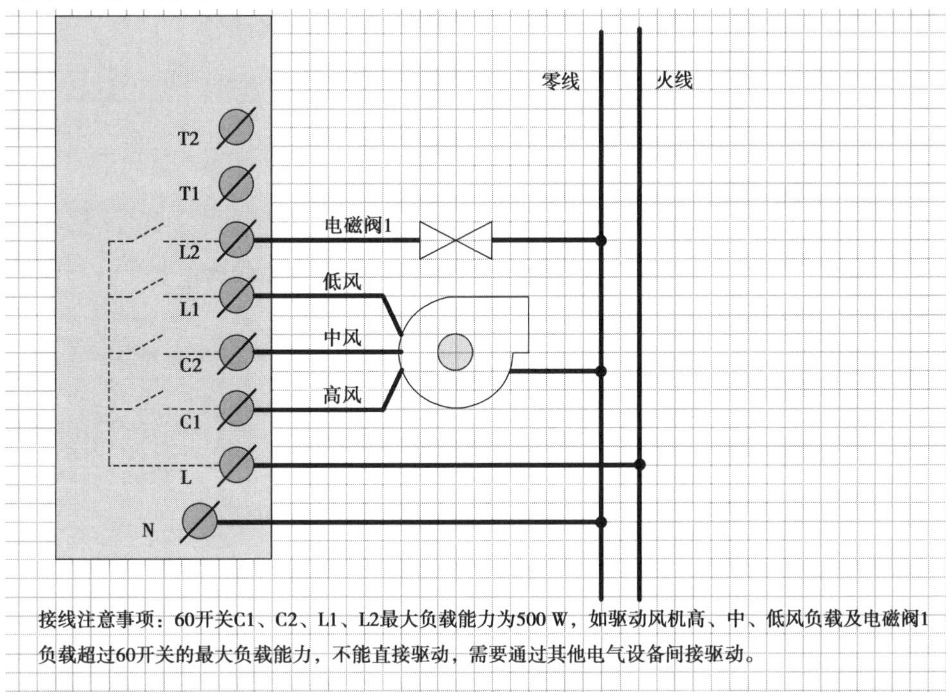
零线
火线
T2
T1
L2
L1
C2
C1
L
N
电磁阀1
低风
中风
高风
接线注意事项：60开关C1、C2、L1、L2最大负载能力为500 W，如驱动风机高、中、低风负载及电磁阀1负载超过60开关的最大负载能力，不能直接驱动，需要通过其他电气设备间接驱动。

图 7-9　面板监控新风接线图

任务实施

1. 网络定义

新建　打开　保存　另存为　发布　重新排序

网络定义

项目名称：　项目地址：　修改日期：　修改人：　界面风格：

设备类型：　☐ 中央空调　☐ 中央供暖　☐ 新风系统　☐ 背景音乐　☐ 场景管理　☑ 灯光管理

☐ 网络名称：　网络号：　包含面板数量：

☐ 网络名称：　网络号：　包含面板数量：

☐ 网络名称：　网络号：　包含面板数量：

☐ 网络名称：　网络号：　包含面板数量：

☐ 网络名称：　网络号：　包含面板数量：

☐ 网络名称：　网络号：　包含面板数量：

☐ 网络名称：　网络号：　包含面板数量：

☐ 网络名称：　网络号：　包含面板数量：

下一步

1)设备类型

①只有勾选各“设备类型”前的单选框,才可以对相应设备进行配置;

②“灯光及场景管理”为默认勾选项。

2)网络设置

①只有勾选“网络名称”前的单选框,才可以定义网络;

②当前版本“网络号”只支持1~254;

③当前版本每个网络的“包含面板数量”最多支持为32。

注意:当前版本一旦点击“下一步”按键,将不支持再添加新的网络定义。

2. 负载定义

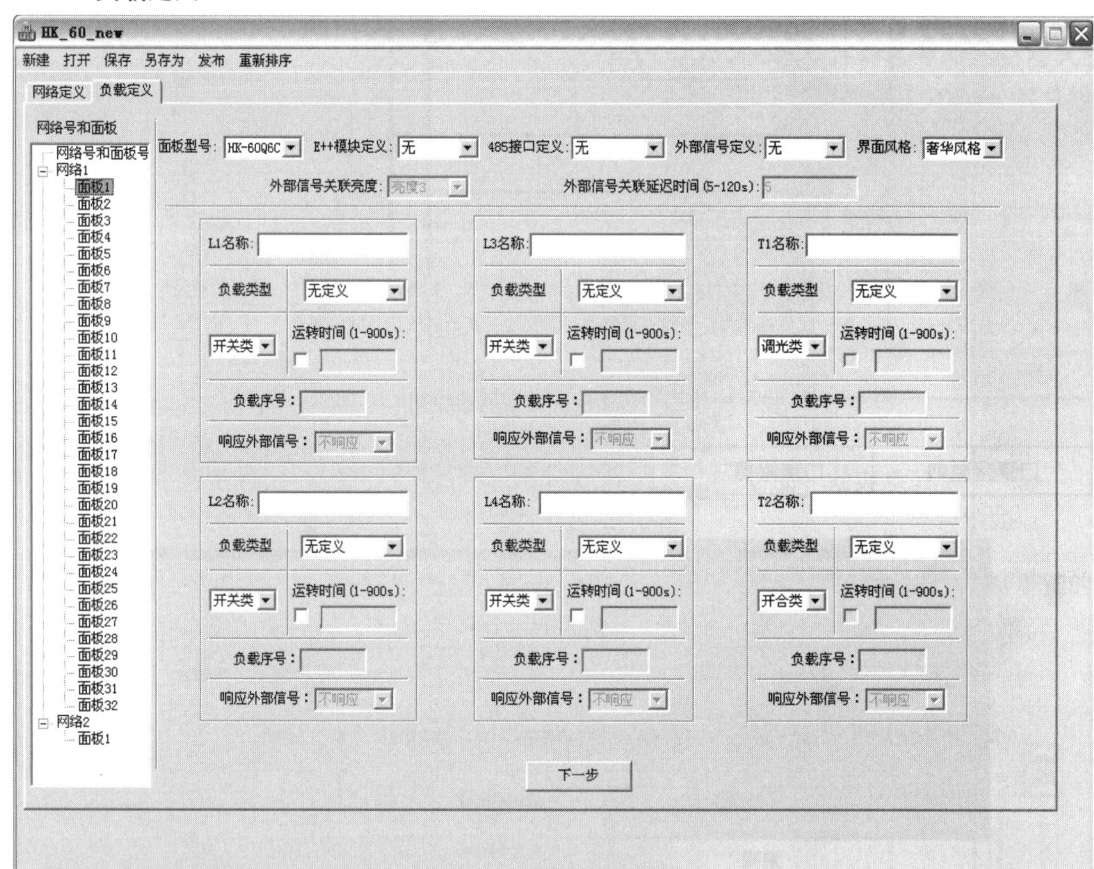

负载是针对网络上的面板而言的,没有网络号面板号的负载无意义,所以在定义负载之前,必须先选择网络号和面板号。即:首先选择界面左侧“网络号和面板”中的待设置面板,再对右侧的设置界面进行设置。

1)“面板型号”说明

选择HK-60P4CW时,“E++模块定义”“485接口定义”“外部信号关联亮度”和“外部信号关联延迟时间”不可设置,T1、T2负载不可用。

2)“485接口定义”说明

当485接口定义选择“中央空调系统”或者“中央供暖系统”或者“新风系统”时,相应的系统会更改为“协议”类型。如果不选择,除背景音乐外,其他系统均默认为“温控器”类型。

3）“外部信号定义”说明

①选择“无”时，“外部信号关联亮度”、“外部信号关联延迟时间”、负载上的“响应外部信号”，均不可用；

②选择“常开”或者“常闭”时，“外部信号关联亮度”、“外部信号关联延迟时间”、负载上的“响应外部信号”，均可用。

4）负载“开合类”设置说明

①当前版本，“窗户”“窗帘”“卷帘门”“投影幕”“自动门”为开合类负载；

②设置“开合类负载”时，L1、L3、T1为主负载，L2、L4、T2为辅助负载。即：L1、L3、T1“负载类型”选择“窗帘”时，L2自动作为L1辅助负载，L4自动作为L3辅助负载，T2自动作为T1辅助负载；辅助负载跟主负载共用一个负载名称和一个负载序号，辅助负载的负载类型均转变为“开合类”；

③负载设置为“开合类”负载时，只能通过主负载L1、L3、T1进行设置；

④只有“负载类型”选择“开合类负载”时，“运行时间”前的单选框可勾选且只有勾选才能自定义运行时间；

⑤取消“开合类负载”后，需要手动改写L2、L4、T2的名称。

完成每个面板的负载设置后，点击“下一步”进入后续设置界面。

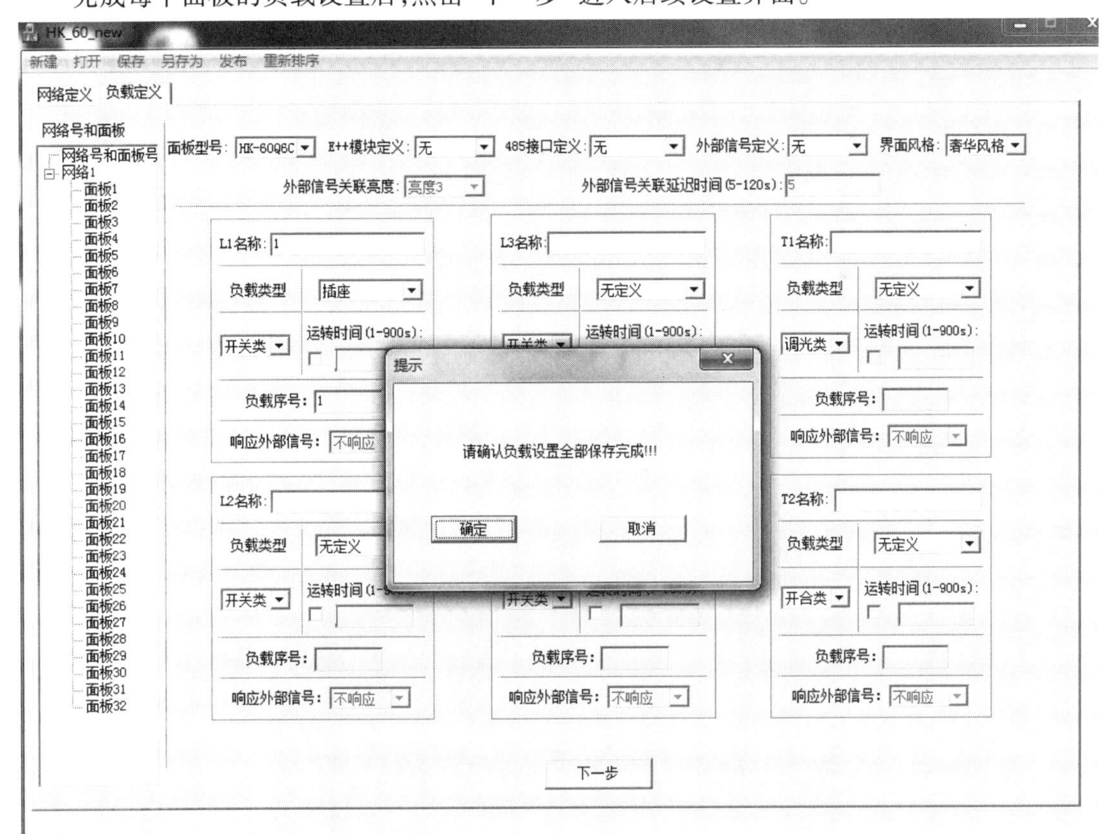

3. 中央空调定义

1)温控器空调界面

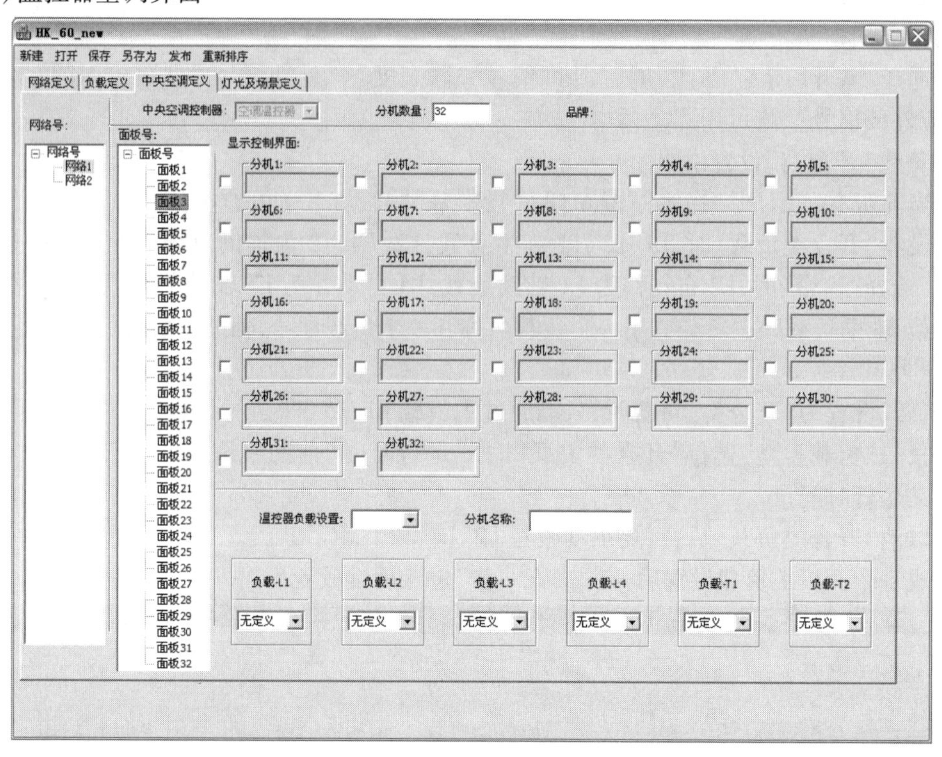

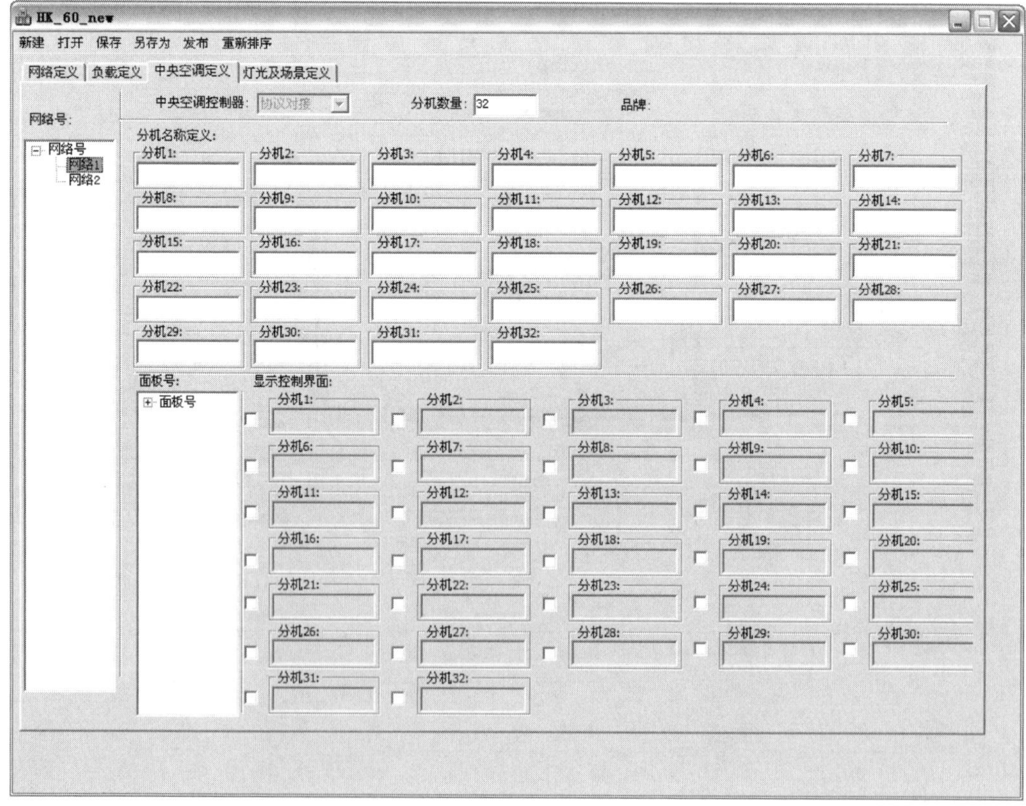

①必须先选择网络号和面板号，才允许定义中央空调。即：首先选择界面左侧“网络号”中的网络，再选择“面板号”中的待设置面板，然后再对右侧的“显示控制界面”进行设置。

②中央空调定义界面可分别配置“温控器空调”和“协议对接空调”两类参数，二者不可同时出现。

③任何空调的定义信息，均需要在其所对应的面板选项下进行配置；在面板 A 选项下，预先配置受控于面板 B 的空调信息，是不恰当的。

2)“分机数量”说明

①界面上部“分机数量”对话框输入分机数量后，重新点击选择被设面板，即可在“显示控制界面”刷新显示分机设置内容。

②“分机数量”变更后，针对于原有跟分机的配置信息将全部清零。

3)显示控制界面勾选说明

“显示控制界面”上，勾选分机名前的单选框，表示当前面板监视当前分机。

4)温控器空调负载定义说明

①对于温控器类型空调，如果一个面板在“负载定义”界面已经定义过负载(T2 负载除外)，不可再进行空调相关的负载设置。

②如果一个面板在之前的“负载定义”界面没有定义过负载，勾选“中央空调定义”界面下部“温控器负载设置”前的单选框，可对空调的每个分机名称和分机对应的 6 个负载进行配置；不勾选不可配置。

【项目七考核表】 智能家电、能源控制系统的组件与配置

任务模块	模块子系统评价标准	配分/分	自我评价	教师评价
P7M1 红外智能家电控制系统的构建	熟悉红外智能家电控制系统的拓扑图	4		
	了解红外遥控的基本知识	6		
	了解智能家电控制模块单品功能与参数	8		
	理解施工图纸中家电控制模块安装位置的标注规则	12		
	掌握红外智能家电控制系统 CAD 设计方法	12		
	掌握家电模块的安装与调试方法	12		
P7M2 家庭能源系统控制配置	了解中央空调系统的控制类型	6		
	掌握协议型海尔三菱重工家用中央空调接线	8		
	掌握温控型地暖系统的接线预配置	8		
	掌握中央新风系统的接线预配置	8		
	学会用上位机软将家庭能源系统集成配置	12		
过程与素养	学习态度端正，搜索资料认真积极	2		
	听讲认真，按规范操作	2		
	有一定的沟通协作能力和解决问题的能力	2		
合计		100		

思考与练习

1. 施工图纸中家电控制模块安装位置的标注规则是什么?
2. 家电模块安装要求与方法是什么?
3. 智能家电控制模块进入调试模式的方法?
4. 家电控制模块与家电控制器的交互学习的设置方法?
5. 家电控制模块常见的故障类型有哪些?
6. 家电控制模块各种不同指示灯代表什么含义?
7. 检测的一般流程有哪些?
8. 如何使用手机 APP 控制智能家电设备?
9. 如何使用手机 APP 添加新家电设备?
10. 归纳家庭用电的安全常识中有哪些需要我们重点掌握?

参考文献

[1] 中华人民共和国国家质量监督检验检疫总局,中国国家标准化管理委员会.《物联网智能家居 数据和设备编码》GB/T 35143—2017.
[2] 中华人民共和国国家质量监督检验检疫总局,中国国家标准化管理委员会.《物联网智能家居 图形符号》GB/T 34043—2017.
[3] 中华人民共和国国家质量监督检验检疫总局,中国国家标准化管理委员会.《物联网智能家居 设备描述方法》GB/T 35134—2017.